本书获国家自然科学基金项目（编号：112

数量型与有限群结构

SHU LIANG XING YU YOU XIAN QUN JIE GOU

沈如林◎著

中国出版集团

世界图书出版公司

广州·上海·西安·北京

图书在版编目（CIP）数据

数量型与有限群结构 / 沈如林著 . —广州：世界
图书出版广东有限公司，2025.1 重印
ISBN 978-7-5192-0448-8

Ⅰ.①数…　Ⅱ.①沈…　Ⅲ.①有限群—研究
Ⅳ.① O152.1

中国版本图书馆 CIP 数据核字（2015）第 275767 号

数量型与有限群结构

策划编辑　刘婕妤
责任编辑　钟加萍
出版发行　世界图书出版广东有限公司
地　　址　广州市新港西路大江冲 25 号
http:// www.gdst.com.cn
印　　刷　悦读天下（山东）印务有限公司
规　　格　710mm×1000mm　1/16
印　　张　14.5
字　　数　250 千
版　　次　2015 年 11 月第 1 版　2025 年 1 月第 2 次印刷
ISBN　978-7-5192-0448-8/O·0047
定　　价　78.00 元

目 录

第1章 基本概念及定理

§1.1 引言

群论起源于对代数方程的研究, 它是人们对代数方程求解问题逻辑考察的结果. 群论的早期发展归功于著名数学家Gauss, Cauchy, Abel, Hamilton, Galois等许多人. 群理论被公认为19世纪最杰出的数学成就之一. 最重要的是, 群论不仅开辟了全新的研究领域, 同时对于物理学、化学的发展, 甚至对于20世纪结构主义哲学的产生和发展都产生了巨大的影响. 在有限群及表示论中, 有限性决定了数量关系在这些理论中的极端重要性, 菲尔兹奖获得者Zelmanov 关于限制Burnside 问题的工作说明了这种关系在群论中的重要地位. 另外, 有限群著名定理, 如Lagrange定理, Sylow定理, Burnside 定理和奇阶定理, 都是一些极其美妙的数量性质.

群的数量问题的研究在过去的几十多年里一直非常活跃. 1981年有限单群分类定理完成后, 不少群论学者试图用一些基本的数量关系来刻画有限群. 1987年, 施武杰教授提出了单群的纯数量刻画: 仅用有限群元素阶的集合和有限群的阶来刻画有限单群(见[259-271]); 之后有很多类似的问题被提出, 比如Thompson给出的群阶与共轭类长度集合对单群的刻画猜想. Itô有多篇文章研究群元素共轭类的长度对群的影响(见[140-146]);文献[53-66]讨论了群的共轭类个数对群的影响; 自然数称为有限群的Sylow数, 如果它是某个群的Sylow 子群的个数, 文献[277-278]对Sylow数的相关性质进行了研究.

这些工作都很好地说明了有限群的数量性质本质地反映了群的性质. 有限群中同阶元素的个数是群内部结构的一个基本数量. 例如Alperin-Feit-Thompson定理, 设 G 是2-群, 正好包含 t 个二阶元. 如果 $t \equiv 1 \pmod 4$, 则 G 循环或者 $|G : G'| = 4$ (此时只能为群 Z_2^2, 二面体群、半二面体群和广义四元素群). 很多学者对元素个数对群内部结构的影响进行了研究, 见[19-21]. 我们可以用如下型的概念来统一研究.

定义 设群 G 有性质 P, 且在性质 P 下群 G 对应到一个自然数的集合 T_P, 我们称群 G 有性质 P 的数量型 T_P.

本书中的群一般指有限群, 单群都是指有限单群. 我们所使用的群论的术语和符号是标准的, 参照Robinson 的著作[249], Kurzweil 和Stellmacher 的著作[165] 及徐明耀的著作[305], 未指出的符号可参考本书文献.

设 G是有限群, $x \in G$. $X \in G$, X的中心化子是 $\{g \in G : xg = gx, \forall \ x \in G\}$, 表示成 $C_G(X)$. 如果$X = \{x\}$, 我们可将括号去掉. X在 G中的共轭类表示为x^G. x的指数表示为 $Ind_G(x)$. 我们将 G的导群表示成 G'. Fitting子群表示为 $Fit(G)$. 给定一个素数p, p常规和p异常经常被应用. 我们说一个元素是p常规的等价于说它是一个 p'元, 也就是它的阶不能被p整除; 不是 p'的元说成p异常元. 同样地, 如果 π是一个素数集, 则 π'是不含 π里面元素的素数集. $O_\pi(G)$是 G的最大的阶为一个 π数字的正规子群. 同样, $O^\pi(G)$是 G的因子群 $G/O^\pi(G)$ 为一个 π群的最小正规子群. 在群 G中的一个p补指的是 G的以最高阶p整除 G的阶为指数的子群 H. 我们用CFSG表示有限单群的分类定理.

大写字母$G, H, \cdots$表示群.

$Sym(\Omega)$表示集合Ω上的对称群;$Sym(n)$表示n个元素上的对称群, 或简记为S_n.

$|S|$表示集合S中元素的个数.

$H \leqslant G$表示H为群G 的子群.

$H \trianglelefteq G$表示子群H为群G 的正规子群.

$|G : H|$表示子群H在群G 中的指数.

H^g表示子群H在元素G 下的共轭子群, 即$g^{-1}Hg$.

p-群表示阶为素数幂的群.

Z_n表示n阶循环群.

$H \rtimes K$表示正规子群H被群K的可裂扩张.

$O_p(G)$表示G 的所有$Sylow$ p-子群的交.

$\pi_e(G)$表示G 的所有元素阶的集合.

$\tau_e(G)$表示G 的所有同阶元素长度(或个数)的集合.

$s_m(G)$表示G 中m阶元的个数, 简记为s_m.

π表示某个素数集合.

$|n|_\pi$表示n的π-部分, 即素因子为π的n的最大因子, 记$|n|_p$为$|n|_{\{p\}}$.

$p^s \parallel n$表示p^s为n的p-部分.

$\pi(n)$表示群自然数n的素因子的集合. 并记$\pi(G)$为$\pi(|G|)$.

$\gcd(m,n)$, $lcm(m,n)$分别表示整数m,n的最大公因子和最小公倍数, 在不混淆的时候, 简记为(m,n)和$[m,n]$.

§1.2 基本概念及结果

本节中给出群论中基本的概念及结果, 为后面证明引用.

定义 1.1. 称非空集合G为一群, 如果在G上定义一个二元运算, 并且满足

(a) 结合律: $a(bc) = (ab)c$, 任意$a,b,c \in G$;

(b) 存在单位元素: 存在$1 \in G$, 使得对任意$a \in G$, 有$1a = a1 = a$;

(c) 存在逆元素: 对任意$a \in G$, 存在$a^{-1} \in G$, 使得$aa^{-1} = a^{-1}a = 1$.

群G的一个子集H如果对于G中运算构成群, 我们称H为G的群, 记为$H \leqslant G$. 如果$x \in G$, 称集合$Hx = \{hx | h \in H\}$ 和 $xH = \{xh | h \in H\}$分别为子群H在G中的一个右陪集和左陪集. 子群H在G中左(右)陪集的个数叫作H在G中的指数, 记为$|G:H|$. 进一步如果对于任意$x \in G$都有$xH = Hx$, 称H为G的正规子群, 记为$H \trianglelefteq G$.

定理 1.2. (Lagrange) 设G为有限群, $H \leqslant G$, 则$|G| = |H||G:H|$.

定理 1.3. (第一同构定理) 设$N \trianglelefteq G$, $M \trianglelefteq G$, 且$N \leqslant M$, 则$M/N \trianglelefteq G/N$, 并且$(G/N)/(M/N) \cong G/M$.

定理 1.4. (第二同构定理) 设$H \trianglelefteq G$, $K \trianglelefteq G$, 则$H \cap K \trianglelefteq H$, 且$HK/K \cong H/(H \cap K)$.

定理 1.5. (N/C-定理) 设$H \leqslant G$, 则$N_G(H)/C_G(H)$同构于$Aut(H)$的一个子群.

定理 1.6. (Frattini论断) 设$N \trianglelefteq G$, $P \in Syl_p(N)$, 则$G = N_G(P)N$.

设元素$x, g \in G$, 则元素$g^{-1}xg$称为x的共轭元素, 记为x^g. 子群$H^g = \{h^g | h \in H\}$称为H的共轭子群. 令$[x,y] = x^{-1}y^{-1}xy$, 称为元素x,y的换位

子. 群$\langle[x,y]|x,y\in G\rangle$称为群$G$的换位子群, 记为$G'$. 容易看出$G/G'$为交换群. 设$n\geqslant 2$, 则$G$的$n$次导群, 记为$G^{(n)}$, 为$G$的$n-1$次导群的导群. 产生了一个$G$的正规群列: $G\geqslant G'\geqslant G^{(2)}\geqslant G^{(3)}\geqslant\cdots\geqslant G^{(n)}\geqslant\cdots$, 称为$G$的导群列. 如果存在$G^{(n)}=1$, 我们称$G$为可解群. 使得$G^{(n)}=G^{(n-1)}$的最小的$n$称为$G$的导来长.

如果G的一列正规子群:

$$1=N_0\leqslant N_1\leqslant\cdots\leqslant N_d=G \tag{1.1}$$

满足N_i/N_{i-1}为几乎单群, 即同型单群的直积, 我们称为G的主因子列. 如果在(1.1)中仅仅满足N_{i-1}在N_i中正规, $i=1,2,\ldots,d$, 称N_{i-1}是G的次正规子群, 记为$N_{i-1}\lhd\lhd G$. 进一步, 如果N_i/N_{i-1}为单群, 称(1.1)为G的合成因子列. 此时称如上的d分别为G的主列长和合成列长.

定理 1.7. (*Sylow*定理) 设G为有限群, p^n为$|G|$的最大的p幂. 则

(1) G中存在p^n阶子群, 称为G的*Sylow* p-子群;

(2) G的所有*Sylow*子群共轭, 且每个p-子群都包含在某个*Sylow* p-子群中;

(3) G的所有*Sylow*子群个数$n_p\equiv 1(\mathrm{mod}\ p)$.

如果Sylow定理是群论中第一个非常重要的定理. 一个子群H称为G的Hall子群, 或者Hall $\pi(H)$-子群, 如果$\gcd(|H|,|G:H|)=1$. 以下为Hall 子群的一些结果.

定理 1.8. (*Hall* 定理) 群G为可解群, 当且仅当G存在$Hall$ π-子群, 这里任意$\pi\subseteq\pi(G)$.

设群$G\neq 1$, 令$\Phi(G)$为G的所有极大子群之交, 规定$\Phi(1)=1$, 称$\Phi(G)$为G的Frattini 子群. 本质上$\Phi(G)$为G中所有非生成元的集合. 明显为G的一个特征子群, 同时它是G中所有非生成元的集合. 如果群G为其所有Sylow子群的直积, 我们叫作幂零群. 当然p-群是幂零群.

定理 1.9. (1) $\Phi(G)$是幂零群;

(2) 如果$G/\Phi(G)$是幂零群, 那么G为幂零群;

(3) 设$N\unlhd G$, 那么$\Phi(G)N/N\leqslant\Phi(G/N)$;

(4) 设G为p-群, 则$G/\Phi(G)$为初等交换p-群; 反之, $\Phi(G)$是G的使其商群为初等交换群的最小的正规子群.

定理 1.10. 群G为幂零群等价于下列条件之一:

(1) 对G的每个真正规子群N都有中心$Z(G/N) \neq 1$;

(2) 对G的每个非平凡正规子群N有$[N, G] < N$;

(3) G的每个极大子群是正规的;

(4) 对G的每个非循环正规子群U有$\langle x^U \rangle \neq U, \forall x \in U$;

(5) 对G中任意互素阶元都是交换的.

以下给出著名的奇阶定理.

定理 1.11. (*Feit-Thompson*定理, 奇阶定理) 奇数阶群为可解群.

注意随着单群分类定理的完成, 可解性的判断及其关于可解相关的命题随之解决, 比如Schreier猜想: 单群的外自同构群为可解群, 等. 如下给出可解群的一些等价的判断条件.

定理 1.12. 群G为可解群等价于下列条件之一:

(1) G的主因子为初等交换群;

(2) G的合成因子为素数阶群;

(3) 设$N \lhd G$, N和G/N可解.

如果群G为其正规子群N和Sylow p-子群的乘积NP, 并且满足$N \cap P = 1$, 称G为p-幂零群, N为G的正规p-补.

定理 1.13. (*Burnside p*-幂零准则) 设G为有限群, P为G的$Sylow$ p-子群. 若$N_G(P) = C_G(P)$, 则G为p-幂零群.

注意运用N/C-定理和Burnside p-幂零准则容易知道, 如果Sylow 2-子群为循环群, 则必然存在正规的2-补.

定理 1.14. (*Frobenius p*-幂零准则) 设G为有限群, P为$Sylow$ p-子群, 则G为p-幂零群, 当且仅当P中任何两个元在G中共轭, 必然在P中共轭.

注意Burnside p-幂零准则是Frobenius p-幂零准则的特殊情形. 如果G的两子群H, K且$H \leqslant K$, 称K在G下融合控制H, 如果H中任何两个元素在G中共轭, 必然在K中共轭. Burnside同时证明如果G有交换的Sylow p-子群P, 则$N_G(P)$融合控制P.

定理 1.15. (*Schur-Zassenhaus Hall-补准则*) 设N是G的正规Hall子群, 则N在G中存在补子群且任何两个补子群共轭.

注意在原有的Schur-Zassenhaus Hall-补准则中, 任何两个补子群共轭需要条件N或G/N可解, 但可根据著名的奇阶定理(Feit-Thompson定理)知道这个条件是恒成立的, 故可以去掉. 另外, 以上定理当N为交换群时, 称为Gaschütz定理.

定义 1.16. 设G为群, Ω为集合. 假定对于所有$g \in G$和$\alpha \in \Omega$定义一个Ω中唯一元素$\alpha \cdot g$. 如果满足以下条件, 我们称群G作用在Ω上:

(a) 任意$\alpha \in \Omega$, 有$\alpha \cdot 1 = \alpha$;

(b) 任意$\alpha \in \Omega$, $g, h \in G$, 有$\alpha \cdot (gh) = (\alpha \cdot g) \cdot h$.

设G作用在Ω上, 并且只有G中的单位元满足$\alpha \cdot 1 = \alpha$, 称作用是忠实的; 如果对于Ω中的任意两元α, β都存在(唯一)元素G使得$\beta = \alpha \cdot g$, 称为作用为传递(正则)的; 集合$\{g \in G | \alpha \cdot g = \alpha, \forall \alpha \in \Omega\}$称为作用的核. 设$\alpha \in \Omega$, 称集合$\alpha^G = \{\alpha \cdot g | g \in G\}$为$\Omega$中包含$\alpha$的轨道; 称集合$G_\alpha = \{g \in G | \alpha \cdot g = \alpha\}$为$\alpha$在$G$中的稳定子.

定理 1.17. 设有限群G作用在有限集Ω上, 则G同态于Ω上对称群$Sym(\Omega)$的某个子群, 且同态核为作用的核.

推论 1.18. 设$H \leqslant G$且$|G : H| = n$, 则$G/\bigcap_{g \in G} H^g \leqslant Sym(n)$.

注意这里子群$\bigcap_{g \in G} H^g$也称为H在G中的核. 如果群G作用在Ω上, 置换特征标是定义在G上的一个整值函数χ为$\chi(g) = |\{\alpha \in \Omega | \alpha \cdot g = \alpha\}|$.

定理 1.19. 群G作用在有限集Ω上, 并设$\alpha \in \Omega$, 则$|\alpha^G| = |G : G_\alpha|$.

定理 1.20. (*Cauchy-Frobenius定理*) 设有限群G作用在有限集Ω上, 则作用的轨道数目为$\frac{1}{|G|} \sum_{g \in G} \chi(g)$, 这里$\chi$为$G$的置换特征标.

定理 1.21. 设有限p-群G作用在集合Ω上, 并设$\Omega_0 = \{\alpha \in \Omega | \alpha \cdot g = \alpha, \forall g \in G\}$, 则$|\Omega| \equiv |\Omega_0|(\mathrm{mod} p)$.

设群G作用在有限集Ω上且Ω是群, 称群作用在群上. 如果满足$(|G|, |\Omega|) = 1$, 称为互素作用.

定理 1.22. 设G, H是有限群, 假设G互素作用在H上, 则G固定H的某个$Sylow$ p-子群, 这里p是$|H|$的任意素因子.

设$Aut(G)$自然的作用在G上, ϕ是群G的自同构, 称ϕ是固定点自由的, 如果$x^\phi = x$可以推出$x = 1$.

定理 1.23. 设G为有限群, 如果G有2阶固定点自由自同构, 则G为奇阶交换群.

定理 1.24. 设G为有限群, 如果G有3阶固定点自由自同构, 则G为类至多为2的幂零群.

定理 1.25. 设G为有限群, 如果G有素数阶固定点自由自同构, 则G为幂零群.

运用单群分类定理, 我们可以得到固定点自由的一般结果:

定理 1.26. 设G为有限群, 如果G有一个固定点自由自同构, 则G为可解群.

定理 1.27. 设G为有限交换群, 假设$H \leqslant Aut(G)$且有形式$K \rtimes \langle \phi \rangle$. 如果对于任意$k \in K$, 元素$k\phi$是固定点自由的或者为素数阶的, 且$|K|$和$|G|$互素, 则$K$固定某个$G$的非平凡元.

定理 1.28. (*P. Hall*) 设G为有限群且$\pi(G)$为$|G|$的素因子集合, 则群G可解当且仅当存在$Hall$ π-子群, 任意$\pi \subseteq \pi(G)$.

由于两子群交换当且仅当它们乘积仍为子群, 我们可以拿出Sylow子群中不同素数的一组代表$\{P_1, P_2, \cdots, P_k\}$, 如果任意两个都是交换的, 称为$G$的Sylow系. 根据以上Hall定理知道有限群为可解当且仅当存在Sylow系.

设 G 为有限群且 $G \neq 1$, 规定 G 中极大幂零正规子群为 G 的Fitting子群, 记为 $F(G)$. 令 G 为非平凡群, 则对于 G 的任意主列 $1 = G_0 < G_1 < G_2 < \cdots < G_n = G$, 有

$$F(G) = \bigcap_{i=1}^{n} C_G(G_i/G_{i-1})$$

其中 $C_G(G_i/G_{i-1}) = \{g \in G | g_i^g G_{i-1} = g_i G_{i-1}, \forall g_i \in G_i\}$. 群 G 说是完全的, 如果 G 的导群 G' 恰等于 G, 若 G 是完全群, 且 $G/Z(G)$ 为单群, 称 G 为拟单群. 拟单群的同态像仍为拟单群. 如果 G 的子群 K 是次正规且是拟单的, 称为 G 的一个分支. 定义两个特征子群: $E(G) = \langle K | K$ 为 G 的分支 $\rangle$, $F^*(G) = F(G)E(G)$. 称 $F^*(G)$ 为 G 的广义Fitting子群. 当然, 如果 G 可解, 则 $F^*(G) = F(G)$.

定理 1.29. $C_G(F^*(G)) \leqslant F^*(G)$.

定理 1.30. 设 $E(G) \neq 1$, $K_1, K_2, \cdots, K_n$ 为所有分支, 设 $Z = Z(E(G))$, $Z_i = Z(K_i)$ 且 $E_i = K_i Z/Z$, $i = 1, 2, \cdots, n$, 则

(a) $E(G)$ 为 $K_1, K_2, \cdots, K_n$ 的中心积, 特别 $Z = Z_1 Z_2 \cdots Z_n$;

(b) $Z_i = Z \cap K_i$, $E_i \cong K_i/Z_i$ 为非交换单群;

(c) $E(G)/Z \cong E_1 \times E_2 \times \cdots E_n$.

定理 1.31. (有限单群分类定理, CFSG) 有限单群为以下群之一:

(a) 素数阶循环群 Z_p;

(b) 交错群 A_n $(n \geqslant 5)$;

(c) 16族Lie型单群:

(c1) Chevalley 群 $A_n(q)$, $B_n(q)n > 1$, $C_n(q)n > 2$, $D_n(q)n > 3$;

(c2) $E_6(q)$, $E_7(q)$, $E_8(q)$, $F_4(q)$, $G_2(q)$;

(c3) Steinberg 群 $^2A_n(q^2)n > 1$, $^2D_n(q^2)n > 3$, $^2E_6(q^2)$, $^3D_4(q^3)$;

(c4) Suzuki 群 $^2B_2(2^{2n+1})$;

(c5) Ree 群, Tits 群 $^2F_4(2^{2n+1})$;

(c6) Ree 群 $^2G_2(3^{2n+1})$.

(d) 26个散在单群(Sporadic groups):

(d1)Mathieu 单群M_{11}, M_{12}, M_{22}, M_{23}, M_{24};

(d2)Janko 单群J_1, J_2, J_3, J_4;　　(d3)Conway 单群Co_1, Co_2, Co_3;

(d4)Fischer 单群Fi_{22}, Fi_{23}, Fi'_{24};　　(d5)Higman-Sims 单群HS;

(d6)McLaughlin 单群McL;　　(d7)Held 单群He;

(d8)Rudvalis 单群Ru;　　(d9)Suzuki 散在单群Suz;

(d10)O'Nan 单群$O'N$;　　(d11)Harada-Norton 单群HN;

(d12)Lyons 单群Ly;　　(d13)Thompson 单群Th;

(d14)小魔群B;　　(d15)Fischer-Griess大魔群M.

定理 1.32. (有限非交换单群的阶) 设S为非交换单群, 则S的阶由表1.1和表1.2给出.

表1.1: 散在单群S 的阶

S	S的阶	S	S的阶
M_{11}	$2^4 3^2 \cdot 5 \cdot 11$	M_{12}	$2^6 3^3 \cdot 5 \cdot 11$
M_{22}	$2^7 3^2 \cdot 5 \cdot 7 \cdot 11$	M_{23}	$2^7 3^2 \cdot 5 \cdot 7 \cdot 11 \cdot 23$
M_{24}	$2^{10} 3^3 \cdot 5 \cdot 7 \cdot 11 \cdot 23$	J_1	$2^3 3 \cdot 5 \cdot 7 \cdot 11 \cdot 19$
J_2	$2^7 3^3 \cdot 5^2 \cdot 7$	J_3	$2^7 3^5 \cdot 5 \cdot 17 \cdot 19$
J_4	$2^{21} 3^3 \cdot 5 \cdot 7 \cdot 11^3 \cdot 23 \cdot 29 \cdot 31 \cdot 37 \cdot 43$	Ru	$2^{14} 3^3 5^3 \cdot 7 \cdot 13 \cdot 29$
He	$2^{10} 3^3 5^2 7^3 11$	McL	$2^7 3^6 5^3 \cdot 7 \cdot 11$
HN	$2^{14} 3^6 5^6 \cdot 7 \cdot 11 \cdot 19$	HiS	$2^9 3^2 5^3 \cdot 7 \cdot 11$
Suz	$2^{13} 3^7 5^2 \cdot 7 \cdot 11 \cdot 13$	Co_1	$2^{21} 3^9 5^4 7^2 \cdot 11 \cdot 13 \cdot 23$
Co_2	$2^{18} 3^6 5^3 \cdot 7 \cdot 11 \cdot 23$	Co_3	$2^{10} 3^7 5^3 \cdot 7 \cdot 11 \cdot 23$
Fi_{22}	$2^{17} 3^9 5^2 \cdot 7 \cdot 11 \cdot 13$	Fi_{23}	$2^{18} 3^{13} 5^2 \cdot 7 \cdot 11 \cdot 13 \cdot 17 \cdot 23$
Fi'_{24}	$2^{21} 3^{16} 5^2 7^3 \cdot 11 \cdot 13 \cdot 17 \cdot 23 \cdot 29$	$O'N$	$2^9 3^4 7^3 5 \cdot 11 \cdot 19 \cdot 31$
LyS	$2^8 3^7 5^6 \cdot 7 \cdot 11 \cdot 31 \cdot 37 \cdot 67$	M, F_1	$2^{46} 3^{20} 5^9 7^6 11^2 13^3 \cdot 17 \cdot 19 \cdot 23$ $\cdot 29 \cdot 31 \cdot 41 \cdot 47 \cdot 59 \cdot 71$
B, F_2	$2^{41} 3^{13} 5^6 7^2 11 \cdot 13 \cdot 17 \cdot 19 \cdot 23 \cdot 31 \cdot 47$	Th, F_3	$2^{15} 3^{10} 5^6 7^2 \cdot 13 \cdot 19 \cdot 31$

表1.2: 交错单群及Lie型单群S的阶

S	条件	S的阶
A_n	$n \geqslant 5$	$\frac{n!}{2}$
$A_n(q)$	$n \geqslant 1, q$为素数幂	$\frac{q^{\frac{1}{2}n(n+1)}}{(n+1,q-1)} \prod_{i=1}^{n}(q^{i+1}-1)$
$B_n(q)$	$n \geqslant 2, q$为素数幂	$\frac{q^{n^2}}{(2,q-1)} \prod_{i=1}^{n}(q^{2i}-1)$
$C_n(q)$	$n \geqslant 3, q$为素数幂	$\frac{q^{n^2}}{(2,q-1)} \prod_{i=1}^{n}(q^{2i}-1)$
$D_n(q)$	$n \geqslant 4, q$为素数幂	$\frac{q^{n(n-1)}(q^n-1)}{(4,q^n-1)} \prod_{i=1}^{n-1}(q^{2i}-1)$
$E_6(q)$	q为素数幂	$\frac{q^{36}}{(3,q-1)} \prod_{i\in\{2,5,6,8,9,12\}}(q^i-1)$
$E_7(q)$	q为素数幂	$\frac{q^{63}}{(2,q-1)} \prod_{i\in\{2,5,6,8,10,12,14,18\}}(q^i-1)$
$E_8(q)$	q为素数幂	$q^{120} \prod_{i\in\{2,8,12,14,18,20,24,30\}}(q^i-1)$
$F_4(q)$	q为素数幂	$q^{24} \prod_{i\in\{2,6,8,120\}}(q^i-1)$
$^2A_n(q^2)$	$n \geqslant 2, q$为素数幂	$\frac{q^{\frac{1}{2}n(n+1)}}{(n+1,q+1)} \prod_{i=1}^{n}(q^{i+1}+(-1)^i)$
$^2D_n(q^2)$	$n \geqslant 4, q$为素数幂	$\frac{q^{n(n-1)}(q^n+1)}{(4,q^n+1)} \prod_{i=1}^{n-1}(q^{2i}-1)$
$^2E_6(q^2)$	q为素数幂	$\frac{q^{36}}{(3,q+1)} \prod_{i\in\{2,5,6,8,9,12\}}((-q)^i-1)$
$^3D_4(q^2)$	q为素数幂	$q^{12}(q^8+q^4+1)(q^6-1)(q^2-1)$
$^2B_2(q)$	$q=2^{2n+1}, n \geqslant 1$	$q^2(q^2+1)(q^2-1)$
$^2F_4(q)$	$q=2^{2n+1}, n \geqslant 1$	$q^{12}(q^6+1)(q^4-1)(q^3+1)(q-1)$
$^2F_4(2)'$	$q=2^{2n+1}, n \geqslant 1$	$2^{12}(2^6+1)(2^4-1)(2^3+1)(2-1)/2 = 17971200$
$^2G_2(q)$	$q=3^{2n+1}, n \geqslant 1$	$q^3(q^3+1)(q-1)$

以下给出一些数论的结果.

定理 1.33. *(Zsigmondy定理)[311]* 设q是大于1的自然数, p是q^n-1的本原素因子, 即$p \mid q^n-1$, 但是对于任何$1 \leqslant i \leqslant n-1$, 有$p \nmid q^i-1$. 如果$n>1$, 且$n,q$不满足以下的两种情况, 则$q^n-1$存在本原素因子.

(i) $n=2$ 且$q=2^k-1$ *(k是自然数)*;

(ii) $n=6, q=2$.

定义 1.34. 引理1.33中的素数p叫作q^n-1的本原素因子, 且记作q_n, q模p的方次数为n, 记作$exp_p(q)$.

明显q_n-1能被n整除, 则有$q_n \geqslant n+1$. 一个本原素数q_n称为大本原素数, 如果满足$q_n > n+1$或者$q_n^2 \mid q^n-1$. 以下是W. Feit给出了大本原素数的存在性, 见[97].

定理 1.35. 设q, n是大于1的整数, 则q^n-1存在大本原素数, 除了如下几种情形:

(i) $n = 2$且$q = 2^s 3^t - 1$, 这里s为某个自然数, $t = 0, 1$;

(ii) $q = 2$且$m = 4, 6, 10, 12, 18$;

(iii) $q = 3$且$m = 4, 6$;

(iv) $(q, n) = (5, 6)$.

如上大本原素数的存在性在研究有理群的时候起到关键作用, 见[99].

第2章　群的共轭类型

本章主要考虑有限群中共轭类长度对群结构的影响. 在过去的40年里, 这个问题产生出许许多多好的结果. 本章将对这些结果进行归纳, 主要的证明可以参考后面的文献.

我们能够从共轭类长度中获取多少信息? Sylow 在1872年给出了著名的Sylow定理, 之后Sylow也讨论了一些关于共轭类长的问题. 之后, Burnside 在1904年证明出如果我们有一个关于共轭类长度具体的信息, 我们就可以得到关于群结构的更强结论. Landau 在1903年就共轭类的数量来划分了群的阶, 即给出了群的类方程. 同时, 在1919年, Miller 对共轭类很少的群作了详细的结构分类. 关于共轭类长度对群结构的影响的问题直到1953年Bear和Itô的文章发表之后才有所突破.

早期的结论都是通过提供明确的共轭类信息, 然后得到群结构. 例如, 一个群只存在唯一一个共轭类长度, 则它就是一个交换群, 但这对于任何交换群都是成立的. 然而, 如果你知道了所有共轭类长度的集合, 则群的阶也就知道了, 但我们还是不能确定这个群. 有些作者已经研究了长度不全为1共轭类长的群结构. 在研究过程中, 运用共轭类图, 这是一种很有效的方法. 另外, 如果我们只需要共轭类长度的信息, 而不是它的多样性信息, 则无论A是否可交换, 群G和$G*A$都有相同的集合.

研究共轭类的另一个原因就是, 共轭类对我们理解群环起到重要作用, 特别是在数域$\mathbb{C}$上的群环. 如果G是一个群, 则群环$\mathbb{C}[G]$是以G的元为基在数域$\mathbb{C}$上生成的向量空间. 对于G的每个共轭类K定义其元素$c_K = \sum_{g \in K} g$, 则c_K是属于$C[G]$的中心, 并且c_K是中心的一组基, 这拉近了共轭类和群的特征标理论间的关系. 如果$K_1, K_2, \cdots, K_k$是群G的共轭类, 则存在一些整数a_{rst}, $1 \leqslant r,s,t \leqslant k$使得$c_{K_r} c_{K_s} = \sum a_{rst} c_{K_t}$.

解出a_{rst}的值等价于知道特征标表, 这个结论要追溯至Frobenius, 见引理[167, 定理7.6]. 因此在这种程度上, 我们知道特征标表和共轭类信息是等价的.

本章主要考虑的不是特征标问题, 因此在这里我们只提一下这些结论, 读者可以去参见[126]或[134], 这些文章中还有许多其他关于讨论特征标理论和一些必要的定义. 在后面中, 我们将进一步讨论它们之间的联系.

我们经常会涉及一个元素的指数问题, 它就是包含该元素的共轭类的长度. 在代数学中, 这个定义是通用的. 给定某个群G的元素g, 我们通常说g的指数而不是g的共轭类的长度, 所以如果涉及元素, 我们习惯于用指数, 但如果是谈论共轭类, 我们就习惯于用长度.

最著名的Burnside的$p^a q^b$定理就是利用特征标理论的典范. 这个定理的限制条件是存在一个素数幂的指数. 然后我们找到了一些条件使得其可解, 但这些结果都比较弱, 但这也使我们看到了对所有指数元素要求的条件和对部分元素要求的条件之间的差异. 这种情形是非常常见的, 例如, 如果我们知道所有元的指数都为一个给定素数p的幂, 则该群显然为p-群. 然后我们问只有p幂的元素会产生什么呢? 这里我们希望元素指数限制少一些且不用考虑元素在群里的阶. 更一般的就是结合共轭类型向量的研究, 本章由于篇幅限制, 大部分的证明请参考具体文献.

§2.1 基本定义和结果

Bear[15]给出了以下定义, 在后面我们也将用到这些定义.

定义 2.1. 设G是有限群, $x \in G$. x在G中的指数由$|G : C_G(x)|$确定, 并写成$Ind_G(x)$.

注: 根据轨道-稳定子定理, $Ind_G(x)$是x的共轭类长度.

引理 2.2. 设$N \lhd G$, 则
(1) 如果$x \in N$, $Ind_N(x)$整除$Ind_G(x)$.
(2) 如果$x \in G$, $Ind_{G/N}(xN)$整除$Ind_G(x)$.

引理 2.3. [47] 如果p是素数, 对于所有的p'的元x, p不整除$Ind_G(x)$, 则G的$Sylow$ p-子群是G的一个因子群.

证明. 设P是G的Sylow p-子群, 并设$C = C_G(P)$. 现在我们来证明PC 包含G每个元的共轭元, 根据Burnside [45, S26], 引理得证.

如果$g \in G$, 我们可以写成$g = xy$. 这里$[x, y] = 1$. 并且x是一个p-元, y是一个p'-元. 根据假设我们有$C_G(y)$包含P的一个共轭类. 因此共轭是必要的, 我们能够确保$P \subset C_G(y)$, 存在$h \in C_G(y)$, 使得$x^h \in P$. 因此$(xy)^h = x^h y \in PC$. $\qquad\square$

推论 2.4. 如果p是一个素数且p不能整除$Ind_G(x)$ $(x \in G)$, 则G的$Sylow$ p-子群是G的直积因子群.

如上给出了一个关于特征标次数的分解的方法. 即如果G是交换的正规Sylow p-子群, 则p不整除于任何特征标次数. 这是Itô [137]的结论. 反过来也是成立的, 但是证明要用到单群分类定理.

另一个有用的引理如下:

引理 2.5. 设x, y是G的两个元素, 使得$C_G(x)C_G(y) = G$, 则$(xy)^G = x^G y^G$.

证明. 我们考虑$x^g y^h$, $g, h \in G$, 显然$x^g y^h$与$x^{gh^{-1}} y$共轭, 则可以写成$gh^{-1} = ab$, 这里$a \in C_G(x)$, $b \in C_G(y)$. 因此$x^{gh^{-1}} y = x^{ab} y$ 与$x^a y^{b^{-1}} = xy$共轭. 得证. $\qquad\square$

推论 2.6. 设x, y是G的两元素, 且$Ind_G(x)$和$Ind_G(y)$互素, 则$(xy)^G = x^G y^G$.

这个结论是由Tchounikhin 在1930年[288]中给出的. 在这篇文章中他证明出如果一个群中有三个互素的指数, 那么这个群就不是单群. 我们现在给出一些有用的定义, 并把一些结果给出统一的形式.

定义 2.7. (1) $\sigma_G(g)$是能够整除$Ind_G(g)$的素数集.

(2) $\sigma^*(G) = max\{|\sigma_G(g)| : g \in G\}$.

(3) $\rho^*(G) = \bigcup_{g \in G} \sigma_G(g)$.

根据推论2.4我们知道, $\rho^*(G)$只是能够整除$G/Z(G)$的素数集, 这个集合也被称作模中心素数集.

定义 2.8. (1) G称之为$Frobenius$群, 如果G可以写成两个阶是互素的群K和C的乘积, 这里K是正规的, 且对于所有$1 \neq x \in K$ 成立$C_G(x) \subseteq K$. 群K称为G的核, 群C为K的补.

(2) 群G称之为拟-*Frobenius*群, 如果$G/Z(G)$是*Frobenius*群.

Frobenius群的结构见[124, v.8]. 另若群G为拟-Frobenius群, 并设核的原象和补分别是K, C, 则如果K, C都是交换群, 那么G的非平凡共轭类的长度就是$m = |C/Z(G)|$和$n = |K/Z(G)|$. 注意$\gcd(m, n) = 1$.

§2.2 数量性质

§2.2.1 素数幂指数

关于素数幂指数最早的结论是: ① Sylow[273], 这篇文章指出如果一个群所有元素的指数都是一个给定的素数的幂, 那么这个群有一个非平凡的中心; ② Burnside[44], 文章称群中某个元的指数是素数幂的, 那么这个群不是单群. 这是两个最经典的结论, 它们提供了关于群指数集一些算数性质的信息.

1990年Kazarin关于Burnside结论的一个延伸:

定理 2.9. *[155] 设G有限群, 并设x是G的一个元素, 使得$Ind_G(x) = p^a$, p是某个素数, a为整数, 则$\langle x^G \rangle$是G的一个可解子群.*

同时, 证明Burnside的结论用到的是常特征标理论, 证明Kazarin的结论用到的是模特征标理论. 应用定理2.9, Camina 和Camine [56] 就能证明出任何的素数幂指数元都属于第二Fitting子群. Flavell[104]证明了一个元素是否属于第二Fitting子群取决于两个生成子群的性质. 这就导致了一个有趣的讨论, 两个生成子群的元素的指数是怎样的才能决定整个群的元素的指数, 见[60].

Baer[15]研究了条件(称为Baer条件)为: 每个素数幂阶元有素数幂指数的所有有限群. 然后他继续研究关于这些只有q-元的群满足Baer条件的问题. Camina 和Camine [56]在Baer的基础上引入了如下定义:

定义 2.10. 设G是有限群, q为素数, 使得q整除于$|G|$, 则G称为q-*Baer*群, 或者说满足q-*Baer*条件, 如果G的每个q-元都是素数幂指数.

然后他们得到了如下结论:

定理 2.11. *[56]* 设 G 是一个 q-Baer 群, q 为某个素数, 则

(1) G 是 q-长度为 1 的 q-可解群;

(2) 存在唯一的素数 p, 使得每个 q-元都是 p-幂指数, 进一步, 设 Q 为 G 的 Sylow q-子群, 则

(3) 如果 $p = q$, Q 是 G 的直因子;

(4) 如果 $p \neq q$, Q 是交换群, $O_p(G)Q$ 在 G 中正规, 且 $G/O'_q(G)$ 可解.

Berkovic 和 Kazarin 证明出了许多相似的结论, 但也有一些不同的结果. 其中一个结论如下:

定理 2.12. *[38]* 如果每一个阶为 $p(p$ 为奇数) 或 4 (如果 $p = 2$) 的 p-元素的指数都是 p-幂的, 则 G 有一个正规的 p-补.

Beltran 和 Felipe 也得出了相似的结论, 见 [27]. 我们回顾一下, 定理 2.11 说的是如果所有的 p'-元都是 p'-指数的, 则 G 的 Sylow p-子群是一个直因子. 刘小磊、王燕鸣和魏华全推出了关于这个结论的一个有趣的弱化结果:

定理 2.13. *[187]* 如果 p 为一个素数, 且对于所有的阶为素数幂的 p'-元 x, p 不整除于 $Ind_G(x)$, 则 G 的 Sylow p-子群是 G 的一个直因子.

证明过程应用到了 [96] 的结论: 在传递的置换群中存在一个素数幂阶元的无不动点, 这个结果的证明用到了有限群分类定理.

另一方面, Dolfi 和 Lucido 称一个有限群 G 满足条件 $P(p, q)$, 如果每个 p'-元有 q'-指数. 这个经典的定义来源于特征标理论. 特别地, 一个有限群 G 满足条件 $BP(p, q)$, 如果每个 p-Brauer 特征次数与 q 互素. Dolfi 和 Lucido 证明出了如下定理:

定理 2.14. *[83]* 设 G 为有限群, 且满足 $P(p, q)$, $p \neq q$, 则 $O^p(G)$ 是 q-幂零的且 G 有交换的 Sylow q-子群.

这篇文章的重要部分被用来证明如果一个群 G 是几乎单群满足 $P(p, q)$, 则 $\gcd(|G|, q) = 1$, 这用到了有限单群分类定理. 以下是一个非常有趣的结果:

定理 2.15. *[84]* 设G 为一个有限群, 且G 有一个共轭类长度为一素数p 的倍数, 则下列情形之一成立:

(1) G是补为2阶, 核为阶能被p整除的Frobenius群;

(2) G是一个可逆的Frobenius群, 它的Frobenius补有一个平凡的中心Sylow p-子群;

(3) p是一个奇数, G = KH, 这里K = Fit(G)是一个q-群, q为素数. 对于G的一个Sylow p-子群P成立: $H = C_G(P)$, $K \bigcap H = Z(K)$且G/Z(K)是一个可逆的Frobenius群.

§2.2.2 可解性

显然, 认识可解性是一个有趣的问题, 1990年Chillag和Herzog得出如下结果:

定理 2.16. *[64]* 如果对于所有的x ∈ G, 有4∤$Ind_G(x)$, 则G可解.

[56]和[66]给出了避免使用有限单群分类定理的证明方法. Chillag和Herzog 还考虑了那些指数为非平方数的群; 关于这些群, Cossey 和王燕鸣[66]也做过研究.

定理 2.17. *[66]* 假设群G的所有指数都是非平方数, 则G是超可解的, 且|G/Fit(G)|和G′ 都是自由阶的循环群. Fit(G)的共轭类至多为2且群G是亚交换的.

在前节中应用[96]的结论, 李世荣强化了如下结果:

定理 2.18. *[190]* G是一个群, 并设p是能整除G 的阶的最小素数. 假设p^2不能整除任何q-幂阶元的指数, q是不等于p的素数, 则G是p-幂零群. 特别地, G还是可解的.

定理 2.19. *[190]* 假设G中所有素数幂阶元的指数都是非平方数, 则G 超可解, G的导长最大为3, G/Fit(G)是初等交换群的一个直积, 且|Fit(G)′|是一个非平方数.

在[244]中, 作者考虑如果只有p′-元的指数不能被p^2整除会产生什么结果. 在这种情形下, 证明出能整除任何首因子阶的最高p幂就是p本身.

注意如果 p 是能整除一个群的阶的最小素数, 且 q 是任何一个能整除该群阶的素数, 则 $q \nmid (p-1)$. 应用这个性质 Cossey 和王燕鸣[66]考虑到这样的群, 它们存在一个素数 p 整除 G 的阶, 使得异于 p 的素数 q 也整除 G 的阶, 但 $q \nmid (p-1)$. 对于存在这种结构的群, 当 G 中不存在任何指数能被 p^2 整除的元时, 他们得出一个结论. 这方面的一个改进见[187]. 注意在这种条件下, 如果 $p = 2$, 则 G 是可解的(见定理2.18), 如果 $p > 2$, 则 G 是奇数阶的.

如果素数 p 能整除一个群的阶, 且存在不能整除 $p-1$ 的素数, 我们就可以得出一些更一般的结论:

引理 2.20. 设 G 是可解群, 且 p 是一个素数. 假设所有的 p'-阶元都有不能被 p^2 整除的指数. 设 $\Pi = \{q : q$ 是一个素数, $q \neq p$, 且 $q \nmid (p-1)\}$, 则 $G/O_{p'}(G)$ 是一个 Π'-群.

证明. 设 G 是一个最小的反例. 如果 Π 是空集, 那就没什么需要证明的了. 注意到这个假设对于正规子群和导群是成立的. 显然, 如果 $G/O_{p'}(G) \neq 1$, 通过分解 $G/O_{p'}(G)$ 我们就可以得出结论. 现在我们假设 $G/O_{p'}(G) = 1$.

假设 G 有一个适当的正规子群 N, 根据上面所讲的, $G/O_{p'}(G) = 1$, 因此 N 是一个 Π'-群. 如果 N 是有素指数 q 的最大正规子群, 则 $q \in \Pi$. 如果存在两个不同的最大正规子群, 则 G 不可能是 Π'-群, 这已经没有什么需要证明的了. 因此 N 是 G 的唯一的最大正规子群. 设 M 是最小正规子群. 设 x 是不属于 N 的 q 阶元, 因此 $q \in \Pi$ 且 N 是一个 Π'-群, 现在考虑 x 作用在 M 上. 因为 M 正规, $|M : C_M(x)| = 1$ 或者 p. 因为 $q \in \Pi$, x 在 $M/C_M(x)$ 上的作用是平凡的, 因此 x 使 M 集中. 因 $x \notin N$ 且 $x \in C_G(M)$, 故 $M \leqslant Z(G)$, 但是 $G/O_{p'}(G) = 1$, 因此 $G/O_{p'}(G/M) = 1$ 且 G/M 是一个 Π'-群, 这与 $|G : N| = q$ 矛盾. 证毕. $\square$

我们称具有交换 Sylow 子群的群为 A-群. Camina 和 Camina 证明出了如下结论:

定理 2.21. [58] 设 G 是一个 A-群, 并设 2^a 是能够整除群 G 的一个指数的最高的一个 2 的幂. 如果存在元 $x \in G$ 使得 $Ind_G(x) = 2^a$, 则 G 是可解群.

运用如上类似证明方法, 并不要求G是A-群, 只需要Sylow 2-子群是交换的, 结论仍然成立. 但如果Sylow 2-子群不是交换的, 结论是错误的. 例如, 单群$PSL(2,7)$有一个次数为8的置换表示. 设V是特征为5的有限域上次数为8的一个置换模, 通过$PSL(2,7)$考虑V的扩张, 我们能得出V有指数为8的元.

Marshall考虑了可解的A-群. 设G的共轭秩$crk(G)$ (见定义2.25)大于1. 她证明了存在一个函数$g : Z^+ \rightarrow Z^+$使得可解的A-群的导长以$g(crk(G)+1)$为界[208]. 它对下面这个问题的推导做出了贡献.

问题 2.22. 可以通过共轭类的秩确定可解群导长吗?

Keller得出了如下有趣的结论:

定理 2.23. [156] 设G为有限群, 则商群$G/Fit(G)$的导长被

$$24log_2(crk(G)+1)+364$$

来决定.

以下我们用一个与前小节中的注释相关的问题结束本节.

问题 2.24. (1) 如果我们知道了所有多重的共轭类长度, 那么我们能否得出群的可解性?

(2) 如果我们知道了所有的共轭类长度, 那么我们能否得出群的可解性?

显然(2)比(1)更强, 但我们还不能回答其是否正确. 我们也可以找到类似其他共轭类的超可解性.

§2.3 共轭型向量

群的共轭型是群的不同的共轭类长度集合(或者我们称为共轭型向量, 以下我们还是沿用这个定义), 共轭秩是指所有不等于1的共轭类长度数目. 即1953年Itô引入的共轭型向量的概念:

定义 2.25. [138] 一个群G的共轭型向量是向量$(n_1, n_2, \cdots, n_r, 1)$, 这里$n_1 > n_2 > \cdots > n_r > 1$是群$G$中元素的不同指数. 群$G$的共轭秩, $crk(G)$, 是由r来确定的.

§2.3.1 共轭秩为1的群

Itô证明了如下结论:

定理 2.26. 设G是有限群.

(1) *[138]* 群G有共轭型向量$(n,1)$, 则$n=p^a$, p为素数, 且G是幂零的. 更具体地说, G是一个p-群和一个交换的p'-群的直积. p-群, P, 有一个交换的正规子群A, 使得P/A指数为p.

(2) *[139]* 群G有共轭型向量$(n_1,n_2,1)$, 则群G是可解的.

近期, Ishikawa[136] 证得共轭秩为1的p-群幂零类至多为3. 几乎同时, 许多作者得出了关于李代数的一些结论[37, 199, 200, 135, 201]. 这些结论涉及有限群G 子群$M(G)$, 这里$M(G)$ 是由指数是1或者m 的元素生成的子群, m是极小非平凡的指数. 后来Isaacs证明了如下定理:

定理 2.27. *[135]* 设G是包含交换的正规子群A的有限群, $C_G(A)=A$, 则$M(G)$是长度至多为3的幂零群.

2009年, 郭秀云、赵仙鹤和岑嘉平证明了如下秩为1的情形:

定理 2.28. *[109]* 设N是群G的一个p-可解正规子群, 使得N包含一个非中心的Sylow r-子群, R(其中$r\neq p$). 如果对于每个N的阶能被至多两个不同的素数整除的p'-元, 都有$|x^G|=1$或m, 则N 的p-补幂零.

Itô在1952年的结论形成了一个推论. 1996年李世荣证明了如下Itô结论的推广形式:

定理 2.29. *[189]* 设G是有限群, m为自然数. 假设如果$x\in G$阶为素数幂, x的指数就为1或m, 则G是可解的.

另一个方面考虑的是p'-共轭型向量.

定义 2.30. 群G的p'-共轭型向量是p'-元的不同指数的逆序排列.

假设G是具有$(m,1)$的p'-共轭型向量的群. 文[1, 23] 证明出了对于素数$p\neq q$, $m=p^a q^b$, 如果a和b都大于零, 则有$G=PQ\times A$, 这里P是G的一个Sylow p-子群, Q是G的一个Sylow q-子群, A是包含在G的中心里面的. 注意上面的结论源于[48]和[49]. 文[25]中还考虑了p'-共轭型向量是$(m,n,1)$, $\gcd(m,n)=1$的情形.

§2.3.2   共轭秩为2的群

1974年, A.R. Camina 给出了一个新的共轭秩为2的群的结果, 从而知道了关于这些群的更多结构, 以及给出可解性的另外证明方法. 这些依赖于Schmidt [252] 和Rebmann [247], 这两篇文章都关注于中心化子的格.

定义 2.31. *群G称为一个F-群, 如果任意给定群G的两个元$x, y \notin Z(G)$, 则$C_G(x) \not< C_G(y)$.*

在这些文章中, 作者对F-群进行了完全分类. 从他们的结果可以看出共轭秩为2的F-群都是可解的. 尽管它还不能完全根据共轭类次数来刻画F-群, 但是无两两次数整除的条件是必要的.

如下A.R. Camina的定理是说没有上述情形将会发生什么:

定理 2.32. *[49] 如果群G的共轭秩为2, 且G不是一个F-群, 则G是一交换群和阶只能被两个素数整除(或$\rho^*(G) = 2$)的群的直积.*

以下是近期被Dolfi和Jabara所证明的结论, 其证明方法不同于[49], 但用到了[139]的方法:

定理 2.33. *[82] 有限群G共轭类的秩为2, 当且仅当除去一个交换的直因子后,*

(1) *G是一个p-群, p是一个素数;*

(2) *$G = KL$, 且$K \trianglelefteq G$, $\gcd(|K|, |L|) = 1$并满足以下某个条件:*

　(a) K和L都是交换群, $Z(G) < L$且G是一个拟-Frobenius群;

　(b) K是交换群, L是一个非交换p-群, p是素数, 且$O_p(G)$是L中关于指数p的交换子群, 且$G/O_p(G)$是一个Frobenius群; 或者

　(c) K是一个共轭类的秩为1的p-群, p为素数, L是交换群, $Z(K) = Z(G) \cap K$且G是一个拟-Frobenius.

注意[34]的结论能从Dolfi和Jabara的结果中推导出来. 这就完成了对共轭类秩为2的群的分类.

§2.3.3 共轭秩大于2的群

Itô继续早在1970年的想法, 考虑低阶共轭类秩, 秩为3, 4 和5的情形, 特别考虑了此时单群的分类, 见[140, 141, 142, 143]. 近年来, 很多人都在试图分类秩为3的情形. Beltrán 和Felipe [33] 分类共轭型向量为$(mk, m, n, 1)$, 这里$\gcd(m, n) = 1$且$k|n$结构的可解群. 进一步, Camina和Camina证明了如果共轭类的秩大于2, 并且指数中三个里面任意两个都互素, 则群G是可解的. 这些结论如下:

推论 2.34. *[59] 设G有平凡的中心且至多有三个大于1的不同的共轭类长度的有限群, 则群G是可解群, 或者为$PSL(2, 2^a)$.*

推论 2.35. *[59] 设G是至多有三个大于1的不同的共轭类长度的有限A-群, 则群G是可解群, 或者为$PSL(2, 2^a)$.*

因此, 我们要问:

问题 2.36. *能否将秩为3的群, 特别是非可解的群进行分类吗?*

根据早期的两篇文章[20] 和[197], Bianchi, Gillio和Casolo得出了如下定理:

定理 2.37. *[35] 假设G是共轭型向量为$(m, n, \ldots)$(这里m, n互素)的一个群. 如果$x, y \in G$有$Ind_G(x) = n$, $Ind_G(y) = m$, 并设$N = C_G(x)$, $H = C_G(y)$, 则N, H是交换群, 群G是以群$N/Z(G)$为核, 以$H/Z(G)$ 为补的拟-Frobenius群.*

§2.3.4 幂零性

1972年, A.R. Camina证明了一个共轭型向量为$(q^b p^a, q^b, p^a, 1)$有限群是幂零的, 这里p, q都是素数[47]. 近期, Beltrán 和Felipe 证明了如果群G的共轭型向量为$(nm, m, n, 1)$, n, m 是互素的整数, 则群G是幂零的, 且n, m 是素数幂, 见[29, 32, 28]. Beltrán 和Felipe 在文[31]中证明了:

定理 2.38. *如果G是有限的p-可解群, 且m是不能被p整除的正整数, 如果G的所有p'-元的共轭类长度的集合是$\{1, m, p^a, mp^a\}$, 则G是幂零的且m是一个素数幂.*

从Camina的结论, 自然会问：是否可以通过一个群的共轭型向量辨别一个群的幂零性?

问题 2.39. *如果G和H有相同的共轭型向量, H是幂零的, 那么G是否也是幂零的?*

我们注意到, 一个幂零群满足如下条件：设m, n互素. 存在指数为m和n的元, 当且仅当存在以mn为指数的元. 这当然直接由幂零群是它的Sylow p-子群的直积得出. 通过Cossey 和Hawkes, 我们得到如下漂亮的结论：

定理 2.40. *[76] 设p是一个素数, S是有限的包含1和p-幂的数集, 则存在一个类长为2的p-群P使得S是P的共轭型.*

注意给定一个数集不一定能成为某个群的共轭型. 应用Cossey和Hawkes 的结论, 我们判断一个群是否为幂零群等价于判断它的指数是否满足上述条件.

尽管在确切的条件下能知道一个群是否是幂零的, 例如, 所有的共轭类都是非平方数[56], 或群是一个非交换的A-群[58], 则它就是幂零的. 与幂零群具有相同的共轭型向量的最小阶例子是160阶群, 其共轭型向量为$(20, 10, 5, 4, 2, 1)$. 类似这种群例子很多, 可以参考文[58]. 同时在[58]中还有许多问题被提出.

问题 2.41. *假设G和H是有限群, H是幂零的, 进一步假设G和H有相同的共轭型向量.*

(i) G必定是可解?

(ii) 如果G不是幂零, 那么G有非平凡中心?

(iii) 假设G是A-群, 则G必定幂零?

注意如果知道每个共轭类长度的另外信息, 正如Cossey, Hawkes和Mann 给出如下结果, 那么我们就会知道群的幂零性.

定理 2.42. *[77] 设G和H是有限群, H是幂零的. 设S_H是H中元共轭类长度的多重集, 同样定义S_G. 如果$S_H = S_G$, 则群G是幂零的.*

上述定理被Mattarei[210]拓展了.

§2.3.5　共轭类图

Lewis [172]发表了特征标和共轭类长度相关图的文章. 本节介绍共轭类与图的一些知识. 我们旨在引入大量参考书目, 就只简要地提一下图和近期的一些结论.

设X为一个正整数的集合. 我们可以为X上定义两个图, 一个是素数顶点图, 一个是因子图.

定义 2.43. (i) X的因子图是顶点集$X^* = X \setminus 1$ (X或包含1或不包含), $a, b \in X^*$, 如果a, b不是互素的, 规定a, b之间有边, 我们用$\Gamma(X)$表示X的因子图;

(ii) 素数顶点图是顶点集$\rho(X) = \cup_{x \in X}\pi(x)$, 这里$\pi(x)$表示$x$的素因子. 顶点$p, q \in \rho(X)$ 之间有一条边, 如果对于某个$x \in X$, pq能整除x. 素顶点图用$\Delta(X)$表示.

上述两个图的联系已被近期的文章[133]证实, 该文章定义了一个对偶图$B(X)$.

定义 2.44. 图$B(X)$的顶点集为$\Gamma(X)$的并和顶点集$\Delta(X)$所确定, 即, $X^* \cup \rho(X)$. 在$p \in \rho(X)$和$x \in X^*$之间存在边, 如果$p|x$, 即如果$p \in \pi(x)$.

考虑$B(X)$, 我们更清楚地知道$\Gamma(X)$的连通分支数目等于$\Delta(X)$连通分支数目. 进一步, $\Gamma(X)$连通分支的直径与$\Delta(X)$的直径相等或者至多相差1. 集合X通常选择如下两种集合:

定义 2.45. (i) $cs(G)$是G的共轭类长度的集合(等价于G中元指数的集合);

(ii) $cd(G)$为G中不可约特征标次数的集合.

很多作者都考虑如上两种集合, 但我们更关注$X = cs(G)$的情形. 1981年, Kazarin发表了一篇关于孤立共轭类的文章[154]. 一个群G拥有孤立的共轭类, 如果存在元$x, y \in G$, 它们的指数互素使得G的每个元的指数要么与$Ind_G(x)$互素, 要么与$Ind_G(y)$互素. Kazarin为所有有孤立共轭类的群进行了分类. 因此他分类了$\Gamma(cs(G))$连通分支数目大于1, 或$\Gamma(cs(G))$连通且直径至少是3的群.

定理 2.46. *[154] 设G是有孤立共轭类的群. 设x, y为两个不同孤立共轭类的代表, $Ind_G(x) = m_1$, $Ind_G(y) = n_1$, 则$|G| = mnr$, 这里r与m, n都互素, $\pi(m) \subseteq \pi(m_1)$且$\pi(n) \subseteq \pi(n_1)$. 进一步, $G = R \times H$, 这里$|R| = r$, H是一个拟-Frobenius群, 它的核和补的原像都是交换群.*

根据上面的定理2.46我们可知, $\Gamma(cs(G))$ 至多有两个连通分支. 在此情形下, 可以将共轭型向量取成$(m_1, n_1, 1)$. 进一步, 如果$\Gamma(cs(G))$ 是连通的, 它的直径至多为3. 这些也被其他方法所证明, 见[36], [65].

在[36]中作者提到, 如果G是非交换的单群, 则$\Gamma(cs(G))$是完全的, 这来源于[103]. 另一个漂亮的结论是由Puglisi和Spezia得出的. 他们证明了如果对于G的每个子群H, $\Gamma(cs(H))$ 是一个完全图, 则G是可解的[238].

早期, Itô得出了一个关于$\Delta(cs(G))$的结论:

定理 2.47. *[138, 第5.1节] 假设p, q是$\Delta(cs(G))$中两个不同的不相邻顶点, 则G是p-幂零群, 或者q-幂零群.*

Dolfi拓展了这个结果:

定理 2.48. *[85] 假设p, q是$\Delta(cs(G))$中两个不同的不相邻顶点. 当G是可解群时, p-Sylow子群和q-Sylow子群都是交换群.*

这篇文章中Dolfi也证明了对于$\Delta(cs(G))$类似结构的结果:

定理 2.49. *如果$\Delta(cs(G))$不是连通的, 则它存在两个连通分支, 并且它们是完全图; 如果$\Delta(cs(G))$是连通的, 则它的直径至多为3.*

这些结论在[2]中也存在. Alfandary在之后文章中还得出关于可解群时$\Delta(cs(G))$ 进一步的结论[3].

Casolo和Dolfi [63]中总结了具有$\Delta(cs(G))$直径为3的群性质[62]. 同时还证明了如果群是非可解的, 则$\Delta(cs(G))$ 是连通的且直径至多为2. Dolfi的另一个漂亮结论是:

定理 2.50. *[87] 在$\Delta(cs(G))$ 中给出三个不同的顶点, 则其中至少有两个点是连通的.*

关于对偶图 $B(cs(G))$ 的研究进展, 见[43].

另外根据有限群 G 构造另一种称为非中心的图, 记为 $\hat{\Gamma}(G)$, 其顶点是被非中心元的共轭类组成的集合, 且两个顶点 C, D 是连通的, 如果 $|C|, |D|$ 有一个共公因子[36], 它跟 $\Gamma(cs(G))$ 有许多相同的特点.

注意下面的猜想是当 G 满足条件 $\Gamma(cs(G)) = \hat{\Gamma}(G)$ 时的情形.

猜想 2.51. (S_3 猜想) *每个共轭类的共轭类长度都不同的有限群同构于 S_3.*

这个猜想在可解群时被张继平[307]证明. 近期, Arad, Knörr 和 Oliver 研究了非可解的情形[11].

当考虑这些图时自然的问题: 怎样的图结构决定一个群的结构? 例如, 分类所有群使得 $\hat{\Gamma}(G)$ 没有子图 K_n (这里 K_n 是有 n 个顶点的完全图)? 文[227]分类了 $n = 4, 5$, $n = 3$ 时文[91]进行了研究. 另外例如文[59]中考虑了使得 $\Gamma(cs(G))$ 没有角的群 G, 并证明了这些群共轭秩至多为3且是可解的. 这产生了如下问题.

问题 2.52. *设 G 是有限群, n 是一个自然数. 如果 $\Gamma(cs(G))$ 没有子图同构于 K_n, 那么就存在一个关于 n 的以 G 的共轭秩为界的函数吗?*

注意这个问题也可以不用图论语音来描述, 即:

问题 2.53. *任意给定一个由 n 个不同指数组成的集合, 则是否一定有两个数是互素的?*

当然我们可以定义很多类似这样的图. 例如, Beltrán 和 Felipe 考虑过一种情况的 $\hat{\Gamma}(G)$, 它的顶点限制于 p'-共轭类上, 即集合 x^G, x 是一个 p'-元. 他们考虑当 G 是 p-可解的情形[22, 24, 26], 并得出了一个漂亮的结论[30].

另外, 钱国华和王燕鸣[245]考虑了 p-奇异元的共轭类长度, 即元素的阶能被 p 整除. 他们用 G_p 表示 p-奇异元的集合, 并考虑了图 $\Gamma(cs(G_p))$. 因注意到如果 p 整除 $|Z(G)|$, 则 $\Gamma(cs(G_p)) = \Gamma(cs(G))$, 他们证明了如果 p 能整除 $|G|$ 而不能整除 $|Z(G)|$, 则 $\Gamma(cs(G))$ 直径至多为3. 在这篇文章中, 作者也考虑了 $p \nmid m, m \in cs(G_p)$ 的群, 这就得出了所有每个共轭类长度是一个 Hall 数的有限群的分类.

Beltrán 还引入了A-不变共轭图[21]. 设A, G都是有限群, 并假设A自同构作用于G上. 然后A又作用于G的共轭类的集合上. A-不变共轭图$\Gamma_A(G)$ 有G的非中心A-不变共轭类的顶点且任意两顶点间被一条边缘连接, 如果它们的基数不是互素的. 考虑到当A是平凡的作用的情形, $\Gamma_A(G)$ 是$\hat{\Gamma}(G)$ 的概括. Beltrán 注意到$\hat{\Gamma}(G)$ 至多有两个连通分支[36] 变到更普遍的背景下. 然后他考虑断开的情形, 进而得出如下定理:

定理 2.54. *[21] 假设群A 互素地作用在G 上, 且$\Gamma_A(G)$ 正好有两个连通分支, 则G 是可解的.*

当A, G没有互素的阶时, 我们还不知道结果是否还成立. 另外, Isaacs和Praeger引入了被称作IP-图的$\Gamma(cs(G))$概念[132].

定义 2.55. 设群G传递作用在集合Ω上, 并设D表示(G, Ω)子次数的集合, 即所有稳定子G_α作用在Ω上的轨道数目的集合. 假设子次数是有限的, 则(G, Ω)的IP-图是D的公因子图.

这是$\Gamma(cs(G))$ 的一个概括, 如下可见. 设G是一个群, $Inn(G)$表示G的内自同构. 设H是$G \rtimes Inn(G)$的半直积, 则H传递作用在G上, 将$x \in G$变到$(xg)^\sigma$, 这里$g\sigma \in G \rtimes Inn(G)$. 显然$H_1$的轨道, 单位元的稳定子都是共轭类. 作者证明了$(G, \Omega)$的IP-图至多有两个连通分支, 且一个连通分支的直径至多以4 为界. 然而, 没有找到直径为4的例子, 他们猜想3可能就是最好的上界.

问题 2.56. *是否存在群G和集合Ω使得(G, Ω)的IP-图直径就是4?*

Kaplan 研究了IP-图非连通时的情形[151], [152]. Neumann 引入了VIP 图, 它是其子次数图不都是限的情形下的IP-图[231]. 更多近期的关于IP-图的研究被总结在[50]里. 这些问题被徐明耀推广了[303].

最后介绍一种利用了整除的性质的图. 设X是一个正整数的集合, 则整除图$D(X)$是一个定向图, 其顶点集为X^*, $a, b \in X^*$, 如果$a|b$, 则规定a到b有一条边. $X = cs(G)$时, 我们对图的性质感兴趣. 注意如果$D(cs(G))$没有边时, G是一个F-群.

问题 2.57. *$D(cs(G))$有多少分支?*

§2.4   共轭类的数目

给定一个有k个共轭类的n阶群G, 那么数字n, k之间有什么关系呢? $k \leqslant n$是比较常见的, 但是有没有反过来的情况呢? 第一篇涉及把k以n为界的文章是1903年的[168]. 该作者把数论的一个方程应用到了共轭类公式上. [42]是第一个应用Landau的方法给出具体界限的. 该作者问道是否可以找到更好的方法. [232]应用一个类似的方法改善了Landau的结论, 给出了一个更广泛的指数形式的下界, 即:

定理 2.58. *[232] 设G是有k个共轭类的n阶群, 则$k \geqslant \frac{\log\log n}{\log 4}$.*

另外, 对于k 比较小时, 一些文章中给出了结构的完全分类, 最早是1919年[224]. 该作者试图当给定共轭类数时的同构分类. 经过很多年的努力, 一些作者对共轭类数很少的群进行了分类[225, 236, 237, 169, 170]. 特别地, Vera L'opez 和Vera L'opez [169, 170]研究了共轭类数为13或14的群, 并给出了一系列这种群例. 这应该是能够进行分类的k的最大值了.

Cartwright 在[53]考虑了可解群. 他得出:

定理 2.59. *存在正常数a, b使得n阶的可解群至少有$a(\log n)^b$个共轭类.*

存在b的一个近似值为0.00347. 但Pyber [239]得出了如下定理:

定理 2.60. *设G是有k个共轭类的有限群, 则$k \geqslant \epsilon\log n/(\log\log n)^8$, ϵ是定值.*

如上回答了Brauer的一个问题. 1997年Liebeck 和Pyber [185]给出了关于不同类的群的共轭类数的一个上界. 主要结果如下:

定理 2.61. *[185, 定理1] 设G是q阶有限域上Lie型单群. 设G的秩为ℓ, 且G有k个共轭类, 则$k \leqslant (6q)^{\ell}$.*

注意这个是 "Untwisted" 秩. 应用这个定理他们得出:

定理 2.62. *[185, 定理2] 设G是n次对称群的一个子群. 如果G有k个共轭类, 则$k \leqslant 2^{n-1}$.*

这就解决了Kov'acs 和Robinson 提出的一个猜想[162], 并且他们没有使用单群分类定理找到了一个以5^{n-1}为界. 之后Mar'oti[209]推导出了界$k \leqslant 3^{(n-1)/2}$. Jaikin-Zapirain 得出了一个有趣的结论:

定理 2.63. *[149] 对于任意数k, 假设G是至多为r个共轭类长度为k的可解群, 存在一个函数$f(r)$ 使得$|G| \leqslant f(r)$.*

§2.5 与特征标理论的比较

以下记$cd(G)$为G的所有不可约特征标次数集合. 跟特征理论最有明显联系的是共轭类数和不可约特征标数目. 很多作者对此也进行了深入的研究, 已经知道了特征标次数和共轭类长度间的联系, 并得出一些平行的结果. 正如引言中所说, 如果我们知道了乘法表, 我们就完全知道了两者之间的联系. 然而, 如果我们只知道特征标次数和共轭类长度, 它们间的联系就不怎么明显了.

它们之间也有很大的区别. 第一个明显的区别就是, 群的阶是所有共轭类长度之和, 但它为所有不可约特征标次数的平方数和. 当然这有助于为我们运用如下的分解方法. 跟前面提到的方法一样, 如果p跟群的所有元素的指数互素, 则G的Sylow p-子群是G的一个交换的直因子. 而后, Itô得出, 如果G存在交换的正规Sylow p-子群, 则p与G的所有特征标互素. 同样, 前面我们注意到, 如果所有指数都是非平方数, 则G是可解群. 然而, 如果所有不可约特征标次数都是非平方数, G不再可解, 最小阶的例子就是交错群A_7, 见[78]. 另外一个例子是当集合$\{1, p^a, q^b, p^a q^b\}$ 是特征标集, 或是共轭类长度集会得到不同的群, 这里p, q 是两个不同素数. 在共轭类情形下, 我们得出, $G = P \times Q$, 这里P 是Sylow p-子群, Q 是Sylow q-子群[47]. 这个结论对于特征标次数时是不成立的[171].

有人也许会问, $cs(G), cd(G)$间是否有联系? 但是, 任何的联系都必须要像下面这个例子一样稳定. 设$\{p_1, q_1, p_2, q_2, \cdots\}$是一系列素数, 且满足$p_i | (q_i - 1)$对所有的$i$都成立, 并设$G_i$ 是一个$p_i q_i$阶的非交换群, 则有, $cs(G) = \{q_i, p_i, 1\}, cd(G) = \{p_i, 1\}$. 取直积$G = G_1 \times G_2 \times \cdots \times G_n$我们就可以得到一族群的$cd(G), cs(G)$集合. 特别地, 如果我们选择了$p_i, q_i$, G将成为一个有2^n个不同特征标和3^n个不同指数的群. 另外, 我们通过选

择一个$p_i = p$, 选择所有的q_i, 得到一族特征标次数不同, 数目个数按照线性增长但共轭类长度的不同数目, 按指数增长的群. 应用GAP我们找到了阶是1000的小群中第93个群, 它有5个不可约特征标, 4个指数. 因此, 不可约特征标数目比指数数目多[289]. 所以我们要问:

问题 2.64. G是有限群, 设G有r个不同的指数, s个不同的特征标. 是否存在函数f, g使得(i) $r \leqslant f(s)$; (ii) $s \leqslant g(r)$?

在前面我们定义了公因子图$\Gamma(X)$和素顶点图$\Delta(X)$, X为自然数集. 前面重点阐述了当X是有限群G的指数集的情形, 用$cs(G)$表示, 但是许多文章研究了X是不可约特征标次数集$cd(G)$的情形. X的两种不同选择, 关于相应的图的相似性会更明显. 特别地, 如果G是可解的, 则在所有情况下, 图至多有两个连通分支, 且如果图是连通的, 则图直径至多为3. 但是, 如果G非可解, 则有可能对于$\Delta(cd(G))$和$\Gamma(cd(G))$, 都存在三个连通分支.

近期, Casolo 和Dolfi 证明了$\Delta cd(G)$ 是$\Delta(cs(G))$ 的子图. 容易知道, 每一个能整除G的不可约特征标次数的素数也必能够整除G的一些共轭类长度. Casolo和Dolfi [63]证明了对于不同的素数p, q, 如果pq能整除G 的某些不可约特征标次数, 则它也整除G的某些共轭类长度. Dolfi之前就得出了关于可解群的这些结论[86].

很多作者考虑过$cd(G)$对群结构上的影响. 例如, 在[171]中Mark Lewis证明了对于不同的素数p, q, r, 如果$cd(G) = \{1, p, q, r, pq, pr\}$, 则$G = A \times B$, 这里$cd(A) = \{1, p\}, cd(B) = \{1, q, r\}$. 再增加一个素数$s$, 他同样证明, 如果$cd(G) = \{1, p, q, r, s, pr, ps, qr, qs\}$, 则$G = A \times B$, 这里$cd(A) = \{1, p, q\}, cd(B) = \{1, r, s\}$. 特征标次数换成共轭类长度得出相同的结论见[57].

2006年, Isaacs, Keller, Meierfrankenfeld 和Moretó 证明如果G 可解, p是$|G|$ 的素因子, 则对于某个$g \in G$, $\chi(1)$的p-部整除$(Ind_G(g))^3$的p-部分. 进一步, 他们提出如下猜想.

猜想 2.65. *[131] 设χ 是有限群G的本原不可约特征标, 则存在元$g \in G$, 使得$\chi(1)|Ind_G(g)$.*

他们验证了对所有Atlas上的群如上猜想是成立的[78].

§2.5.1 $k(GV)$-问题

Brauer[42]对给定块下特征标的个数进行了研究. 设p是素数, 考虑属于p-块B的具有亏群群D的常不可约特征标的个数. 他问是否是个数小于等于$|D|$. 块及相关定义见[134, 第15章].

我们知道不可约特征标的个数就是共轭类的类数. 有意思的是在p-可解的情况下如上问题导致如下问题[230]:

问题 2.66. k(GV)-问题 *设G是有限p'-群, p为素数, 并设V是对于G的忠实的$F(p)$-模. 证明半直积VG的共轭类个数以$|V|$为界.*

在这种情况下, 只存在唯一一个p-块以使得所有特征标都在同一个p-块里, 且具有亏群V, Brauer问题是关于一个群中共轭类类数的问题.

解决这个问题的基本思想是1980年的Knörr[161], 文章证明了关于超可解群时的情形, 后来[106]中证明了$|G|$为奇数的情形. 最终被Gluck, Magaard, Riese 和Schmid在2004年解决[108]. 从前面的研究结果中, 可以得到如果G是可以被嵌入到$GL(m,p)$中的p'-群, m是整数, 则$k(G) \leqslant p^m - 1$.

§2.5.2 Huppert猜想

设G是有限可解群. 设$\bar{\sigma}(G)$ 表示所有能整除G的特征标次数的素因子个数, 并设$\bar{\rho}(G)$表示所有能整除G的特征标次数的素数集. 1985年, Huppert[122]猜想:

猜想 2.67. *如果G是可解的, 则$|\bar{\sigma}(G)| \leqslant 2\bar{\rho}(G)$.*

这个猜想至今未解决, 对于可解群, 目前最好的答案是$|\bar{\sigma}(G)| \leqslant 3\bar{\rho}(G) + 2$ (见[107]). 类似的问题: 是否$|\rho^*(G)| \leqslant 2|G|$? 正如前面Baer的结论, 最早证明如果$|\sigma^*(G)| = 1$, 则$|\rho^*(G)| \leqslant 2$. Mann[197]考虑所有共轭类长度最多为2的群, 就是说$|\sigma^*(G)| = 2$. 这样的群要么是可解的, 要么是$G = Z(G) \times S$, 这里S同构于A_5或$SL(2,8)$且$\rho^*(G) \leqslant 4$. 这个结论也在[55]中出现过. 张继平[308]证明了$\rho^*(G) \leqslant 4\sigma^*(G)$ 对于所有的可解群成立[95, 92, 94, 93]. Casolo [54]证明了如下定理:

定理 2.68. 设G是一个$|G|$至多有一个素因子的p-幂零群(包括所有非交换单群), 则$\rho^*(G) \leqslant 2\sigma^*(G)$.

因此Huppert的猜想对许多群是成立的, 下面的定理在某种程度上特别有意思:

定理 2.69. *[61] 存在一个无限序列的有限非交换超可解群组$\{G_n\}$, 使得$|\rho^*(G_n)|/\sigma(G_n)$趋近于3, 当$n \to \infty$.*

因此Huppert的猜想是错误的. 但他们确实证明出了对于所有的可解群, $|\rho^*(G)| \leqslant 4\sigma^*(G) + 2$.

2000年, Huppert做出如下猜想:

猜想 2.70. *[127] 如果H是任意有限非交换单群, G是有限群, 使得$cd(G) = cd(H)$, 则$G \cong H \times A$, 这里A是交换群.*

关于这个问题的完整答案仍然要从特征标里面去找. 因此我们提出如下问题:

问题 2.71. *如果H是任意有限非交换单群, G是一个有限群, 使得$cs(G) = cs(H)$, 则是否$G \cong H \times A$? 这里A是交换群.*

第3章 群的谱

群中元素的阶是群的一个非常重要的数量. 设G为有限群, $g \in G$, 它的阶是使得$g^m = 1$的最小的正整数m, 记为$o(g)$. 群G中所有元素阶的集合称为群G的元阶型(或称为群G的谱), 记为$\pi_e(G)$.

§3.1 谱与素图

群G的谱$\pi_e(G)$关于数的整除关系构成一个偏序, 记$\mu(G)$为集$\pi_e(G)$在这个偏序下的所有极大元. 现我们在素数集$\pi(G)$上定义一种图, 称之为素图, 如下:

定义 3.1. 顶点集为$\pi(G)$, 两顶点r, s有一条边(或者相连)当且仅当$rs \in \pi_e(G)$. 这种图称为群G的素图或者*Gruenberg-Kegel*图, 记为$\Gamma(G)$或$GK(G)$. 群G的素图分支记为$\Gamma_i(G)$, $i = 1, 2, \cdots, s(G)$, 这里$s(G)$称为G的素图连通分支数. 并记$\Gamma_i(G)$的顶点集为$\pi_i(G)$. 称$|G|_{\pi_i}$为G的第i个阶分量. 若G是偶阶群, 规定$2 \in \pi_1(G)$. 并记$\mu_i(G) := \{\mu \in \mu(G) | \pi(\mu) \subseteq \pi_i(G)\}$.

群G称为2-Frobenius群, 如果G有正规列$1 \trianglelefteq H \trianglelefteq K \trianglelefteq G$, 使得$G/H$和$K$分别是以$K/H$和$H$为Frobenius补的Frobenius群. 当然2-Frobenius群等价为$G = ABC$, 这里A和AB是G的正规子群, AB和BC是分别以A, B为核和B, C为补的Frobenius群.

因为商群元素的阶为原群某个阶的因子, 所以有限群的素图分支数$s(G)$不会超过单群的素图分支数目, 从文[301], [164]可以看出它是有上界的.

定理 3.2. 有限群G的素图分支数至多是6.

素图分支数目大于1(即素图非连通)的有限群, 其结构由Gruenberg和Kegel给出, 见[301]的定理A和推论. 如下:

定理 3.3. (*Gruenberg-Kegel*, [301]) 若有限群G素图分支数大于1, 则G是如下群之一:

(a) *Frobenius*群或2-*Frobenius*群;

(b) 非交换单群;

(c) π_1-群被非交换单群的扩张;

(d) 非交换单群被π_1-可解群的扩张;

(e) π_1-群被非交换单群的扩张, 然后被π_1-群的扩张.

如上定理不难可以描述为以下的定理(如见文[292]).

定理 3.4. 如果G是一有限群, 其素图分支的个数$s(G) \geqslant 2$, 则

(a) $s(G) = 2$, 且G是*Frobenius*群或2-*Frobenius*群;

(b) 存在非交换单群S使得$S \leqslant \overline{G} := G/N \leqslant Aut(S)$, 这里$N$是$G$的极大可解正规子群, 且$N$和$\overline{G}/N$是$\pi_1(G)$-子群, $s(S) \geqslant s(G) \geqslant 2$且对每个$2 \leqslant i \leqslant s(G)$, 存在$2 \leqslant j \leqslant s(S)$使得$\mu_i(G) = \mu_j(S)$.

定理3.3的证明本质上依赖G的素图$\Gamma(G)$中顶点$\pi(G)$包含一个与2不相连的奇素数. 这种非连通性成功地被更弱的条件代替, 即$\Gamma(G)$中素图非连通改为$\Gamma(G)$中存在一个与2非连通的奇素数, 见Vasilev的文章[292]. 本文沿用[292]的记法. 记

$$\rho(G) := \{p_i \in \pi(G) | \text{任何} i \neq j \text{都有} p_i \text{与} p_j \text{不相连, 并使}$$
$$\text{得任意} p \in \pi(G) \text{存在某个} p_i \text{与} p \text{相连}\}.$$

即$\rho(G)$是$\Gamma(G)$中顶点两两非连接的个数最大的$\pi(G)$的子集, 称为G的素图$\Gamma(G)$的独立集. 当然$\rho(G)$可能不唯一. 记$t(G) := |\rho(G)|$, 称G的独立数. 类似$\rho(r, G)$表示$\pi(G)$中含素数r的两两非连接的个数最大的$\pi(G)$的子集, 称为G的r-独立集. $t(r, G) := |\rho(r, G)|$为G的r-独立数. 在文[292]中Vasilev 推广了Gruenberg 和Kegel 的结果, 刻画了$t(2, G) \geqslant 2$且$t(G) \geqslant 3$ 的有限群. 在文[293]中Vasilev 和Grorshkov 修改了[292]的结果, 得到以下更好的结果:

定理 3.5. 设G是有限群满足$t(2, G) \geqslant 2$且$t(G) \geqslant 3$ (或G非可解), 则以下成立

(a) 存在非交换单群S使得$S \leqslant \overline{G} = G/N \leqslant Aut(S)$, 这里$N$是$G$的极大可解正规子群.

(b) 每个G的独立集的子集ρ满足$|\rho| \geqslant 3$, 则ρ中至多一个素因子整除$|N| \cdot |\overline{G}/S|$. 特别, $t(S) \geqslant t(G) - 1$.

(c) 下列之一成立:

(c1) 每个不与2连接的素数$r \in \pi(G)$, 则r不整除$|N| \cdot |\overline{G}/S|$. 特别, $t(2, S) \geqslant t(2, G)$.

(c2) 存在与2非连接的素数$r \in \pi(N)$, 且$t(G) = 3$, $t(2, G) = 2$, 且$S \cong A_7$或$L_2(q)$ (q奇数).

注意Frobenius和2-Frobenius群的结构在以下问题中起到很重要的作用, 如下给出一些基本的结构.

引理 3.6. 设F是以K为核H为补Frobenius群, 则以下结论成立:

(i) K 幂零且K的Sylow p-子群循环, 这里p是奇素数;

(ii) 如果$2 \in \pi(H)$, 则群K是交换群. 进一步, 如果群H是可解的, 则H的Sylow 2-子群或者为循环群或者(广义)四元素群Q_{2^n}. 如果群H是非可解的, 则存在子群H_0使得$|H : H_0| \leqslant 2$且$H_0 \cong Z \times SL_2(5)$, 这里$Z$的每个Sylow子群都循环且$(|Z|, 30) = 1$.

证明. 见[241]的第二章. □

以下的结果归功于陈贵云(见[46]的定理2).

引理 3.7. 设$G = ABC$ 是2-Frobenius群, 这里A 和AB 是G 的正规子群, AB 和BC 是分别以A, B 为核和B, C为补的Frobenius 群, 则以下结果成立:

(i) $s(G) = t(G) = 2$ 且$\pi_1(G) = \pi(A) \cup \pi(C)$, $\pi_2(G) = \pi(B)$;

(ii) G 是可解的, B是G的Hall子群且是奇阶的, 且C循环群.

证明. 因为AB和BC都为Frobnius群, 由引理3.6知, B, C的Sylow子群循环或者广义四元素群, 并且A, B都是幂零群. 这样B为循环群或者循环群与广义四元素群的直积. 进一步B为奇数阶循环群. 事实上, 若B为偶数阶, 设P_2为B的Sylow 2-子群, 则$P_2 \cong Q_{2^n}$ 或Z_m, 其中$n \geqslant 3$, $m = 2$(因为$m = 1$时, $P_2 \rtimes C$仍为Frobenius群, 不可能). 从而$Aut(P_2) \cong Z_2$ 或$Aut(Q_{2^n})$. 注意广义四元素群的自同构群为2-群. 根据Frattini论断(见定理1.4)有$BC = N_{BC}(P_2)B$, 这样$C \cong BC/B = N_{BC}(P_2)B/B \cong N_{BC}(P_2)/(N_{BC}(P_2) \cap B)$. 而$BC$是以$B$为核的Frobenius群, 这样$C_{BC}(P_2) \leqslant$

B, 故$C_{BC}(P_2) \leqslant B \cap N_{BC}(P_2)$, 从而$|C| \mid N_{BC}(P_2)/C_{BC}(P_2)|$. 因此$C$为2-群, 矛盾于$BC$为Frobenius群. 最后根据引理3.6得到如上结果. □

素图非连通的单群, 由Williams[301]和Kondratev[164]给出分类.

定理 3.8. 若S是单群且其素图分支数$s(S) \geqslant 2$, 则S为以下表3.1−3.3的群.

表3.1: 单群S素图非连通且$s(S) = 2$

S	条件	$\pi_1(S)$	$\mu_2(S)$
A_n	$6 < n = p, p+1,$ $p+2; n, n-2$ 不全为素数	$\pi((n-3)!)$	p
$A_{p-1}(q)$	$(p,q) \neq (3,2),(3,4)$	$\pi(q \prod_{1 \leqslant i \leqslant p-1}(q^i - 1))$	$\frac{q^p-1}{(q-1)(p,q-1)}$
$A_p(q)$	$(q-1) \mid (p-1)$	$\pi(q(q^{p+1} - 1) \prod_{1 \leqslant i \leqslant p-1}(q^i - 1))$	$\frac{q^p+1}{q-1}$
$^2A_{p-1}(q)$		$\pi(q \prod_{1 \leqslant i \leqslant p-1}(q^i - (-1)^i))$	$\frac{q^p+1}{(q+1)(p,q+1)}$
$^2A_p(q)$	$(q+1) \mid (p+1),$ $(p,q) \neq (3,3),(5,2)$	$\pi(q(q^{p+1} - 1) \prod_{1 \leqslant i \leqslant p-1}(q^i - (-1)^i))$	$\frac{q^p+1}{q+1}$
$^2A_3(2)$		$\{2,3\}$	5
$B_n(q)$	$n = 2^m \geqslant 4,$ q奇数	$\pi(q \prod_{1 \leqslant i \leqslant n-1}(q^{2i} - 1))$	$\frac{q^n+1}{2}$
$B_p(3)$		$\pi(3(3^p + 1) \prod_{1 \leqslant i \leqslant p-1}(q^{2i} - 1))$	$\frac{3^p-1}{2}$
$C_n(q)$	$n = 2^m \geqslant 2$	$\pi(q \prod_{1 \leqslant i \leqslant n-1}(q^{2i} - 1))$	$\frac{q^n+1}{(2,q-1)}$
$C_p(q)$	$q = 2,3$	$\pi(q(q^p + 1) \prod_{1 \leqslant i \leqslant p-1}(q^{2i} - 1))$	$\frac{q^p-1}{(2,q-1)}$
$D_p(q)$	$p \geqslant 5, q = 2,3,5$	$\pi(q \prod_{1 \leqslant i \leqslant p-1}(q^{2i} - 1))$	$\frac{q^p-1}{q-1}$
$D_{p+1}(q)$	$q = 2,3$	$\pi(q(q^p + 1) \prod_{1 \leqslant i \leqslant p-1}(q^{2i} - 1))$	$\frac{q^p-1}{(2,q-1)}$
$^2D_n(q)$	$n = 2^m \geqslant 4$	$\pi(q \prod_{1 \leqslant i \leqslant n-1}(q^{2i} - 1))$	$\frac{q^n+1}{(2,q+1)}$
$^2D_n(2)$	$n = 2^m + 1 \geqslant 5$	$\pi(2(2^n + 1) \prod_{1 \leqslant i \leqslant n-2}(2^{2i} - 1))$	$2^{n-1} + 1$

表3.1(续)

S	条件	$\pi_1(S)$	$\mu_2(S)$
$^2D_p(3)$	$5 \leqslant p \neq 2^m + 1$	$\pi(3\prod_{1 \leqslant i \leqslant p-1}(3^{2i} - 1))$	$(3^p + 1)/4$
$^2D_n(3)$	$9 \leqslant n = 2^m + 1 \neq p$	$\pi(3(3^n + 1)\prod_{1 \leqslant i \leqslant n-2}(3^{2i} - 1))$	$\frac{3^{n-1}+1}{2}$
$G_2(q)$	$2 < q \equiv \epsilon(\mathrm{mod}3)$ $\epsilon = \pm 1$	$\pi(q(q^2 - 1)(q^3 - \epsilon))$	$q^2 - \epsilon q + 1$
$^3D_q(q)$		$\pi(q(q^6 - 1))$	$q^4 - q^2 + 1$
$F_4(q)$	q为奇数	$\pi(q(q^6 - 1)(q^8 - 1))$	$q^4 - q^2 + 1$
$^2F_4(2)'$		$\{2, 3, 5\}$	13
$E_6(q)$		$\pi(q(q^5 - 1)(q^8 - 1)(q^{12} - 1))$	$\frac{q^6+q^3+1}{(3,q-1)}$
$^2E_6(q)$	$q > 2$	$\pi(q(q^5 + 1)(q^8 - 1)(q^{12} - 1))$	$\frac{q^6-q^3+1}{(3,q+1)}$
M_{12}		$\{2, 3, 5\}$	11
J_2		$\{2, 3, 5\}$	7
Ru		$\{2, 3, 5, 7, 13\}$	29
He		$\{2, 3, 5, 7\}$	17
McL		$\{2, 3, 5, 7\}$	11
Co_1		$\{2, 3, 5, 7, 11, 13\}$	23
Co_3		$\{2, 3, 5, 7, 11\}$	23
Fi_{22}		$\{2, 3, 5, 7, 11\}$	13
HN		$\{2, 3, 5, 7, 11\}$	19

表3.2: 单群S素图非连通且$s(S) = 3$

S	条件	$\pi_1(S)$	$\mu_2(S)$	$\mu_3(S)$
A_n	$6 < n = p, p - 2$都为素数	$\pi((n - 3)!)$	p	$p - 2$

表3.2(续)

S	条件	$\pi_1(S)$	$n_2(S)$	$n_3(S)$
$A_1(q)$	$3 < q \equiv \epsilon(\mathrm{mod}4)$ $\epsilon = \pm 1$	$\pi(q-\epsilon)$	$\pi(q)$	$(q+\epsilon)/2$
$A_2(q)$	$q>2, q$为偶数	$\{2\}$	$q-1$	$q+1$
$^2A_5(2)$		$\{2,3,5\}$	7	11
$^2D_p(3)$	$p=2^m+1$	$\pi(3(3^{p-1}-1))$	$(3^{p-1}+1)/2$	$(3^{p+1}+1)/4$
$G_2(q)$	$q\equiv 0(\mathrm{mod}3)$	$\pi(q(q^2-1))$	q^2-q+1	q^2+q+1
$^2G_2(q)$	$q=3^{2m+1}>3$	$\pi(q(q^2-1))$	$q^2-\sqrt{3q}+1$	$q^2+\sqrt{3q}+1$
$F_4(q)$	q为偶数	$\pi(q(q^4-1)(q^6-1))$	q^4+1	q^4-q^2+1
$^2F_4(q)$	$q=2^{2m+1}>3$	$\pi(q(q^3+1)(q^4-1))$	$q^2-\sqrt{2q^3}$ $+q-\sqrt{2q}+1$	$q^2+\sqrt{2q^3}$ $+q+\sqrt{2q}+1$
$E_7(2)$		$\{2,3,5,7,11,19,31,43\}$	73	127
$E_7(3)$		$\{2,3,5,7,11,13,19,$ $37,41,61,73,547\}$	757	1093
M_{11}		$\{2,3\}$	5	11
M_{23}		$\{2,3,5,7\}$	11	23
M_{24}		$\{2,3,5,7\}$	11	23
J_3		$\{2,3,5\}$	17	19
HiS		$\{2,3,5\}$	7	11
Suz		$\{2,3,5,7\}$	11	13
Co_2		$\{2,3,5,7\}$	11	23
Fi_{23}		$\{2,3,5,7,11,13\}$	19	31
F_3		$\{2,3,5,7,13\}$	19	31
F_2		$\{2,3,5,7,13,17,19,23\}$	31	47

表3.3: 单群S素图非连通且$s(S) > 3$

$s(S)$	S	条件	$\pi_1(S)$	μ_2	μ_3	μ_4	μ_5	μ_6
4	$A_2(4)$		$\{2\}$	3	5	7		
4	$^2B_2(q)$	$q = 2^{2m+1}$ > 2	$\{2\}$	$q-1$	$q-\sqrt{2q}$ $+1$	$q+\sqrt{2q}$ $+1$		
4	$^2E_6(2)$		$\{2,3,5,7,11\}$	13	17	19		
4	$E_8(q)$	$q \equiv 2,3$ $\pmod 5$	$\pi(q(q^8-1)$ $q^{14}-1)(q^{12}-1)$ $(q^{18}-1)(q^{20}-1))$	$\frac{q^{10}-q^5+1}{q^2-q+1}$	$\frac{q^{10}+q^5+1}{q^2+q+1}$	q^8-q^4 $+1$		
4	M_{23}		$\{2,3\}$	5	7	11		
4	J_1		$\{2,3,5\}$	7	11	19		
4	$O'N$		$\{2,3,5,7\}$	11	19	31		
4	LyS		$\{2,3,5,7,11\}$	31	37	67		
4	Fi'_{24}		$\{2,3,5,7,11,13\}$	17	23	29		
4	F_1		$\{2,3,5,7,11,13,17,$ $19,23,29,31,47\}$	41	59	71		
5	$E_8(q)$	$q \equiv 0,1,$ $4\pmod 5$	$\pi(q(q^8-1)$ $(q^{14}-1)(q^{12}-1)$ $(q^{18}-1)(q^{20}-1))$	$\frac{q^{10}-q^5+1}{q^2-q+1}$	$\frac{q^{10}+q^5+1}{q^2+q+1}$	q^8-q^4 $+1$	$\frac{q^{10}+1}{q^2+1}$	
6	J_4		$\{2,3,5,7,11\}$	23	29	31	37	43

在文[193]中Lucido给出了具有非连通素图的几乎单群的分类. 这对于进一步研究素图提供了很多的信息.

定理 3.9. 设S是有限非交换单群. 若$S < G \leqslant Aut(S)$ 且$s(G) \geqslant 2$, 则G 为以下表3.4 − 3.6的群.

表3.4: $s(G) = 2$ 且 $S < G \leqslant Aut(S)$[†]

S	条件	$|\gamma|$	$|\beta|$	$n_2(G)$
$A_l(q')$	$l+1$ 为奇素数, $q' = q^n, n = (l+1)^s$	n	1	$\frac{q'^{l+1}-1}{(q'-1)(l+1,q'-1)}$
$A_l(q')$	$l+1$ 为奇素数	1	2	$\frac{q'^{l+1}-1}{(q'-1)(l+1,q'-1)}$
$A_l(q')$	$l+1$ 为奇素数, $q' = q^n, n = (l+1)^s$	n	2	$\frac{q'^{l+1}-1}{(q'-1)(l+1,q'-1)}$
$A_l(q')$	l 为奇素数, $(q'-1) \mid (l+1), q' = q^n, n = l^s$	n	1	$\frac{q'^l-1}{q'-1}$
$A_l(q')$	l 为奇素数, $(q'-1) \mid (l+1)$	1	2	$\frac{q'^l-1}{q'-1}$
$A_l(q')$	l 为奇素数, $(q'-1) \mid (l+1), q' = q^n, n = l^s$	n	2	$\frac{q'^l-1}{q'-1}$
$^2A_l(q')$	$l+1$ 为素数, $q' = q^n, n = 2^u(l+1)^w$	n	1	$\frac{q'^{l+1}+1}{(q'+1)(l+1,q'+1)}$
$^2A_l(q')$	l 奇素数, $(q'+1) \mid (l+1), q' = q^n, n = 2^u l^w$ $(q',l) \neq (2,5), (3,3)$	n	1	$\frac{q'^l+1}{q'+1}$
$A_2(4)$		2	1	5
$^2A_3(2)$		2	1	5
$A_1(q')$	$q' = q^n, n = 2^s$	n	1	$\frac{q'+1}{(2,q'-1)}$
$A_1(q')$	$q' = 2^f, 3^f$	f	1	$\frac{q'-1}{(2,q'-1)}$
$B_l(q')$	$l = 2^m, q' = q^n, n = 2^s$	n	1	$\frac{q'^l+1}{(2,q'-1)}$
$D_l(q')$	l 为奇素数, $q' = 2,3,5$	1	2	$\frac{q'^l-1}{(4,q'^l-1)}$
$^2D_l(q')$	$l = 2^n, q' = q^n, n = 2^u$	n	1	$\frac{q'^l+1}{(4,q'^l+1)}$
$^2D_l(3)$		2	1	$\frac{3^l+1}{4}$
$E_6(q')$	$q' = q^n, n = 3^s$	n	1	$\frac{q'^6+q'^3+1}{(3,q'-1)}$
$E_6(q)$		1	2	$\frac{q'^6+q'^3+1}{(3,q'-1)}$
$E_6(q')$	$q' = q^n, n = 3^s$	n	2	$\frac{q'^6+q'^3+1}{(3,q'-1)}$
$^2E_6(q')$	$q' = q^n, n = 2^u 3^w$	n	1	$\frac{q'^6-q'^3+1}{(3,q'+1)}$
$E_8(q')$	$q' = q^n, n = 2^s 3^t 5^u$	n	1	$\frac{q'^{10}-q'^5+1}{q'^2-q'+1}$

[†]S 是 Lie 型单群且 $G/S \cong \langle\gamma\rangle \times \langle\beta\rangle$ (这里 γ 是域自同构, β 是图自同构).

表3.4(续)

S	条件	$|\gamma|$	$|\beta|$	$n_2(G)$
$F_4(q')$	q'为奇数, $q'=q^n, n=2^u3^w, u,w\geqslant0, u+w>0$	n	1	$q'^4 - q' + 1$
$F_4(q')$	$q'=2^m=q^n, n=2^u3^t, u\geqslant0$	n	1	$q'^4 - q' + 1$
$F_4(q')$	$q'=2^m, m$是奇数	1	2	$q'^4 + 1$
$^2F_4(2)'$		2	1	13
$G_2(q')$	$q'=q^n, n=3^t, q'\equiv1(\bmod 3)$	n	1	$q'^2 - q' + 1$
$G_2(q')$	$q'=q^n, n=3^t, q'\equiv-1(\bmod 3)$	n	1	$q'^2 + q' + 1$
$G_2(q')$	$q'=q^n, n=2^s3^u, u\geqslant0, q'\equiv-1,0(\bmod 3)$	n	1	$q'^2 - q' + 1$
$G_2(q')$	$q'=3^m, m$是奇数	1	2	$q'^2 + q' + 1$
$^3D_3(q')$	$q'=q^n, n=2^u3^w$	n	1	$q'^4 - q'^2 + 1$

$^\dagger q=p^f,\ p$ 是素数, $s,t,v>0,\ u,w\geqslant0,\ u+w>0.$

表3.5: $s(G)=3, S<G\leqslant Aut(S)^\ddagger$

S	条件	$|\gamma|$	$n_2(G)$	$n_3(G)$
$E_8(q')$	$q'=q^n, n=2^s3^t$	n	$q'^8 - q'^4 + 1$	$\dfrac{q'^{10}-q'^5+1}{q'^2-q'+1}$
$E_8(q')$	$q'=q^n, n=2^s5^t, q'\equiv0,1,4(\bmod 5)$	n	$\dfrac{q'^{10}-q'^5+1}{q'^2-q'+1}$	$\dfrac{q'^{10}+1}{q'^2+1}$
$E_8(q')$	$q'=q^n, n=3^s5^t, q'\equiv0,1,4(\bmod 5)$	n	$\dfrac{q'^{10}-q'^5+1}{q'^2-q'+1}$	$\dfrac{q'^{10}+q'^5+1}{q'^2+q'+1}$
$F_4(q')$	$q'=2^m=q^n, m$是偶数, $n=2^s$	n	$q'^4 - q' + 1$	$q'^4 + 1$
$G_2(q')$	$q'=3^m=q^n, m$是偶数, $n=3^s$	n	$q'^2 - q' + 1$	$q'^2 + q' + 1$
$^2A_3(3)$		2	5	7
$^2A_5(2)$		2	7	11
$^2F_4(q')$	$q'=q^n, n=3^s$	n	$q'^2 - \sqrt{2q'^3} + q' - \sqrt{2q'} + 1$	$q'^2 + \sqrt{2q'^3} + q' + \sqrt{2q'} + 1$
$^2G_2(q)$	$q'=q^n, n=3^s$	n	$q'^2 - \sqrt{3q'} + 1$	$q'^2 + \sqrt{3q'} + 1$

$^\ddagger S$是Lie型单群且$G/S\cong\langle\gamma\rangle$, γ是域自同构, $s,t>0.$

表3.6: $s(G) = 4$且$S < G \leqslant Aut(S)$[‡]

S	条件	$|\gamma|$	$n_2(G)$	$n_3(G)$	$n_4(G)$
$E_8(q')$	$q' = q^n$, $n = 2^s$, $q' \equiv 0, 1, 4 \pmod 5$	n	$q'^8 - q'^4 + 1$	$\frac{q'^{10} - q'^5 + 1}{q'^2 - q' + 1}$	$\frac{q'^{10} + 1}{q'^2 + 1}$
$E_8(q')$	$q' = q^n$, $n = 3^s$	n	$q'^8 - q'^4 + 1$	$\frac{q'^{10} + q'^5 + 1}{q'^2 + q' + 1}$	$\frac{q'^{10} + q'^5 + 1}{q'^2 + q' + 1}$
$E_8(q')$	$q' = q^n$, $n = 5^s$, $q' \equiv 0, 1, 4 \pmod 5$	n	$\frac{q'^{10} - q'^5 + 1}{q'^2 - q' + 1}$	$\frac{q'^{10} + q'^5 + 1}{q'^2 + q' + 1}$	$\frac{q'^{10} + 1}{q'^2 + 1}$

[‡]S是Lie型单群且$G/S \cong \langle \gamma \rangle$, γ是域自同构, $s > 0$.

若单群S 有非连通的素图, 则$\mu_i(S)\,(i \geqslant 2)$ 的个数由Kondratev 和Mazurov 给出, 证明了对于$i \geqslant 2$ 一直有$|\mu_i(S)| = 1$, 见文[211]的引理1. 不妨记$\mu_i(S)$ 的唯一元为$n_i(S)$, 或简记为n_i. 对于交错单群和散在单群S, 容易看出, $n_i(S)$恰为S的i 个阶分量. 对于Lie型单群, Kondratev 和Mazurov 证明了:

定理 3.10. 设S是有限单群且素图非连通, 记n_i 为$n_i(S)\,(i \geqslant 2)$, 则以下成立:

(a) 群S 包含一个交换的Hall $\pi(n_i)$-子群T_i. 进一步T_i 是n_i 阶循环子群, 除了以下两种情形:

(a1) $S \cong L_3(4)$, $n_i(S) = 3$且T_i 是9 阶初等交换群.

(a2) $S \cong L_2(q)$, 这里q 是不为素数的奇数, 若是奇素数p 的幂, 则$n_i(S) = p$ 且T_i 为q 阶初等交换p-群.

(b) S, $\pi_1(S)$, $n_i\,(2 \leqslant i \leqslant s(S))$ 在以上表3.1 $-$ 3.3中给出.

对于有限非交换单群S, $\rho(S)$, $t(S)$, $t(2,S)$ 及对特征为p的Lie型单群的$t(p,S)$ 的值由Vasilev 和Vdovin 在文[294]中给出.

定理 3.11. 若S是交错单群和散在单群, 则$\rho(S)$, $t(S)$, $\rho(2,S)$, $t(2,S)$ 分别在表3.7, 3.8中给出. 若S是特征为p的Lie型单群, 则$\rho(p,S)$, $t(p,S)$ 在表3.9 中给出; 若$p \neq 2$, 则$\rho(2,S)$, $t(2,S)$在表3.10中给出.

表3.7: 交错单群A_n

条件	$t(S)$	$\rho(S)$	$t(2,S)$	$\rho(2,S)$
$n=5,6$	3	$\{2,3,5\}$	3	$\{2,3,5\}$
$n=8$	3	$\{2,5,7\}$	3	$\{2,5,7\}$
$n=10$	2	$\{2,7\}$	2	$\{2,7\}$
$n\geqslant 7, s'_n+s''_n>n$	$\|\tau(n)\|+1$	$\tau(n)\cup\{s'_n\}$	$\|\tau(2,n)\|+1$	$\tau(2,n)\cup\{2\}$
$n\geqslant 9, s'_n+s''_n\leqslant n$	$\|\tau(n)\|$	$\tau(n)$	$\|\tau(2,n)\|+1$	$\tau(2,n)\cup\{2\}$

其中$\tau(n)=\{s|\frac{n}{2}<s\leqslant n, s$为素数$\}$, $\tau(2,n)=\{s|n-3\leqslant s\leqslant n, s$为素数$\}$, $s'_n=max\{s|s\leqslant\frac{n}{2}\}$, $s''_n=min\{s|s>\frac{n}{2}\}$.

表3.8: 散在单群

S	$t(S)$	$\rho(S)$	$t(2,S)$	$\rho(2,S)$
M_{11}	3	$\{3,5,11\}$	3	$\{2,5,11\}$
M_{12}	3	$\{3,5,11\}$	2	$\{2,11\}$
M_{22}	4	$\{3,5,7,11\}$	4	$\{2,5,7,11\}$
M_{23}	4	$\{3,7,11,23\}$	4	$\{2,5,11,23\}$
M_{24}	4	$\{5,7,11,23\}$	3	$\{2,11,23\}$
J_1	4	$\{5,7,11,19\}$	4	$\{2,7,11,19\}$
J_2	2	$\{5,7\}$	2	$\{2,7\}$
J_3	3	$\{5,17,19\}$	3	$\{2,17,19\}$
J_4	7	$\{7,11,23,29,31,37,43\}$	6	$\{2,23,29,31,37,43\}$
Ru	4	$\{5,7,13,29\}$	2	$\{2,29\}$
He	3	$\{5,7,17\}$	2	$\{2,17\}$
McL	3	$\{5,7,11\}$	2	$\{2,11\}$
HN	3	$\{7,11,19\}$	2	$\{2,19\}$
HiS	3	$\{5,7,11\}$	2	$\{2,7,11\}$

表3.8(续)

S	$t(S)$	$\rho(S)$	$t(2,S)$	$\rho(2,S)$
Suz	4	$\{5,7,11,13\}$	2	$\{2,11,13\}$
Co_1	4	$\{7,11,13,23\}$	2	$\{2,23\}$
Co_2	4	$\{5,7,11,23\}$	3	$\{2,11,23\}$
Co_3	4	$\{5,7,11,23\}$	2	$\{2,23\}$
Fi_{22}	4	$\{5,7,11,13\}$	2	$\{2,13\}$
Fi_{23}	5	$\{7,11,13,23\}$	3	$\{2,17,23\}$
Fi'_{24}	6	$\{7,11,13,23,29\}$	4	$\{2,17,23,29\}$
$O'N$	5	$\{5,7,11,19,31\}$	4	$\{2,11,19,31\}$
LyS	6	$\{5,7,11,31,37,67\}$	4	$\{2,31,37,67\}$
F_1	11	$\{11,13,17,19,23,29,31,41,47,59,71\}$	5	$\{2,29,41,59,71\}$
F_2	8	$\{7,11,13,17,19,23,31,47\}$	3	$\{2,31,47\}$
F_3	5	$\{5,7,13,19,31\}$	4	$\{2,13,19,31\}$

表3.9: 特征为p的Lie型单群的p-独立集

S	条件	$t(p,S)$	$\rho(p,S)$
$A_{n-1}(q)$	$n=2,\ q>3$	3	$\{p,r_1,r_2\}$
	$n=3,\ |q-1|_3=3$且$q+1\neq 2^k$	4	$\{p,3,r_2,r_3\}$
	$n=3,\ |q-1|_3\neq 3$且$q+1\neq 2^k$	3	$\{p,r_2,r_3\}$
	$n=3,\ |q-1|_3=3$且$q+1=2^k$	3	$\{p,3,r_3\}$
	$n=3,\ |q-1|_3\neq 3$ 且 $q+1=2^k$	2	$\{p,r_3\}$
	$n=6,\ q=2$	2	$\{2,31\}$
	$n=7,\ q=2$	2	$\{2,127\}$
	$n>3,\ (n,q)\neq(6,2),\ (7,2)$	3	$\{p,r_{n-1},r_n\}$

表3.9(续)

S	条件	$t(p,S)$	$\rho(p,S)$
$^2A_{n-1}(q)$	$n=3$, $q\neq 2$, $\|q+1\|_3\neq 3$, $q-1\neq 2^k$	4	$\{p,3,r_1,r_6\}$
	$n=3$, $\|q+1\|_3\neq 3$且$q-1\neq 2^k$	3	$\{p,r_1,r_6\}$
	$n=3$, $\|q+1\|_3=3$且$q-1=2^k$	3	$\{p,3,r_6\}$
	$n=3$, $\|q+1\|_3\neq 3$且$q-1=2^k$	2	$\{r_6\}$
	$n=4, q=2$	2	$\{5\}$
	$n\equiv 0\pmod 4$, $(n,q)\neq(4,2)$	3	$\{r_{2n-2},r_n\}$
	$n\equiv 1\pmod 4$	3	$\{r_{n-1},r_{2n}\}$
	$n\equiv 2\pmod 4$, $n\neq 2$	3	$\{r_{2n-2},r_{\frac{n}{2}}\}$
	$n\equiv 3\pmod 4$, $n\neq 3$	3	$\{r_{\frac{n-1}{2}},r_{2n}\}$
$B_n(q)$,	$n=3, q=2$	2	$\{2,7\}$
$C_n(q)$	n是偶数	2	$\{p,r_{2n}\}$
	$n>1$, n是奇数 $(n,q)\neq(3,2)$	3	$\{p,r_n,r_{2n}\}$
$D_n(q)$	$n=4, q=2$	2	$\{2,7\}$
	$n\equiv\pmod 2$, $n\geqslant 4$ 且 $(n,q)\neq(4,2)$	3	$\{p,r_{n-1},r_{2n-2}\}$
	$n\equiv 1\pmod 2$, $n>4$	3	$\{p,r_n,r_{2n-2}\}$
$^2D_n(q)$	$n=4, q=2$	3	$\{2,7,11\}$
	$n\equiv\pmod 2$, $n\geqslant 4$ 且 $(n,q)\neq(4,2)$	4	$\{p,r_{n-1},r_{2n-2},r_{2n}\}$
	$n\equiv 1\pmod 2$, $n>4$	3	$\{p,r_{2n-2},r_{2n}\}$
$G_2(q)$	$q>2$	3	$\{p,r_3,r_6\}$
$F_4(q)$		3	$\{p,r_8,r_{12}\}$
$E_6(q)$		4	$\{p,r_8,r_9,r_{12}\}$
$^2E_6(q)$		4	$\{p,r_8,r_{12},r_{18}\}$
$E_7(q)$		5	$\{p,r_7,r_9,r_{14},r_{18}\}$

表3.9(续)

S	条件	$t(p,S)$	$\rho(p,S)$
$E_8(q)$		5	$\{p, r_{15}, r_{20}, r_{24}, r_{30}\}$
$^3D_4(q)$		2	$\{p, r_{12}\}$
$^2B_2(2^{2n+1})$	$n \geqslant 1$	4	$\{2, s_1, s_2, s_3\}$,这里$s_1 \mid 2^{2n+1}-1$; $s_2 \mid 2^{2n+1} - 2^{n+1}+1$; $s_3 \mid 2^{2n+1} + 2^{n+1} + 1$
$^2G_2(3^{2n+1})$	$n \geqslant 1$	5	$\{3, s_1, s_2, s_3, s_4\}$,这里$s_1(\neq 2) \mid 3^{2n+1}-1$; $s_2(\neq 2) \mid 3^{2n+1}+1$; $s_3 \mid 3^{2n+1} - 3^{n+1}+1$; $s_4 \mid 3^{2n+1} + 3^{n+1} + 1$
$^2F_2(2^{2n+1})$	$n \geqslant 1$	6	$\{2, s_1, s_2, s_3, s_4, s_5\}$,这里$s_1 \mid 2^{4n+2} - 2^{2n+1}+1$; $s_2 \mid 2^{4n+2} - 2^{3n+2} + 2^{n+1} - 1$; $s_3 \mid 2^{4n+2} + 2^{3n+2} - 2^{n+1} - 1$; $s_4 \mid 2^{4n+2} + 2^{3n+2} + 2^{2n+1} + 2^{n+1} + 1\}$ $s_5 \mid 2^{4n+2} - 2^{3n+2} + 2^{2n+1} - 2^{n+1} + 1\}$
$^2F_4(2)'$		2	$\{2, 13\}$

如果$q \equiv 1 (\mathrm{mod} 4)$,规定2是$q-1$的本原素因子; 如果$q \equiv -1 (\mathrm{mod} 4)$,2是$q^2-1$的本原素因子(以下表10相同).

表3.10: 特征为p $(p \neq 2)$的Lie型单群的2-独立集

S	条件	$t(2,S)$	$\rho(2,S)$
$A_{n-1}(q)$	$n=2$, $q \equiv 1(\mathrm{mod} 4)$	3	$\{2, p, r_2\}$
	$n=2$, $q \equiv 3(\mathrm{mod} 4)$, $q \neq 3$	3	$\{2, p, r_1\}$
	$n \geqslant 3$ 且 $|n|_2 < |q-1|_2$	2	$\{2, r_n\}$
	$n \geqslant 3$ 且 $|n|_2 > |q-1|_2$ 或 $|n|_2 = |q-1|_2 = 2$	2	$\{2, r_{n-1}\}$
	$2 < |n|_2 = |q-1|_2$	3	$\{2, r_{n-1}, r_n\}$

表3.10(续)

S	条件	$t(2,S)$	$\rho(2,S)$
$^2A_{n-1}(q)$	$\|n\|_2 > \|q+1\|_2$	2	$\{2, r_{2n-2}\}$
	$\|n\|_2 = 1$	2	$\{2, r_{2n}\}$
	$2 < \|n\|_2 < \|q+1\|_2$	2	$\{2, r_n\}$
	$n \geqslant 3, 2 = \|n\|_2 \leqslant \|q+1\|_2$	2	$\{2, r_{\frac{n}{2}}\}$
	$2 < \|n\|_2 = \|q+1\|_2$	3	$\{2, r_{2n-2}, r_n\}$
$B_n(q)$或$C_n(q)$	$n>1, n$ 是奇数且$\|q-1\|_2=2$	2	$\{2, r_n\}$
	n是偶数或$\|q-1\|_2>2$	2	$\{2, r_{2n}\}$
$D_n(q)$	$n \equiv 0(\mathrm{mod}2),\ n \geqslant 4$且$q \equiv 3(\mathrm{mod}4)$	2	$\{2, r_{n-1}\}$
	$n \equiv 0(\mathrm{mod}2),\ n \geqslant 4$且$q \equiv 1(\mathrm{mod}4)$	2	$\{2, r_{2n-2}\}$
	$n \equiv 1(\mathrm{mod}2),\ n > 4$且$q \equiv 3(\mathrm{mod}8)$	2	$\{2, r_n\}$
	$n \equiv 1(\mathrm{mod}2),\ n > 4$且$q \equiv 1(\mathrm{mod}8)$	2	$\{r_{2n-2}\}$
	$n \equiv 1(\mathrm{mod}2),\ n > 4$且$q \equiv 5(\mathrm{mod}8)$	3	$\{r_n, r_{2n-2}\}$
$^2D_n(q)$	$n \equiv 0(\mathrm{mod}2),\ n \geqslant 4$	2	$\{2, r_{2n}\}$
	$n \equiv 1(\mathrm{mod}2),\ n > 4$且$q \equiv 1(\mathrm{mod}4)$	2	$\{2, r_{2n}\}$
	$n \equiv 1(\mathrm{mod}2),\ n > 4$且$q \equiv 7(\mathrm{mod}8)$	2	$\{2, r_{2n-2}\}$
	$n \equiv 1(\mathrm{mod}2),\ n > 4$且$q \equiv 3(\mathrm{mod}8)$	3	$\{2, r_{2n-2}, r_{2n}\}$
$G_2(q)$		3	$\{2, r_3, r_6\}$
$F_4(q)$		2	$\{2, r_{12}\}$
$E_6(q)$		3	$\{2, r_9, r_{12}\}$
$^2E_6(q)$		3	$\{2, r_{12}, r_{18}\}$
$E_7(q)$	$q \equiv 1(\mathrm{mod}4)$	3	$\{2, r_{14}, r_{18}\}$
	$q \equiv 3(\mathrm{mod}4)$	3	$\{2, r_7, r_9\}$

表3.10(续)

S	条件	$t(2,S)$	$\rho(2,S)$
$E_8(q)$		5	$\{2,r_{15},r_{20},r_{24},r_{30}\}$
$^3D_4(q)$		2	$\{2,r_{12}\}$
$^2G_2(3^{2n+1})$	$n\geqslant 1$	3	$\{2,s_1,s_2\}$,这里 $s_1\mid 3^{2n+1}-3^{n+1}+1$; $s_2\mid 3^{2n+1}+3^{n+1}+1$

综合定理3.5和3.8我们可得到素图非连通特征为r的Lie型单群S的$t(r,S)$和$t(S)$的值.

定理 3.12. 设S是特征为r的Lie型单群且素图非连通,则当$t(S)\leqslant$ 7时, $t(r,S)$, $t(S)$ 和$n_i(S)$ 的值由附录表3.11 给出; 当$t(r,S)\leqslant 7$时, $t(S)$ 和$n_i(S)$ 的值由附录表3.12 给出.

表3.11: Lie型单群S素图非连通且$t(S)\leqslant 7$

$t(r,S)$	$t(S)$	S	条件	$n_i(S)=F(S,r,f)(i\geqslant 2)$
2	2	$A_2(r^f)$	$(r^f-1)_3\neq 3$ 且 $r^f+1=2^k$	$\frac{r^{3f}-1}{(r^f-1)(3,r^f-1)}$
2	2	$^2A_2(r^f)$	$(r^f+1)_3\neq 3$ 且 $r^f-1=2^k$	$\frac{r^{3f}+1}{(r^f+1)(3,r^f+1)}$
2	2	$^2A_3(2)$		5
2	2	$C_2(r^f)$	$r^f>2$	$\frac{r^{2f}+1}{(2,r^f-1)}$
2	2	$C_3(2)$		7
2	2	$D_4(2)$		7
2	2	$^3D_4(2)$		13
2	3	$A_5(2)$		31
2	3	$A_6(2)$		127
2	3	$C_4(2)$		17
2	3	$^3D_4(r^f)$	$r^f>2$	$r^{4f}-r^{2f}+1$
2	3	$^2F_4(2)'$		13

表3.11(续)

$t(r,S)$	$t(S)$	S	条件	$n_i(S) = F(S,p,f)\ (i \geqslant 2)$
3	3	$A_1(r^f)$	$3 \leqslant r^f \equiv \epsilon \pmod 4, \epsilon = \pm 1$	$r, \dfrac{r^f+\epsilon}{2}$
3	3	$A_1(2^f)$	$f \geqslant 2$	$2^f \pm 1$
3	3	$A_2(2)$		$3, 7$
3	3	$A_2(r^f)$	$r^f \neq 2,\ (r^f-1)_3 \neq 3$ 且 $r^f + 1 \neq 2^k$	$\dfrac{r^{3f}-1}{(r^f-1)(3,r^f-1)}$
3	3	$A_2(r^f)$	$(r^f-1)_3 = 3$ 且 $r^f + 1 = 2^k$	$\dfrac{r^{3f}-1}{(r^f-1)(3,r^f-1)}$
3	3	$A_3(r)$	$r = 2,3,5$	$7, 13, 31$
3	3	$A_4(2)$		31
3	3	$A_7(2)$		127
3	3	$^2A_2(r^f)$	$(r^f+1)_3 \neq 3$ 且 $r^f - 1 \neq 2^k$	$\dfrac{r^{3f}+1}{(r^f+1)(3,r^f+1)}$
3	3	$^2A_2(r^f)$	$(r^f+1)_3 = 3$ 且 $r^f - 1 = 2^k$	$\dfrac{r^{3f}+1}{(r^f+1)(3,r^f+1)}$
3	3	$^2A_4(2)$		11
3	3	$^2A_5(2)$		$7, 11$
3	3	$^2D_4(2)$		17
3	3	$^2D_5(2)$		17
3	3	$G_2(r^f)$	$2 < r^f \equiv \epsilon \pmod 3, \epsilon = \pm 1$	$r^{2f} - \epsilon r^f + 1$
3	3	$G_2(3^f)$		$3^{2f} \pm 3^f + 1$
3	4	$C_5(2)$		31
3	4	$D_5(2)$		31
3	4	$D_6(2)$		31
3	4	$F_4(2)$		$13, 17$
3	5	$A_{10}(2)$		2047
3	5	$F_4(r^f)$	r 奇数	$r^{4f} - r^{2f} + 1$

表3.11(续)

$t(r,S)$	$t(S)$	S	条件	$n_i(S)=F(S,p,f)\ (i\geqslant 2)$
3	5	$F_4(2^f)$	$f\geqslant 2$	$2^{4f}+1,2^{4f}-2^{2f}+1$
4	4	$A_2(4)$		$3,5,7$
4	4	$A_2(r^f)$	$r^f\neq 4,(r^f-1)_3=3$ 且 $r^f+1\neq 2^k$	$(r^{3f}-1)/(r^f-1)(3,r^f-1)$
4	4	$^2A_2(r^f)$	$r^f\neq 2,(r^f+1)_3=3$ 且 $r^f-1\neq 2^k$	$(r^{3f}+1)/(r^f+1)(3,r^f+1)$
4	4	$^2B_2(2^{2f+1})$	$f\geqslant 1$	$2^{2f+1}-1,2^{2f+1}\pm 2^{f+1}+1$
4	5	$^2E_6(r^f)$	$r^f>2$	$(r^{6f}-r^{3f}+1)/(3,r^f+1)$
4	5	$E_6(2)$		73
4	5	$^2E_6(2)$		$13,17,19$
4	6	$E_6(r^f)$	$r^f>2$	$(r^{6f}+r^{3f}+1)/(3,r^f-1)$
5	5	$^2G_2(3^{2f+1})$	$f\geqslant 1$	$3^{2f+1}\pm 3^{f+1}+1$
5	7	$E_7(2)$		$73,127$
5	7	$E_7(3)$		$757,1093$
6	7	$^2F_4(2^{2f+1})$	$f\geqslant 1$	$2^{4f+2}\pm 2^{3f+2}$ $+2^{2f+1}\pm 2^{f+1}+1$
3	$\frac{p'+1}{2}$	$A_{p'-1}(r^f)$	$(p',r^f)\neq(5,2),$ $(7,2),(11,2),p'\geqslant 5$	$\frac{r^{p'f}-1}{(r^f-1)(p',r^f-1)}$

表3.12: Lie型单群S素图非连通且$t(r,S)\leqslant 7$

$t(r,S)$	$t(S)$	S	条件	$n_i(S)=F(S,r,f)\ (i\geqslant 2)$
2	$[\frac{3n+5}{4}]$	$B_n(r^f)$	$n=2^m\geqslant 4,\ r$ 奇素数	$\frac{r^{nf}+1}{2}$
2	$[\frac{3n+5}{4}]$	$C_n(r^f)$	$n=2^m\geqslant 4,\ (n,r^f)\neq(4,2)$	$\frac{r^{nf}+1}{(2,r^f-1)}$

表3.12(续)

$t(r,S)$	$t(S)$	S	条件	$n_i(S)=F(S,r,f)\ (i\geqslant 2)$
3	$\frac{p'+1}{2}$	$A_{p'}(r^f)$	$(r^f-1)\mid(p'+1), p'\geqslant 5,$ $(p',r^f)\neq(5,2),(7,2)$	$\frac{r^{p'f}-1}{(r^f-1)}$
3	$\frac{p'+1}{2}$	$^2A_{p'-1}(r^f)$	$(p',r^f)\neq(5,2),\ p'\geqslant 5,$	$\frac{r^{p'f}+1}{(r^f+1)(p',r^f+1)}$
3	$\frac{p'+1}{2}$	$^2A_{p'}(r^f)$	$(r^f+1)\mid(p'+1), p'\geqslant 5,$ $(p',r^f)\neq(5,2)$	$\frac{r^{p'f}+1}{(r^f+1)}$
3	$\left[\frac{3p'+5}{4}\right]$	$B_{p'}(3)$		$\frac{3^{p'}-1}{2}$
3	$\left[\frac{3p'+5}{4}\right]$	$C_{p'}(r)$	$r=2,3,\ (p',r)\neq(3,2),(5,2)$	$\frac{r^{p'}-1}{(2,r-1)}$
3	$\left[\frac{3p'+1}{4}\right]$	$D_{p'}(r)$	$p'\geqslant 5,\ r=2,3,5,$ $(p',r)\neq(5,2)$	$\frac{r^{p'}-1}{r-1}$
3	$\left[\frac{3p'+4}{4}\right]$	$D_{p'+1}(r)$	$r=2,3,(p',r)\neq(3,2),(5,2)$	$\frac{r^{p'}-1}{(2,r-1)}$
3	$\left[\frac{3n+4}{4}\right]$	$^2D_n(2)$	$n=2^m+1,\ m\geqslant 3$	$2^{n-1}+1$
3	$\left[\frac{3p'+4}{4}\right]$	$^2D_{p'}(3)$	$5\leqslant p'\neq 2^m+1$	$\frac{3^{p'}+1}{4}$
3	$\left[\frac{3n+4}{4}\right]$	$^2D_n(3)$	$n=2^m+1\neq p',\ m\geqslant 2$	$\frac{3^{n-1}+1}{2}$
3	$\left[\frac{3p'+4}{4}\right]$	$^2D_{p'}(3)$	$p'=2^m+1,\ m\geqslant 2$	$\frac{3^{p'-1}+1}{2},\frac{3^{p'}+1}{4}$
4	$\left[\frac{3n+4}{4}\right]$	$^2D_n(r^f)$	$n=2^m\geqslant 4,\ (n,r^f)\neq(4,2)$	$\frac{r^{nf}+1}{(2,r^f+1)}$
5	11	$E_8(r^f)$	$r^f\equiv 2,3\pmod 5$	$\frac{r^{10f}-r^{5f}+1}{r^{2f}-r^f+1},$ $\frac{r^{10f}+r^{5f}+1}{r^{2f}+r^f+1},$ $r^{8f}-r^{4f}+1$
5	11	$E_8(r^f)$	$r^f\equiv 0,1,4\pmod 5$	$\frac{r^{10f}-r^{5f}+1}{r^{2f}-r^f+1},$ $\frac{r^{10f}+r^{5f}+1}{r^{2f}+r^f+1},$ $\frac{r^{10f}+1}{r^{2f}+1},$ $r^{8f}-r^{4f}+1$

2000年Chigira, Iiyori 与Yamaki 在文[67]中证明了如下著名结果, 我们可以运用如上Vasilev定理来重新证明.

定理 3.13. 设G是有限偶阶群, 如果G 中无$2p$ 阶元, 这里p 为奇素数, 则G 的$Sylow$ p-子群交换.

证明. 如果G可解, 则G存在$\{2, p\}$-Hall子群H, 并且H的素图非连通. 根据定理3.4有H 为Frobenius 群或2-Frobenius 群, 即$G = ABC$, 这里A 和AB 是G 的正规子群, AB 和BC 是分别以A, B 为核和B, C 为补的Frobenius 群. 此时H 的Sylow p-子群交换. 如果G 非可解且G 中无$2p$ 阶元, 根据定理3.4知存在非交换单群S 使得$S \leqslant \overline{G} = G/N \leqslant Aut(S)$, 这里$N$ 是G 的极大可解正规子群, 且下列之一成立:

$(c1)$ 若$p \notin \pi(N)$, 则$p \nmid |N| \cdot |\overline{G}/S|$;

$(c2)$ 若$p \in \pi(N)$, 则$t(G) = 3$, $t(2, G) = 2$, 且$S \cong A_7$或$L_2(q)$ (q奇数).

如果满足条件$(c1)$, 则G的Sylow p-子群P同构于S的Sylow p-子群. 现在如果$2 \in \pi(G)$, 则NP为G的可解子群, 而NP 中显然仍没有$2p$阶元, 根据以上我们知道Sylow p-子群P为交换群. 如果$2 \notin \pi(N)$, 此时只需要考虑单群S中如果不存在$2p$阶元, 则Sylow p-子群为交换群(**这需要用单群分类定理验证!**).

如果满足条件$(c2)$, 即$p \in \pi(N)$. 当$p \nmid |\overline{G}|$ 时, 则G 的Sylow p-子群为N 的Sylow p-子群. 设P_2为G的Sylow 2-子群, 从而NP_2仍为G的可解子群且没有$2p$阶元, 根据以上可解群的情形, 有P为交换群. 当$p \mid |\overline{G}|$ 时, 由Frattini引理, 我们有$G = N \cdot N_G(P_0)$, 其中P_0为N的Sylow p-子群. 故$|G| = |N \cdot N_G(P_0)| = \frac{|N||N_G(P_0)|}{|N \cap N_G(P_0)|}$, 比较$p$的幂, 我们有$G$的Sylow p-子群P为$N_G(P_0)$的Sylow p-子群. 如果$2 \in \pi(N)$, 则G的子群NP为可解子群且无$2p$阶元, 故P为交换群. 如果$2 \notin \pi(N)$, 则$N_G(P_0)$为偶阶且Sylow p-子群为G的Sylow p-子群. 同样根据Frattini引理, 有$G/N \cong N_G(P_0)/(N \cap N_G(P_0))$. 因为$S \cong A_7$或$L_2(q)$ (q奇数), 根据定理3.9, 我们有$G/N \cong A_7$且$p = 5, 7$, 和$G/N \cong L_2(q)$且$p|q(q^2 - 1)$. 以下我们证明如果G中没有$2p$阶元, 则$N = 1$.

我们使用Mazurov的一个引理: 设G 为有限群, N 为G 的正规子群, G/N 是以F为核, 循环群C为补的Frobenius 群. 如果$(|F|, |N|) = 1$ 且F 不包含在$NC_G(N)/N$, 则对于素因子$s \in \pi(N)$有$s \cdot |C| \in \pi_e(G)$.

注意A_7有10和14阶的Frobenius群. 另外根据Dickson关于$L_2(q)$子群结构, 则$L_2(q)$有二面体群D_{q+1}和D_{q-1}的子群. 根据如上的Mazurov引理, 必然存在$2p$阶元, 故$N = 1$. 即证. □

§3.2 谱为素数幂

本节我们研究谱为素数幂的群的分类, 即群中每个元素的阶都为素数幂, 我们称这样的群为CP-群.

引理 3.14. *([115])* 设G为极小非幂零群, 则存在$P \in Syl_p(G)$和$Q \in Syl_q(G)$ $(p \neq q)$ 使得$G = P \rtimes Q$. 如果P_1是真包含在P中的G的正规子群, 则$|P : P_1| = p^b$, 这里b是p模q幂指数.

引理 3.15. *(Higman, [120])* 设G是有限群非可解群且每个元阶都为素数幂, 则G有正规列$G > N > P > 1$, 满足

(a) P是G的最大可解正规子群且为p-群(某个素数p);

(b) N/P是G/P的唯一极小正规子群且为非交换单群,

(c) G的每个可解子群的素因子不超过2.

引理 3.16. 单群A_5是唯一的单CP-群.

定理 3.17. 设G是有限CP-群, 则

(a) G是幂零群当且仅当G为方次数p的p-群.

(b) G为可解的非幂零群当且仅当G是*Frobenius*群, 其核为$P \in Syl_p(G)$, 且P的方次数为p, 其补$Q \in Syl_q(G)$, 且$|Q| = q$. 进一步, 如果$|G| = p^n q$, 则G有一主因子序列$G = C_0 > P = C_1 > C_2 > \cdots > C_k > C_{k+1} = 1$使得对于$1 < i < k$有$C_i/C_{i+1} < Z(P/C_{i+1})$, Q不可约作用在C_i/C_{i+1}上, 且$|C_i/C_{i+1}| = p^b$, 这里b是p模q幂指数.

(c) G为非可解当且仅当$G \cong A_5$.

证明. (a)部分是显然的. 下面证明(b)部分. 假设G为非幂零可解CP-群. 根据[80]的2.11 (当然也可以根据Gruenberg-Kegel定理, 此时的G必然为Frobnius群和2-Frobenius群), 存在$P \in Syl_p(G)$, $Q \in Syl_q(G)$ $(p \neq q)$ 使得$G = PQ$, $O_p(G) \neq 1$, P的方次数为p, 且$|Q| = q$.

首先我们注意到 $P \lhd G$. 事实上, 如果 $P \not\lhd G$, 因为 P 是 G 的极大子群且显然 $exp(P) = p$, 我们推出 G 有正规 p-补 Q. 但是结合 $O_p(G) \neq 1$ 在 G 中存在 pq 阶元, 矛盾与原先的假设. 因此 $P \lhd G$ 且因为 Q 固定点自由作用在 P, 有 $G = P \rtimes Q$ 为 Frobenius 群, 其核为 P 补为 Q. 反之, 设 $G = P \rtimes Q$ 是 Frobenius 群, 这里 $P \in Syl_p(G)$ 的方次数为 p 且 $Q \in Syl_q(G)$ 为 q 阶. 明显 $Q = N_G(Q)$, 因此在所有 G 的 Sylow 子群中元的个数为 $|P| + (|Q| - 1)|P| = |P||Q| = |G|$. 这就证明了 G 中所有非平凡元的阶为素数幂.

现在考虑 G 的一般结构. 假设 $|G| = p^n q$ 且设 $G = C_0 > P = C_1 > C_2 > \cdots > C_k > C_{k+1} = 1$ 是 G 的一个主因子序列. 设 $G_1 = C_k Q$ 且假设 $|G_1| = p^b q$. 我们说 G_1 是一个极小非幂零群. 否则假设 G_1 存在真非幂零子群 G_2, 则 $|G_2|$ 必定是 $p^c q$ $(1 < c < b)$, 且我们可以假设 $Q < G_2$. 注意因为 $P \lhd G$ 有 $Z(P) \lhd G$. 现在 C_k 的极小性及其 $C_k \cap Z(P) \neq 1$ 导致 $C_k \leqslant Z(P)$. 考虑子群 $G_2 \cap C_k$. 因为 P 和 Q 正规化 $G_2 \cap C_k$, 所以 $G_2 \cap C_k \lhd G = PQ$. 但是明显 $G_2 \cap C_k \lhd C_k$, 矛盾于 C_k 的极小性. 因此 G_1 是一个极小非幂零群.

现在应用引理 3.17 到群 G_1, 我们可以得到 $|C_k| = p^b$, 这里 b 是 p 模 q 幂指数. (b) 部分中剩下部分证明只需简单的归纳即可得到.

下面证明 (c) 部分. 假设 G 是非可解 CP-群. 我们将证明 $G \cong A_5$. 根据引理 3.16 我们假定 G 是非单群. 设 $1 < P < N < G$ 是引理 3.15 相同的正规列. 如果 $P = 1$, 根据 3.16, 则 N 是单群且 $N = A$. 进一步, 因为 N 是 G 的唯一极小正规子群, 得到 $C_G(N) = 1$. 这可以推出 G 同构于 $Aut(N) \cong Aut(A_5)$ 的一个子群且包含一个 $N \cong A_5$ 的有限直积. 这迫使 $N = G \cong A_5$, 矛盾于 G 的单性. 因此我们可以假定 $P \neq 1$. 但是这种情形, 根据 [80] 的主要定理的 IV 的证明可以得到. 即证. $\qquad\square$

推论 3.18. 有限群 G 同构于 A_5, 当且仅当 $\pi_e(G) = \pi_e(A_5)$.

§3.3 谱为连续集

设 n 为正整数, 称 G 为 OC_n 群, 如果 G 存在 $\leqslant n$ 的每个元阶, 比如, $\pi_e(S_3) = \{1, 2, 3\}$, 则 S_3 为 OC_3 群. 本节分类所有的 OC_n 群.

定理 3.19. 设 G 为有限 OC_n 群, 则 $n \leqslant 8$ 且下列之一成立.

(a) $n \leqslant 2$ 且 G 为初等交换2-群.

(b) $n = 3$ 且 $G = N \rtimes Q$ 是 Frobenius 群, 这里 $N \cong Z_3^t$, $Q \cong Z_2$, 或者 $N \cong Z_2^{2t}$, $Q \cong Z_3$.

(c) $n = 4$, $G = N \rtimes Q$ 且下列之一成立:

(c1) N 的方次数为4, 类 $\leqslant 2$ 且 $Q \cong Z_3$;

(c2) $N = Z_2^{2t}$ 且 $Q \cong S_3$;

(c3) $N = Z_3^{2t}$ 且 $Q \cong Z_4$ 或 Q_8, G 为 Frobenius 群.

(d) $n = 5$, $G \cong A_6$, 或 $G = N \rtimes Q$, 这里 $Q \cong A_5$, N 是一个初等交换2-群且是一个自然 $SL(2,4)$-模的直和.

(e) $n = 6$, G 为以下型之一:

(e1) $G = P_5 \rtimes Q$ 为 Frobenius 群, 这里 $Q \cong Z_3 \rtimes Z_4$, 或 $Q \cong SL(2,3)$ 且 $P_5 = Z_5^{2t}$;

(e2) $G/O_2(G) \cong A_5$, 这里 $O_2(G)$ 是初等交换群且为自然和正交 $SL(2,4)$-模的直和;

(e3) $G \cong S_5$ 或 $G \cong S_6$.

(f) $n = 7$ 且 $G \cong A_7$.

(g) $n = 8$ 且 $G = PSL(3,4) \rtimes \langle \beta \rangle$, 这里 β 是 $PSL(3,4)$ 的酉自同构.

对于 $n \leqslant 5$ 的 OC_n 群, 此时必然为 CP-群, 我们直接运用定理3.17可以得到如上结果. 下面考虑 $n \geqslant 6$ 的情形.

§3.3.1 OC_6 群

情形 1. G 可解.

首先假定 $R = O_{5'}(G)$ 是非平凡的. 因为 G 中每个5阶元都固定点自由作用在 R 上, 我们有 R 幂零且 $P_5 \cong Z_5$. 进一步, $Q = G/R$ 是5-闭的. 因为 G 是 OC_6 群, 我们有 Q 能够嵌入到 Z_5 的全形中. 如果 Q 循环, 则 R 必定包含一个12阶元, 矛盾. 假设 $|Q| = 20$. 因为 G 无15阶元, 我们可以看出 Q 忠实作用在 R 的每个3-主因子 C 上. 但是 C 同构于由 Q 的双传递置换表示产生的不可约置换模, 因此 Q 中的4阶元在 C 中有固定点. 这样 G 包含一个12阶元, 矛盾.

因此 Q 是二面体群且有 $R = N \times P_3$, 这里 $N := O_2(G)$ 是非平凡初等交换群. 现在 G/N 包含一个6阶元, 因为 Q 中的2阶元固定点自由作用在 P 上, 设 t 为 Q 中的2阶元, 则 $dimC_N(t) \leqslant dim(N)/2$. 如果这个不等式是严格不等式, 则 Q 中的 t 和 t 的某个共轭元乘积的5阶元, 一定在 N 上有非平凡的固定点, 则 G 中有10阶元, 矛盾. 因此 $R = O_{5'}(G)$ 平凡.

现设 $K = O_5(G)$ 是非平凡的, 则 $O_{5,5'}(G) = K \rtimes Q$ 是Frobenius 群且 $\pi(Q) \subseteq \{2,3\}$. 明显, 无5阶元能够固定点自由作用在 KQ/K 上, 因此 $G = K \rtimes Q$ 为Frobenius 群且 $Q \cong Z_3 \rtimes Z_4$, 或 $Q \cong SL(2,3)$.

情形 2. G 非可解.

设 S 为 G 的极大可解正规子群. 因为 G/S 不包含任何 $\geqslant 10$ 阶的元, 所以 G/S 的极小正规子群 N/S 是单群且我们有 $(N/S) = \{2,3,5\}$. 从[112, p.12], 我们可以看出 N/S 只能为 A_5, A_6, 或 $PSU(4,2)$. 但是最后一个群有12阶元, 所以 $N/S \cong A_5$ 或 $N/S \cong A_6$. 另外, G/S 同构于 $Aut(N/S)$ 的一个子群. 如果 $N/S \cong A_5$, 则 $G/S \cong A_5$, 或 S_5. 如果 $N/S = A_6$, 则 $G/S \cong Aut(A_6)$, $PGL(2,9)$, M_{10}, A_6 或 S_6. 因为 $Aut(A_6)$, $PGL(2,9)$ 和 N_{10}, 都包含有8阶元, 我们有 G/S 仅为 A_6 或 S_6. 另外, 因为 A_5 包含一个Klein 4元群且 G 不包含任何10阶和15阶元, 我们可以推出 $\pi(S) \subseteq \{2,3\}$ 且 S 为幂零群.

现在我们证明 S 为2-群, 否则, 我们可以假定 S 是 G 的极小正规3-子群. 因为 G 不包含任何9阶元, 所以 G 的Sylow 3-子群方次数为3且满足第二Engel 条件[124, p.290]. 特别, G/S 的每个3阶元都二次作用在 S 上. 因此, 根据[113, p.103] 群 $SL(2,3)$ 包含在 G/S, 矛盾.

最后, 我们证明在 $Q = G/N \cong A_6, S_6$ 或 S_5 时 $S = 1$. 为了导出矛盾, 我们可以假定 $S \neq 1$ 为初等交换群. 此时我们证明 G 包含8阶元. 的确, 设 $c \in Q$ 是 4 阶元, 并设 $t = c^2$. 我们有 $dimC_N(t) \geqslant dim(N)/2$. 假设前面不等式是严格不等式. 因为每个 Q 中的4阶元 t_1, t_2 的平方都是共轭的, 这可以推出对于每个 t_1, t_2 有 $C_N(t_1t_2) \neq 1$. 而 Q 中的每个5阶元都能表示为这种积且 G 中包含10阶元, 矛盾. 因此我们有 $|C_N(t)|^2 = |N|$, 从而 G 中包含一个8阶元, 矛盾.

§3.3.2 OC_n群, $n \geqslant 7$

以下考虑在 $n \geqslant 7$时的 OC_n群.

引理 3.20. 设 G 为有限 OC_n 群. 如果 $n \geqslant 7$, 则 G 为非可解群.

证明. 设 $p_{k+1} > n \geqslant p_k$, 这里 p_i 为素数序列中的第 i-项. 因为 $n > 7$, 我们有 $k \geqslant 4$. 因为 G 是 OC_n 群, 根据定义我们可以看出 $|G| = 2^{\alpha_1} \cdot 3^{\alpha_2} \cdot 5^{\alpha_3} \cdots p_k^{\alpha_k}$. 如果 G 是可解的, 我们考虑 G 的 $\{2, 3, \cdots, p_{k-3}\}$-补 H, $|H| = p_{k-2}^{\alpha_{k-2}} p_{k-1}^{\alpha_{k-1}} p_k^{\alpha_k}$. 根据 Bertrand 假设 [121, 定理5.7.1], 我们容易证明 H 不包含任何阶为 $p_{k-2}p_{k-1}$, $p_{k-2}p_k$ 和 $p_k p_{k-1}$ 元. 事实上, 因为 G 是一个 OC_n 群, 如果 H 包含 $p_{k-2}p_{k-1}$ 阶元, 我们有 $p_{k-2}p_{k-1} \leqslant n < p_{k+1}$. 但是如果 $k = 4$, 我们有 $p_{k-2} = 3$, $p_{k-1} = 5$, 并且 $p_{k+1} = 11$, 然而如上的不等式不成立. 当 $k > 4$ 且 $p_{k-2} \geqslant 5 > 4$, 我们根据 Bertrand 假设有 $p_{k-2}p_{k-1} > 4p_{k-1} > 2p_k > p_{k+1}$, 同样如果不等式不成立. 因此 H 为可解群且所有元阶为素数幂. 根据引理3.15 我们有 $|\pi(H)| \leqslant 2$, 矛盾. 因此 G 为非可解群. $\square$

引理 3.21. 设 G 为有限 OC_n 群. 如果 $n \geqslant 7$, 则 G 不是 *Frobenius* 群和 2-*Frobenius* 群.

证明. 首先, 由引理3.20可以推出 G 为非可解群, 因此 G 不可能是 2-Frobenius 群. 如果 G 是 Frobenius 群, 其核 K 和补 H, 则 H 为非可解群且因此它有一个次数为2的正规子群 H_0 使得 $H_0 \cong SL(2, 5) \times M$, 这里 M 为一个阶与30互素的 Z-群. 但是 $SL(2, 5)$ 包含10阶元, 不包含9阶元. 这样 G 也包含10阶元但是不包含9阶元, 因此不是 OC_n 群. $\square$

引理 3.22. 设 G 为有限 OC_n 群. 如果 $n \geqslant 7$, $|G| = 2^{\alpha_1} \cdot 3^{\alpha_2} \cdot 5^{\alpha_3} \cdots p_k^{\alpha_k}$, 且 $2p_{j+1} > n \geqslant 2p_j$, 这里 p_i 为素数序列中的第 i-项, 则 G 有一个正规列包含一个非交换单因子群 $\overline{G}_1$, 使得 $p_{j+1}, \cdots p_k \in \pi(\overline{G}_1)$. 进一步我们有

I. 如果 $F(G) \neq 1$, 这里 $F(G)$ 为 G 的 *Fitting* 子群, 则 G 的 Sylow p_i-子群 $(i = j+1, \cdots, k)$ 循环.

II. 如果 $F(G) = 1$, 则如下之一成立

(i) $\pi(\overline{G}_1) = \pi(G)$, 这里 $\overline{G}_1$ 为交错单群或者散在单群,

(ii) $\pi(\overline{G}_1) \cup \pi(l) \supseteq \pi(G) \supseteq \pi(\overline{G}_1)$, 这里 $\overline{G}_1$ 是 *Lie* 型单群, l 为 $\overline{G}_1$ 的域自同构群的阶.

证明. 因为 G 为一个 OC_n 且 $n > 7$, 由引理3.19有 G 既不是 Frobenius 也不是 2-Frobenius 群. 根据定理3.4, G 只能为如下型的群:

(1) 非交换单群;

(2) π_1-群被一个单群的扩张, 这里π_1包含素数2;

(3) 单群被可解π_1-群的扩张; 或

(4) π_1群被单群被π_1群的扩张.

表3.13: OC_n 的素数独立集, $7 \leqslant n \leqslant 47$

n	π_1	π_1'
7, 8, 9	$\{2,3\}$	$\{5,7\}$
10	$\{2,3,5\}$	$\{7\}$
11, 12	$\{2,3,5\}$	$\{7,11\}$
13	$\{2,3,5\}$	$\{7,11,13\}$
14, 15, 16	$\{2,3,5,7\}$	$\{11,13\}$
17, 18	$\{2,3,5,7\}$	$\{11,13,17\}$
19, 20, 21	$\{11,13,17,19\}$	
22	$\{2,3,5,7,11\}$	$\{13,17,19\}$
23, 24, 25	$\{2,3,5,7,11\}$	$\{13,17,19,23\}$
26, 27, 28	$\{2,3,5,7,11,13\}$	$\{17,19,23\}$
29, 30	$\{2,3,5,7,11,13\}$	$\{17,19,23,29\}$
31, 32, 33	$\{2,3,5,7,11,13\}$	$\{17,19,23,29,31\}$
34, 35, 36	$\{2,3,5,7,11,13,17\}$	$\{19,23,29,31\}$
37	$\{2,3,5,7,11,13,17\}$	$\{19,23,29,31,37\}$
38, 39, 40	$\{2,3,5,7,11,13,17,19\}$	$\{23,29,31,37\}$
41, 42	$\{2,3,5,7,11,13,17,19\}$	$\{23,29,31,37,41\}$
43, 44, 45	$\{2,3,5,7,11,13,17,19\}$	$\{23,29,31,37,41,43\}$
46	$\{2,3,5,7,11,13,17,19,23\}$	$\{29,31,37,41,43\}$
47	$\{2,3,5,7,11,13,17,19,23\}$	$\{29,31,37,41,43,47\}$

因为$\pi_1 = \{2, 3, \cdots, p_j\}$,当$G$不是如上型的时候,则$G$的正规列包含一个非交换因子群$\overline{G}_1$使得$p_{j+1}, \cdots, p_k \in \pi(\overline{G}_1)$.

当G为型(1)时,结论II显然成立. 现在设G为型(2),使得G为π_1-群N被一个单群的扩张. 因为$p_k \notin \pi_1$且G不包含任何$2p_k, 3p_k, \cdots, p_jp_k$阶的元,根据Thompson定理,$N$为幂零群. 因此$N = F(G) \neq 1$. 另外,因为$G$的Sylow p_i-子群$(i = j+1, \cdots, k)$的非单位元固定点自由作用在N上,我们可以得到G的Sylow p_i-子群循环. 这就证明了结论I.

现在设G为型(3)使得为单群被可解π_1-群的扩张. 在这种情形下,$G_1 \triangleleft G$且$C_G(G_1) = 1$. 因此G同构于$Aut(G_1)$的子群且我们有$Aut(G_1) \geqslant G \geqslant G_1$. 如果$G_1$是交错单群或者散在单群,则$|Aut(G_1)/G_1| = 1, 2,$或4,因此$\pi(G_1) = \pi(G)$. 如果$G_1$为Lie型单群,则根据[19]推出$G_1$的对角自同构和图自同构的阶的素因子包含在$\pi(G_1)$中. 因此$\pi(\overline{G}_1) \cup \pi(l) \supseteq \pi(G) \supseteq \pi(\overline{G}_1)$,这里$l$为$\overline{G}_1$的域自同构群的阶. 结论II即证.

当G为型(4)时,根据$F(G) \neq 1$我们有I成立,且对于因子群$G/F(G)$有结论II.

引理3.20给出了存在有限OC_n群$(n \geqslant 7)$的一个必要条件. 现在我们使用素图分支来讨论单因子群$\overline{G}_1$,其包含在G的某个正规序列中. 为此我们列出在$7 \leqslant n \leqslant 41$时的$\pi_1$和$\pi'_1$,见表3.13.

通过计算得到,若$n \geqslant 47$有$\pi'_1 \geqslant 6$(对于$n \leqslant 4400$,我们运用素数表立即得到; 对于$n > 4400$我们使用素数个数不等式$\pi(2n) - \pi(n) \geqslant ((log2)/30) \cdot (n/log(2n))$,见[121,定理5.7.2]),因而素图分支$\geqslant 7$,矛盾于定理3.6. 因此在此种情形下的群不可能是非可解群. □

引理 3.23. 设G为有限OC_n群. 如果$7 \leqslant n \leqslant 10$,则$n = 7$时$G \cong A_7$,或者$n = 8$时$G = PSL(3, 4) \rtimes \langle \beta \rangle$,这里$\beta$是$PSL(3, 4)$的一个酉自同构.

证明. 以下分为三部分进行证明.

I. 首先我们证明任意G的正规列包含一个因子群$\overline{G}_1 = G_1/S \cong A_7$或者$PSL(3, 4)$,这里$G_1 \triangleleft G$且$S$为$G$的极大可解正规子群.

(1) $n = 7, 8$和9的情形. 如果G存在,则引理3.20和表3.13推出G至少有三个素图分支且$5, 7 \in \pi(\overline{G}_1)$. 如果$\overline{G}_1$有四个素图分支,则$|\pi(\overline{G}_1)| = 4$得到$\overline{G}_1$为单群且每个$\pi'_1$-元都是素数幂阶. 由定理3.8有$\overline{G}_1 \cong PSL(3, 4)$. 如果$\overline{G}_1$有三个素图分支且$3 \mid |\overline{G}_1|$则$\overline{G}_1$包含一个6阶元,且$\overline{G}_1$是一

个$C_{\pi\pi}$-群且$\pi = \{2,3\}$. 当$\overline{G}_1$为一个奇特征的Lie型单群, 交错单群或者散在单群时, 从[301, 定理5] 我们计算得到$\overline{G}_1 \cong A_7$. 当$\overline{G}_1$为特征为2的Lie型单群, 我们即刻计算出$\overline{G}_1$的阶. 我们通过单群群表计算得出, 不存在那样的$\overline{G}_1$. 例如, $A_3(q)(q = 2^m)$的阶为$q^6(q+l)^2(q-1)^3(q^2+l)(q^2+q+l)$, 再根据$\pi(A_3(q) \subset \{2,3,5,7\}$, 我们可以得到$q = 2$. 但是$A_3(2) \cong A_8$包含一个15阶元, 因此$\overline{G}_1$不能是$A_3(q)$.

如果$3 \nmid |\overline{G}_1|$, 则商群$\overline{G}_1$必定是Suzuki 群, 因此包含一个阶$\geqslant 13$ 的元, 矛盾.

(2) 情形$n = 10$. 如果G 存在, 则由引理3.20和表3.13推出$\overline{G}_1$ 至少有两个分支且$7 \in \pi(\overline{G}_1)$. 如果$\overline{G}_1$ 有四个素图分支, 则$\overline{G}_1 \cong PSL(3,4)$. 如果$\overline{G}_1$ 有三个素图分支, 则$\overline{G}_1$ 包含6阶元且不包含10阶元, 或者包含10阶元而不包含6阶元. 假设$\overline{G}_1$ 不包含6阶元, 则根据计算可以得到$\overline{G}_1$ 只能为$PSL(3,4)$. 现在假设$\overline{G}_1$ 包含6阶元而没有10阶元, 则$\overline{G}_1$ 是$C_{\pi\pi}$-群且$\pi = \{2,3\}$. 同样适用如上(1)中的方法就可以得到$\overline{G}_1 \cong A_7$, 或者$\overline{G}_1 \cong PSU(3,3)$. 因为后面的一个群中包含了12阶元, 故$\overline{G}_1 \cong A_7$.

最后, 假定$\overline{G}_1$ 刚好有两个素图分支. 我们只需考虑在G 包含6阶元和10阶元的情形. 从表3.1-3.3和$\overline{G}_1$的阶我们可以看出$\overline{G}_1$ 只能为J_2, $D_4(2)$, 或者$C_3(2)$. 但是所有这些群都有12阶元, 因此$\overline{G}_1$ 同构于A_7 或者$PSL(3,4)$.

II. 在本部分证明中, 我们将证明$S = 1$. 因为$\overline{G}_1/S \cong A_7$或$PSL(3,4)$且$A_7$ 和$PSL(3,4)$的Sylow 3-子群都为9阶初等交换群, 我们可以看出S 是一个$\{2,3\}$-群.

首先, 假定3 整除S的阶. 在这种情形下我们断言S 为3-群. 否则, $S_2 = O_2(S)$ 是非平凡的. 因为$\overline{G}_1$ 包含一个4阶初等交换群, 所以存在$g \in \overline{G}_1$ 使得gS_2有6阶. 因此g是6阶元. 为了导出矛盾, 假设对于所有S_2中x 有gx 为6阶元, 则对于所有$x \in O_2(S)$有$gxO_3(S)$为2阶元, 因此$g^3O_3(S)$中心化$S/O_3(S) \cong O_2(S)$. 但是$\overline{G}_1$ 必定忠实作用在$O_2(S)$, 矛盾. 为了证明$S = 1$ 我们因此假定S 是$\overline{G}_1$ 的极小正规. 如果$\overline{G}_1 \cong A_7$, 则G 不存在8阶元, 因此不存在9 阶元. 故$\overline{G}_1$ 中的3阶元二次作用在S, 根据OC_6 的相同的证明方法, 我们导出矛盾. 如果$\overline{G}_1 = PSL(3,4)$, 我们选取$\overline{G}_1$一个子群同构于$Z_4 \times Z_4$. 我们知道$G$ 包含一个12阶元, 矛盾. 因此S 为一个2-群.

首先假定$\overline{G}_1 \cong PSL(3,4)$, 则$\overline{G}_1$存在子群$T$, 使得$T \cong A_6$. 因为$G$不包含任何10阶元, T在$V = O_2(G)/\Phi(O_2(G))$中的每个主因子是一个阶为2^4的模(见[242]). 特别, $\overline{G}_1$的Sylow 3-子群P固定点自由作用在V上. 因为P被一个四元素群正规化, 所以我们有

$$|V| = |C_V(d)|^4$$

对于所有$d \in P, d \neq l$. 另一方面, $\overline{G}_1$包含一个子群同构于$PSL(3,2)$, 因此每个$d \in P$正规化G的一个Sylow 7-子群U. 因为$C_V(U) = 1$, 我们可以看出

$$|V| = |C_V(d)|^3$$

对于所有$d \in P, d \neq 1$, 矛盾.

最后, 设$\overline{G}_1 \cong A_7$, 则G不包含任何9和10阶元. 因为A_7包含一个子群同构于A_6和$PSL(3,2)$, 我们得到同样的矛盾.

III. 我们证明$n = 7$时$G \cong A_7$, 或者$n = 8$时$G = PSL(3,4) \rtimes \langle\beta\rangle$, 这里$\beta$是$PSL(3,4)$的一个酉自同构. 根据II中我们已经证明了$\overline{G}_1 \cong A_7$或$E = PSL(3,4)$. 另外根据$G_1 \lhd G$且$C_G(G_1) = 1$我们可以推出$A_7 \leqslant G \leqslant Sym(7)$或者$E \leqslant G \leqslant Aut(E)$. 当$A_7 \leqslant G \leqslant Sym(7)$, 我们可以得到$G \cong A_7$, 因为$Sym(7)$包含12阶元. 容易验证$A_7$是一个$OC_7$群. 当$E \leqslant G \leqslant Aut(E)$, 我们设$P^* \in Syl_7(E)$, 则$|N_E(P^*)| = 21$. 根据Frattini论断有$G = N_G(P^*)E$, 因此$G/E \cong N_G(P^*)/N_E(P^*)$. 因为$C_G(P^*) = P^*$, 我们有$|G/E| \leqslant 2$, 因此$|G| = 2^\alpha 3^2 \cdot 5 \cdot 7$且$\alpha = 6$或者7. 如果$|G| = 2^6 \cdot 3^2 \cdot 5 \cdot 7$, 则$G \cong PSL(3,4)$不是一个$OC_n$群. 如果$|G| = 2^7 \cdot 3^2 \cdot 5 \cdot 7$, 则$G \cong E \rtimes \langle\beta\rangle$, 这里$\beta$是$E$的一个2阶自同构. 从[116, 命题1.3]知道如果β诱导出E的一个域自同构, 则$C_G(\beta) \cong A_5$且G有10阶元而没有9阶元. 在这种情形下G不是OC_n群. 如果β诱导出E的一个图自同构, 则$C_G(\beta) \cong PSL(2,7)$, 从而$G$不是$OC_n$群. 如果$\beta$诱导出$E$的一个酉自同构, β的固定点子群为$PSU(3,2)$. 因为$PSU(3,2)$是E的一个极大子群且根据计算$E \rtimes \langle\beta\rangle$包含一个8阶元. 故$PSL(3,4) \rtimes \langle\beta\rangle$是一个$OC_8$群.

引理 3.24. 设$n \geqslant 11$, 则不存在OC_n群.

证明. (1) 情形$n = 11$或12. 如果G存在, 则引理3.20和表3.13推出G有一个正规列包含一个非交换单因子$\overline{G}_1$, 使得7和11包含在$\pi(\overline{G}_1)$.

因此 $\overline{G}_1$, 在这种情形中 $\overline{G}_1$ 至少包含三个素图分支. 如果我们假设 $\overline{G}_1$, 为交错单群, 则 $\overline{G}_1$ 不能为 A_m, 这里 $m = 11$ 或 12, 因为 A_{10} 包含了 21 阶元. 从 [301, 表 I d 和 I e] 我们得到不存在任何奇特征 Lie 型单群满足如上条件. 例如, 设 $\overline{G}_1$ 为单群 $^2D_p(3^2)$, 其中 $p = 2^m + 1, m \geqslant 2$. 因为 $\pi_2 = \pi\{(3^{p-1} + 1)/2\}$, 而 $(3^{p-1} + 1)/2$ 只能为 7^{k_1} 或 11^{k_2}. 如果 $3^{p-1} + 1 = 2 \cdot 7^{k_1}$, 我们有 $1 \equiv 2 \pmod 3$, 矛盾. 如果 $3^{p-1} + 1 = 2 \cdot 11^{k_2}$, 则 $3^{2^m} + 1 \equiv 0 \pmod{11}$. 因为 -1 模 11 非平方, 矛盾.

如果 $\pi(\overline{G}_1)$ 为特征为 2 的 Lie 型单群, 我们可以计算出 $\pi(\overline{G}_1)$ 的阶. 根据 Lie 型单群表和例外型单群 [51, pp.490-492] 或定理 1.32, 可以看出 $\pi(\overline{G}_1)$ 只能为 $PSU(6,2)$. 但是根据 [78], $PSU(6,2)$ 有 15 阶元. 因此不存在任何特征为 2 的 Lie 型单群满足以上条件.

如果 $\overline{G}_1$ 为散在单群, 则根据 [69, 表 II a, b, c], 我们看出 $\overline{G}_1$, 只能为 HS. 但是根据 [78], HS 包含 20 阶元. 因此不存在有限 OC_{11} 和 OC_{12} 群.

(2) 情形 $n = 13$. 如果 G 存在, 则引理 3.20 和表 3.13 推出 G 有一个正规列包含一非交换单因子 $\overline{G}_1$, 使得 $7, 11,$ 和 13 包含在 $\pi(\overline{G}_1)$, 且 $\pi(\overline{G}_1)$ 至少包含 4 个素图分支. 从表 3.6, 我们可以看出 $\overline{G}_1$) 不是交错单群和奇特征的 Lie 型单群. 另外根据 [301, 表 II], $\overline{G}_1$ 不为散在单群. 另外通过计算 $\overline{G}_1$ 的阶, 我们看出 $\overline{G}_1$ 也不能为特征为 2 的 Lie 型单群. 因此有限 OC_{13} 群不存在.

(3) 情形 $n = 14, 15$ 和 16. 如果 G 存在, 则同样引理 3.20 和表 3.13 推出 G 有一个正规列包含一个非交换单因子群 $\overline{G}_1$, 使得 11 和 13 都包含在 $\pi(\overline{G}_1)$ 中且 $\pi(\overline{G}_1)$ 至少包含三个素图分支. 从表 3.5 和计算 $\overline{G}_1$ 的阶, 我们可以看出 $\overline{G}_1$ 不是交错单群和 Lie 型单群. 另外根据表 3.5, 如果 $\overline{G}_1$ 是散在单群, 则 $\overline{G}_1$ 只能为 Suz. 但是根据 [78], Suz 包含 21 阶元. 因此不存在有限 $OC_{14}, OC_{15},$ 和 OC_{16} 群.

(4) 情形 $n \geqslant 17$. 当 $n \geqslant 47$ 时, G 的素图分支至少有 7 个, 这样的非可解群不存在. 因此我们只需要考虑 $17 \leqslant n \leqslant 46$. 根据表 3.13, 这时非交换单群 $\overline{G}_1$ 至少有 4 个素图分支, 因而我们有 $\pi'_1 \subseteq \pi(\overline{G}_1)$. 同样根据表 3.3, 3.4, 3.6 和计算 $\overline{G}_1$ 的阶, 我们可以看出不存在任何 $\overline{G}_1$ 满足如上条件. 因此不存在 OC_n $(17 \leqslant n \leqslant 46)$. 即证. $\square$

§3.4 施猜想

在这一节中, 我们假定所有的群都是有限阶的, 同样$\pi(G)$表示$|G|$的素因子集合, $\pi_e(G)$表示G中元素阶的集合, $\pi(x)$表示不超过x的素因子的个数, r_x表示不超过x的最大素数, 所有单群都是非交换的单群. 施武杰在1987年给出了以下猜想(注意以下证明我们由于篇幅原因省略了散在单群和正交群的证明):

猜想 3.25. (施猜想) 设G是有限群, S为有限非交换单群, 则$G \cong S$ 的充要条件是

(1) $\pi_e(G) = \pi_e(S)$, 并且

(2) $|G| = |S|$.

以下引理在证明施猜想过程中经常用到(见施武杰文章[281]).

引理 3.26. 设G是有限单群, 若$p^k \parallel |G|$, 其中p是素数且$|G| < p^{3k}$, 则G属于下面的群之一:

(i) 特征为p的Lie型单群;

(ii) $A_5(p=5, k=1)$. $A_6(p=3, k=2)$, $A_9(p=3, k=4)$;

(iii) $L_2(p-1)(p$是$Fermat$素数, $k=1)$, $L_2(8)(p=3, k=2)$, $U_5(2)(p=3, k=5)$.

证明. 若G为散在单群, 则由$|G|$与其素因子幂的比较知$|G| > p^{3k}$, 其中$p^k \parallel |G|$, $p \neq 2$.

若G为交错群, $|G| = \frac{n!}{2}$. 因为$n!$的标准分解石中素因数的指数$k_p = \sum_{i=1}^{\infty} [\frac{n}{p^i}]$, 其中$[x]$记为不大于$x$的最大整数, 故$G$的阶最大的奇Sylow子群为3-群或$|G| = 60$. 于是从$|G| < 3^{3k}(3^k \parallel |G|)$, 即得$n \leqslant 12$, 再由计算知$G$只能为$A_5, A_6, A_9$.

而当G为特征是$r(r \neq p)$的Lie型单群时, 我们逐类进行计算. 如果$G = L_{n+1}(r^m)$, $n \geqslant 1$, 则

$$|G| = \frac{1}{\gcd(n+1, r^m-1)} r^{\frac{1}{2}mn(n+1)} \prod_{i=1}^{n} (r^{m(i+1)} - 1).$$

因为$p^k \parallel |G|$, 即$p^k \parallel \frac{1}{\gcd(n+1, r^m-1)} \prod_{i=1}^{n} (r^{m(i+1)} - 1)$. 当$n \geqslant 2$时有$p^k | (r^{2m} - 1)$ 或$p | \frac{1}{\gcd(n+1, r^m-1)} \prod_{i=1}^{n} (r^{m(i+1)} - 1)$. 如$p^k | (r^{2m} - 1)$, 则由$\gcd(r^m - 1, r^m +$

$1)=1,2$, 矛盾于$|G|<p^{3k}$. 若$p|\frac{1}{\gcd(n+1,r^m-1)}\prod_{i=1}^{n}(r^{m(i+1)}-1)$, 则$p|(r^m-1)$或$p\neq(r^m-1)$, 若$p^s\parallel(r^m-1),s\geqslant 1$, 则$r^{tm}+r^{(t-1)m}+\cdots+r^m+1=t+1(\bmod p)$, $t=1,2,\ldots,n$. 于是推出$k=m+h$, 其中

$$h=\sum_{i=1}^{\infty}[\frac{n+1}{p^i}]<\frac{1}{p-1}(n+1)\leqslant\frac{1}{2}(n+1).$$

由$p^s\leqslant r^m-1$, $p\nmid(r^m+1)$以及$p\nmid(r^{2m}+1)$, 当$n=2,3,4$时, 直接计算G的阶即导出$|G|>p^{3k}$. 当$n\geqslant 5$时, 由$\frac{1}{2}sn(n+1)+s\geqslant 2sn+(n+1)$, 同样导出$|G|>p^{3k}$. 其中上述不等式左边的第二项是由$p\neq(r^m+1)$, $p^s<r^m+1$产生的. 若$p\neq(r^m-1)$, 则由$p\mid|G|$知道存在r的最小幂指数um使得

$$r^{um}\equiv 1(\bmod p)$$

且

$$r^{vm}\not\equiv 1(\bmod p), b<u.$$

设$p^t\parallel(r^{nm}-1)$, 同上面推证一样可得当$n\geqslant 2$时, $|G|>p^{3k}$, 矛盾.

当$n=1$时, $|G|=\frac{1}{\gcd(n+1,r^m-1)}r^m(r^{2m}-1)$, 其中$d=1$或2. 假若$p^k\parallel|G|$且$|G|<p^{3k}$, 则$p^k=r^m+1$或$p^k=r^m-1$, $\gcd(n+1,r^m-1)=2$. 故由p为奇得$r=2$. 再由[73]知$p=3,k=2$ 或$k=1$, p为Fermat素数, 于是$G\cong L_2(8)$或$L_2(p-1)$, p 为Fermat素数.

同理可证G不为$B_n(q)$, $n>1$, $C_n(q)$, $n>2$, $D_n(q)$, $n>3$, $G_2(q)$, $F_4(q)$, $E_6(q)$, $E_7(q)$或$E_8(q)$, 其中$q=r^m,r\neq p$.

若$G=U_{n+1}(r^m),n\geqslant 2$, 则$|G|=\frac{1}{d}r^{\frac{1}{2}mn(n+1)}\prod_{i=1}^{n}(r^{m(i+1)}-(-1)^{i+1})$, 其中$d=\gcd(n+1,r^m+1)$. 由$p^k\parallel|G|$, 可得$p|(r^{xm}-1)$, $x=2,4,\cdots$或$p|(r^{ym}+1),y=3,5,\cdots$. 可设$p^t\parallel(r^m-1)$, 同$L_{n+1}(r^m)$情形一样讨论即可倒出矛盾. 而若$p|(r^m+1)$, 同样设$p^s\parallel(r^m+1),s\geqslant 1$, 则由

$$r^{(x-1)m}-r^{(x-2)m}+r^{(x-2)m}-\ldots+r^m-1\equiv -x(\bmod p),$$

x为偶数以及

$$r^{(y-1)m}-r^{(y-2)m}+r^{(y-2)m}-\ldots-r^m+1\equiv y(\bmod p),$$

y为奇奇数, 推出$k=sn+h$, 其中$h\leqslant\frac{1}{2}(n+1)$. 因为$p^t\leqslant r^m+1$, 得$p^t\leqslant r^m$或$p^t=r^m+1$. 如$p^t\leqslant r^m$, 则由$p^t|(r^m+1)$得$p^t\leqslant\frac{1}{2}(r^m+1)$, 同$L_{n+1}(r^m)$情

形一样讨论即可得到矛盾. 而若 $p^s = r^m + 1$, 则由 p 为奇数得到 $r = 2$, $p = 3$, $m = 3$, $s = 2$; 或 $r = 2$, p 为 Fermat 素数, $s = 1$. 如果 $r = 2$, $p = 3$, 则由

$$2^{\frac{1}{2}mn(n+1)} = 4^{\frac{1}{4}mn(n+1)} > 3^{\frac{1}{4}mn(n+1)}.$$

知当 $m = 3$ 时, $n \geqslant 6$ 有

$$\frac{3}{4}n(n+1) \geqslant 2sn + (n+1), (s = 2)$$

从而 $|G| > 3^{3k}$. 而当 $m = 1$ 时, $n \geqslant 12$ 有

$$\frac{1}{4}n(n+1) \geqslant 2sn + (n+1), (s = 1).$$

从而 $|G| > p^{3k}$. 而当 $m = 1$ 时, $n \geqslant 12$ 有

$$\frac{1}{4}n(n+1) \geqslant 2sn + (n+1), (s = 1)$$

从而 $|G| > 3^{3k}$. 对于 $s = 2$, $n < 6$ 以及 $s = 1$, $n < 12$ 情形, 直接由计算知道 G 只能为 $U_4(2)$ 或 $U_5(2)$. 因为 $U_4(2) \cong S_4(3)$, 可归为特征为 $p = 3$ 的 Lie 型单群. 如果 $r = 2$, $p = 2^m + 1$ 为 Fermat 素数, 则同样由

$$2^{\frac{1}{2}mn(n+1)} = (2^{2m})^{\frac{1}{4}n(n+1)} > p^{\frac{1}{4}n(n+1)}$$

知 $n \geqslant 12$ 时有

$$\frac{1}{4}n(n+1) \geqslant 2sn + (n+1), (s = 1)$$

从而 $|G| > p^{3k}$. 对于 $n < 12$ 情形, 同样由计算可以推出矛盾.

若 $G = {}^2B_2(2^{2m+1})$, $|G| = 2^{4m+2}(2^{2(2m+1)+1})(2^{2m+1} - 1)$. 因 $p^k \parallel |G|$, $|G| < p^{3k}$, $p \neq 2$, 得 $p^k \parallel (2^{2(2m+1)} + 1)$. 但从

$$2^{2(2m+1)+1} = (2^{2m+1} - 2^{m+1})(2^{2m+1} + 2^{m+1} + 1),$$

即推出矛盾.

同理可证 G 不为 ${}^2D_n(q)$, $n > 3$, ${}^3D_4(q)$, ${}^2E_6(q)$, 其中 $q = r^m$, $r \neq p$; 或 ${}^2G_2(3^{2m+1})$, $p \neq 3$; 或 ${}^2F_4(2^{2m+1})$, $m \geqslant 1$. 对于 ${}^2F_4(2)'$ 来说, 结论的成立则是显然的. 容易看出引理中所列出的单群满足所设条件, 即证. □

引理 3.27. 设 G 是有限单群, 若 $2^k \| |G|$, 且 $|G| < 2^{3k}$, 则 G 属于下面的群之一:

(i) 特征为2的 Lie 群或者 $^2F_4(2)'(k=11)$;

(ii) $L_3(r)$, $r = 2^{2t+1}$ 是 Fermat 素数 $(k = 2^t)$ 或者 $r = 2^s - 1$ 是 Mersenne 素数 $(k = s)$;

(iii) $A_6(k=3)$, $U_3(3)(k=5)$, A_8, A_9, M_{12}, $U_3(4)(k=6)$, A_{10}, M_{22}, $J_2(k=7)$, $HS(k=9)$, $M_{24}(k=10)$, $Suz(k=13)$, $Ru(k=14)$, $Fi_{22}(k=17)$, $Co_2(k=18)$, $Co_1(k=21)$ 或者 $B(k=41)$.

证明. 当 $k \leqslant 8$ 时, 由[78] 有 $|G| < 2^{24}$, 则引理成立.

当 $k \geqslant 9$ 时, 分情形进行讨论. 若 G 是散在单群, 则由它的阶与素数幂的比较知 G 为 (iii) 部分中的群. 若 G 为交错单群, 因为 $2^k \| |G|$ 以及 $|G| < 2^{3k}$, 可得 $n \leqslant 19$. 而根据计算知道满足引理条件及 $k \geqslant 9$ 的交错群不存在. 若 G 为 Lie 型单群, 则同如上引理3.26讨论一样可得 G 为 (i)(ii) 中群. 同样容易验证引理中所列出的单群均满足所设条件. □

§3.4.1 交错单群

定理 3.28. 设 G 是有限群, 则 $G \cong A_n$ 的充要条件是

(1) $\pi_e(G) = \pi_e(A_n)$, 并且

(2) $|G| = |A_n|$.

注意该定理最早被 T. Oyama 在文[234]中证明, 后来 K. Koike 在文[163]中用子群格也得到了如上定理. 以下我们使用施武杰和毕建行[266]的证明方法.

对于某些交错群而言, 只需要条件(1)就够了, 比如说 A_5, A_7, A_8, 但是对 A_6 来说则需要把条件(2)也用上, 也就是说条件(2)是定理中刻画所有交错群的必要条件. 事实上, 由于 $\pi_e(G) = \pi_e(A_6) = \{1,2,3,4,5\}$, 我们可以得到 $G \cong A_6$ 或者 $G = N \rtimes Q$, 这里 $Q \cong A_5$, 并且 N 是 $4l$ 阶初等交换2-群.

情形1: $n \leqslant 82$, 对于 $n = 3$ 和 $n = 3$ 是平凡的, 因为12阶群只有5种互不同构的群, 故很容易验证 $n = 4$ 是满足的. 在[40]中已经证明了 $n = 5, 6, 7, 8, 9, 10$ 都是正确的, 下面我们考虑 $11 \leqslant n \leqslant 82$ 的情形.

引理 3.29. 当 $n \geqslant 5$ 时, G_n 是非可解的.

证明. 我们只需要考虑 $n \geqslant 11$ 的情况. 因为 $|G_n| = |A_n| = \frac{1}{2}(n!) = q_1^{\alpha_1} q_2^{\alpha_2} \cdots q_k^{\alpha_k}$, 其中 q_i 是第 i 个素因子, $q_k = r_n$, $\alpha_1 = \sum\limits_{s=1}^{\infty} [\frac{n}{2s}] - 1$ 并且 $\alpha_i = \sum\limits_{s=1}^{\infty} [\frac{n}{q_i^s}]$, $1 < i \leqslant k$. 因为当 $n \geqslant 11$ 时, $\pi(n) - \pi(n/2) \geqslant 2$ [250], $\alpha_{k-1} = \alpha_k = 1$. 如果 G_n 是可解的, 则 G_n 有 $q_{k-1} q_k$ 阶子群满足 $\pi_e(S) = 1, q_{k-1}, q_k$ ($q_{k-1} + q_k > n, q_{k-1} \cdot q_k \notin \pi_e(A_n)$). 但这与 $\frac{n}{2} < q_{k-1} < q_k \leqslant n, q_{k-1} \nmid q_k - 1$ 矛盾. 因此 $n \geqslant 5$ 时, G_n 是非可解的.

为了方便起见, 下面我们记 $t_n(1) = \prod\limits_{\frac{n}{2} < p_1 \leqslant n} p_1$, $t_n(2) = \prod\limits_{\frac{n}{3} < p_2 \leqslant \frac{n}{2}} p_2^2$, $t_n(1), \ldots, t_n(k) = \prod\limits_{i=1}^{k} (\prod\limits_{\frac{n}{i+1} < p_i \leqslant \frac{n}{i}} p_i)^i$, 若在 $\frac{n}{j+1}$ 与 $\frac{n}{j}$ 之间没有素数的话我们就定义 $p_j = 1$. $\square$

引理 3.30. 若 $n \geqslant 11$, 则 G_n 有一个正规群列 $G_n \geqslant H > N \geqslant 1$, 这里 H/N 是单群且 $t_n(1) \mid |H/N|$. 进一步, 若 $n \geqslant 46$, 则 $t_n(3) \mid |H/N|$.

证明. 设 $G_n = N_m > \ldots > N_1 > N_0 = 1$ 是 G_n 的主群列. 假定 p_1 是 $t_n(1)$ 的素因子. 因为 $p_1 \| |G_n|$, 所以我们可以假设 $p_1 \| |N_{i+1}/N_i|$ 并且 $p_1 \nmid |N_i|$. 进一步, 我们可以假设 $p_1' \nmid |N_i|$, $\forall p_1' \| t_n(1)$. 让 $N_{i+1} = H$, $N_i = N$, 则 H/N 是非交换的单群. 若不然, H/N 的阶为 p_1, 这是因为 H/N 是同构单群的直积且 $p_1 \| |H/N|$. 考虑 H/N 在 G_n/N 中的中心化子, 我们有 $\frac{G_n/N}{C_{G_n/N}(H/N)} \cong (Z_{p_1-1}$ 的一个子群).

当 $n \geqslant 11$ 时, 存在另外一个素数 p_1' 整除 $t_n(1)$ ($p_1' \neq p_1$). 因为 $p_1' \nmid p_1 - 1$ 且 $p_1' \notin \pi(N)$, $p_1' \in \pi(C_{G_n/N}(H/N))$. 但这与 $p_1' p_1 \notin \pi_e(G_n)$ 和 $\pi_e(G_n) = \pi_e(A_n)$ ($p_1' + p_1 > n$) 矛盾. 故 H/N 是非交换的单群. 如果存在 $p_1' \notin \pi(H/N)$, $p_1' | t_n(1)$, 则 $p_1' \in (G_n/N)$. 由 Frattini 论断有 $G_n = N_{G_n}(p_1^*) H$, 其中 $p_1^* \in Syl_{p_1} H$. 而 G_n 有 $p_1' p_1$ 阶子群, 矛盾. 故 $t_n(1) \mid |H/N|$.

若 $n \geqslant 46$, 则存在两个不同的素数 q_1, q_2, 使得 $\frac{3n}{4} < q_2 < q_1 \leqslant n$. 事实上, 由 [250], 有

$$\frac{n}{\log n - \frac{1}{2}} < \pi(n) < \frac{n}{\log n - \frac{3}{2}}, \quad n \geqslant 67$$

因此$\pi(n) - \pi(3n/4) > \frac{n}{\log n - \frac{1}{2}} - \frac{3n/4}{\log(3n/4) - \frac{3}{2}}$. 当$n \geqslant 405$, 通过计算我们可以得到$\pi(n) - \pi(3n/4) > 1$. 然而$46 < n \leqslant 405$时, 通过检验素数的个数, 从表3.14我们立即可以得到一个矛盾. 设$\frac{n}{4} < p \leqslant \frac{n}{2}$, 若$p \nmid |H/N|$, 则$p \mid |G_n/N|$ 或者$p \mid |N|$; 若$p \mid |H/N|$, 根据上面一样我们可以得到G_n 有pq_i 阶子群, $i = 1, 2$. 因为$p + q_i > n$, $q_i \equiv 1 \pmod{p}$. 故由$q_1 \equiv q_2 \pmod{p}$可以推出$q_1 = q_2$, 矛盾. 若$p \mid |N|$, 则$p^j \parallel |N|$, $j = 1, 2, 3$. 类似地, 由Frattini论断, 我们可以得到G_n 有$q_i p^i$ 阶子群. 而这个子群没有$q_i p$阶元. 它是可解的, 每个元的阶都是素数幂. 由[287], 有$q_i \mid p^j - 1$, $i = 1, 2, j \leqslant 3$. 故$q_1 q_2 \mid p^j - 1$. 但是$q_1 > q_2 > p + 1, q_1 q_2 > p^2 + p + 1$, 矛盾. 所以当$n \geqslant 46$时, $t_n(3) \mid |H/N|$.

由引理3.30及比较$|G_n|$和这些单群的阶, 我们可以列出所有对G_n可能的H/N, 其中$11 < n \leqslant 22$. □

表3.14: $n \leqslant 22$时的单因子

G_n	$t_n(1)$	所有可能的H/N
G_{11}	$7 \cdot 11$	A_{11}, M_{22}
G_{12}	$7 \cdot 11$	A_{11}, A_{12}, M_{22}
G_{13}	$7 \cdot 11 \cdot 13$	A_{13}
G_{14}	$11 \cdot 13$	A_{13}, A_{14}
G_{15}	$11 \cdot 13$	A_{13}, A_{14}, A_{15}
G_{16}	$11 \cdot 13$	$A_{13}, A_{14}, A_{15}, A_{16}$
G_{17}	$11 \cdot 13 \cdot 17$	A_{17}
G_{18}	$11 \cdot 13 \cdot 17$	A_{17}, A_{18}
G_{19}	$11 \cdot 13 \cdot 17 \cdot 19$	A_{19}
G_{20}	$11 \cdot 13 \cdot 17 \cdot 19$	A_{19}, A_{20}
G_{21}	$11 \cdot 13 \cdot 17 \cdot 19$	A_{19}, A_{20}, A_{21}
G_{22}	$13 \cdot 17 \cdot 19$	$A_{19}, A_{20}, A_{21}, A_{22}$

定理 3.31. 当$n \leqslant 22$时, $G_n \cong A_n$.

证明. 我们只需要证明$11 \leqslant n \leqslant 22$ 的情况. 由引理3.30, G_n 有正规的群列$G_n \geqslant H > N \geqslant 1$, 这里$H/N$ 是表3.14中的单群. 设$\overline{H} = H/N$, $\overline{G}_n = G_n/N$. 因为$\overline{H} \lhd \overline{G}_n$, $\overline{G}_n/C_{\overline{G}_n}(\overline{H}) \cong (Aut(\overline{H})$ 的一个子群$)$. 又因为$C_{\overline{G}_n}(\overline{H}) \bigcap \overline{H} = 1$, 故$\overline{G}_n/C_{\overline{G}_n}(\overline{H}) \geqslant \overline{H}/C_{\overline{G}_n}(\overline{H}) \bigcap \overline{H} \cong \overline{H}$ 由$|Aut(\overline{H})| = 2 \cdot |H|$, $\overline{H}$ 为表3.14中的H/N, 有$G_n/C^* \cong \overline{H}$ 或$Aut(\overline{H})$, 这里C^* 是$C_{\overline{G}_n}(\overline{H})$ 在G_n中的原象. 因此通过计算以及表3.14我们得到$A_n \cong G_n$. □

为了证明$23 \leqslant n \leqslant 82$, 我们先证明下面的引理.

引理 3.32. 设$p = 2,3,5$或7. 若$23 \mid p^m - 1$, 则$p^m - 1$ 有素因子s, $s > 82$.

证明. 若$p^m \equiv 1 (\mathrm{mod}\ 23)$, 则$m \mid \varphi(23)$ 或$m = k \cdot \varphi(23)$. 因为$\varphi(23) = 22$, 且$p^2 \not\equiv 1 (\mathrm{mod}\ 23)$, $m = 11t$, 但$2^{11} - 1 = 23 \cdot 89$, $3^{11} - 1 = 2 \cdot 23 \cdot 3851$, $5^{11} + 1 = 2 \cdot 3 \cdot 23 \cdot 5281$. 并且$7^{11} + 1 = 2^3 \cdot 23 \cdot 10746341$, 10746341是素数. 所以结论正确. 进一步, 可以得到$23 \mid 2^m + 1$, $23 \nmid 3^m + 1$. □

引理 3.33. 设p是素数, 则$p^{8k} + p^{4k} + 1 \not\equiv 0 (\mathrm{mod}\ 23)$.

证明. 因为$p^{8k} + p^{4k} + 1 = p^{4k}(p^{4k} + 1) + 1$, 我们可以假定$p^{4k} \equiv h(\mathrm{mod}\ 23)$, $h = 0,1,2,\ldots,22$, 通过计算立即得出结论. 显然p 还可以是任意整数. □

引理 3.34. 在引理3.30中, 若$23 \leqslant n \leqslant 82$, 则$H/N$ 不是Lie型单群.

证明. 若$23 \leqslant n \leqslant 45$, 则由$t_n(1) \mid |H/N|$, 有$23 \mid |H/N|$. 若$46 \leqslant n \leqslant 82$, 则由引理3.30有$t_n(3) \mid |H/N|$, 同样有$23 \mid |H/N|$. 设$\overline{H} = H/N$ 是特征为r的Lie型单群, 显然有$r < 82$. 若$r \leqslant 7$, 则由[112]Lie型单群的阶及引理3.32, 引理3.33, 存在一个素数p整除$|\overline{H}|$ 且$p > 82$, 这与$A_n = G_n$ 矛盾. 若$7 < r < 82$, $r \neq 23, 47$, 则由$23 \mid |\overline{H}|$ 有$r^m \equiv 1 (\mathrm{mod}\ 23)$ 或$r^m \equiv -1 (\mathrm{mod}\ 23)$. 因为$r^2 \not\equiv 1 (\mathrm{mod}\ 23)$, $11|m$, 所以$r^{11} \mid |\overline{H}|$, 这与$r^{11} \nmid |A_n|$, $r \geqslant 11$ 且$n \leqslant 82$ 矛盾. 若$r = 23$, 则由$23^4 \nmid |A_n|$, $n \leqslant 82$, 我们可以得到$\overline{H}$ 只可能是$L_2(23)$, $L_3(23)$, $^2A_2(23)$. 当$23 \leqslant n \leqslant 82$ 时, 因为$19 \mid t_n(1)$, 由引理3.30有$19 \mid |\overline{H}|$, 但$19 \nmid |L_2(23)|$, $19 \nmid |L_3(23)|$, $19 \nmid |^2A_2(23)|$, 矛盾. 如果$r = 47$, 则由$47^2 \nmid |A_n|$, $n \leqslant 82$, 得到$\overline{H}$ 只能是$L_2(47)$, 同样得出矛盾. □

定理 3.35. 当$23 \leqslant n \leqslant 82$时, $G_n \cong A_n$.

证明. 由引理3.30, G_n 有一个正规群列 $G_n \geqslant H > N \geqslant 1$, 这里 $\overline{H} = H/N$ 是单的且 $t_n(1 \mid |\overline{H}|)$. 由引理3.34知 $\overline{H}$ 不是Lie型单群, 又由 $t_n(1) \mid |\overline{H}|$ 知 $\overline{H}$ 不是散在单群, 所以 $\overline{H}$ 只能是 A_m, $r_n \leqslant m \leqslant n$. 现在我们在两种情形下证明 $\overline{H} \cong A_n$. 首先, 因为 $\overline{H} \lhd \overline{G}_n$ 且 $C_{\overline{G}_n}(\overline{H}) \bigcap \overline{H} = 1$, 所以 $G_n/C^* \cong A_m$ 或者 $Sym(m)$, $r_n \leqslant m \leqslant n$. 当 $23 \leqslant n \leqslant 45$ 时, 通过计算知 $G_n/C^* \cong A_n$, 即 $G_n \cong A_n$. 例如: $n = 27$, 有 $G_{27}/C^* \cong A_{27}, \Sigma_{26}, A_{26}, \Sigma_{25}, A_{25}, \Sigma_{24}, A_{24}, \Sigma_{23}$ 或 A_{23}. 如果 $G_{27}/C^* \not\cong A_{27}$, 则由 $3 \cdot 5 \cdot 19 \in \pi_e(G_{27}) = \pi_e(A_{27})$ $(27 = 3 + 5 + 19)$ 且 $3 \cdot 5 \cdot 29 \notin \pi_e(Sym(m))$, $m \leqslant 26$, 可得 $3 \mid |C^*|$, 或者 $5 \mid |C^*|$ 或者 $19 \mid |C^*|$. 显然, 通过比较阶知 $19 \nmid |C^*|$. 如果 $5 \mid |C^*|$, 则由Frattini论断有 $G_{27} = N_{G_{27}}(P_5)C^*$. $P_5 \in Syl_5C^*$. 因为 $23 \in \pi(N_{G_{27}}(P_5))$, 且 $5^3 \nmid |P_5|$, 则 G_{27} 有 $23 \cdot 5^l$ $(l = 1, 2)$ 阶子群 L 且 $P_5 \lhd L$, $|p_5| = 5^l$. 然而 $5 \cdot 23 \notin \pi_e(G_{27})$, 这是不可能的. 同样地, 我们可以证明 $13 \nmid |C^*|$. 所以 C^* 只能是3-群且 $G_{27}/C^* \cong A_{26}$. 但是, $8 \cdot 17 \in \pi_e(G_{27})$ $(27 = 2 + 8 + 17)$ 且 $8 \cdot 17 \notin \pi_e(A_{26})$. 矛盾. 故 $G_{27}/C^* \cong A_{27}$, $G_{27} \cong A_{27}$. 当 $46 \leqslant n \leqslant 82$ 时, 我们可以验证 n 是大于等于11的不同的素数的和[114]. 设 $n = p_1 + p_2 + p_3 + \cdots + p_k$. 则有 $p_1 p_2 \cdots p_k \in \pi_e(A_n)$ 且 $p_1 p_2 \cdots p_k \notin \pi_e(Sym(m))$, $r_n \leqslant m < n$, 因为当 $46 \leqslant n \leqslant 82$ 时, $n - r_n < 11 \leqslant p_i$ 且 $p_i^2 \nmid |A_n|$, 于是, $p_i \cdot r_n \notin \pi_e(G_n)$ 且 $p_i^2 \nmid |C^*|$. 又因为 $C^* \lhd G_n$, $G_n = N_{G_n}(P_i)C^*$, $P_i \in Syl_{p_i}C^*$, 所以 G_n 有 $r_n \cdot p_i$ 阶子群, 且 $P_i \lhd L$, 矛盾. 所以 $G_n/C^* \cong A_n$ 且 $G_n \cong A_n$. 证毕. $\square$

情形 2: $n \geqslant 83$

引理 3.36. 在引理2.3中, 若 $n \geqslant 83$, 则 $t_n(6) \mid |H/N|$.

证明. 若 $n \geqslant 83$, 则存在两个不同的素数 q_1, q_2 使得 $\frac{6n}{7} < q_2 < q_1 \leqslant n$. 事实上, 由[250], 我们有 $\pi(n) - \pi(\frac{6n}{7}) > \frac{n}{\log n - \frac{1}{2}} - \frac{\frac{6n}{7}}{\log(\frac{6n}{7}) - \frac{3}{2}}$. 当 $n \geqslant 10000$, 由计算知 $\pi(n) - \pi(\frac{6n}{7}) > 1$. 然而 $83 \leqslant n < 10000$, 由素数表[255], 立得到结论. 设 $\frac{n}{7} < p \leqslant \frac{n}{2}$, p 是素数. 若 $p \nmid |H/N|$, 则 $p \mid |G_n/H|$ 或 $p \mid |N|$. 若 $p \mid |G_n/H|$, 则和上面一样, 由于 G_n 有 pq_i 阶子群且 $pq_i \notin \pi_e(G_n)$, $i = 1, 2$, 我们可以得到 $q_1 = q_2$. 矛盾. 若 $p \mid |N|$, 则由 $N \lhd H$, 有 $H = N_H(P)$, $P \in Syl_pN$. 设 $C_p = \Omega_1(Z(P))$, $C_p \neq 1$, 且 $C_p \lhd N_H(P)$, 则 C_p 是初等交换的. 进一步, 我们有 $H = N_H(C_p)N$, 因为 $t_n(1) \mid |H/N|$, $t_n(1) \mid |N_H(C_p)|$. 又因为 $pr_n \notin \pi_e(G_n)(p + r_n > n)$, 则 $r_n \nmid |C_H(C_p)|$. 重复引理3.30里的步骤,

我们可得 $t_n(1) \mid |N_H(C_p)/C_H(C_p)|$. 因为$N_H(C_p)/C_H(C_p) \cong (Aut(C_p)$的一个子群), 且$|C_p| = p^k$, $k \leqslant 6$, 则$t_n(1) \mid \prod\limits_{i=1}^{6}(p^i - 1)$. 因为$p \leqslant \frac{n}{2}$, 则在$\prod\limits_{i=1}^{6}(p^i - 1)$里面至少存在6个大于$\frac{n}{2}$的不同的素数. 但是由[250],当$n \geqslant 200$ 时, $\pi(n) - \pi(\frac{n}{2}) \geqslant 7$, 而要在表3.14 中成立时, $83 \leqslant n < 200$, 这是矛盾的. 所以$t_n(6) \mid |H/N|$. $\qquad\square$

引理 3.37. 若$n \geqslant 83$, 则$t_n(6) > (3 \cdot 27)^n$.

证明. 若$83 \leqslant n < 402$, 则由计算立即得结论. 若$n \geqslant 402$, 则由[250]我们有$\frac{n}{\log n - \frac{1}{2}} < \pi(\frac{n}{i})$, $i = 1, 2, \ldots, 6$, 且$\pi(\frac{n}{7}) < 1.25506\frac{\frac{n}{7}}{\log(\frac{n}{7})}$. 故

$$\log t_n(6) = \sum_{n/2 < p_1 \leqslant n} \log p_1 + 2\sum_{n/3 < p_2 \leqslant n/2} \log p_2 + \cdots + 6\sum_{n/7 < p_6 \leqslant n/6} \log p_6$$

$$> (\pi(n) - \pi(\tfrac{n}{2}))\log\tfrac{n}{2} + 2(\pi(\tfrac{n}{2}) - \pi(\tfrac{n}{3}))\log\tfrac{n}{3} + \cdots + 6(\pi(\tfrac{n}{6}) - \pi(\tfrac{n}{7}))\log\tfrac{n}{7}$$

$$= \pi(n)\log\tfrac{n}{2} + \pi(\tfrac{n}{2})(2\log\tfrac{n}{3} - \log\tfrac{n}{2}) + \cdots \pi(\tfrac{n}{6})(6\log\tfrac{n}{7} - 5\log\tfrac{n}{6}) - 6\pi(\tfrac{n}{7})\log(\tfrac{n}{7})$$

$$> \frac{n}{\log n - \frac{1}{2}}\log\frac{n}{2} + \frac{\frac{n}{2}}{\log\frac{n}{2} - \frac{1}{2}}\log(\frac{2n}{3^2}) + \cdots + \frac{\frac{n}{6}}{\log\frac{n}{6} - \frac{1}{2}}\log(\frac{6^5 n}{7^6}) - 6 \cdot 1.25506 \cdot \frac{n}{7}$$

$$= n(1 - \frac{\log 2 - \frac{1}{2}}{\log n - \frac{1}{2}}) + \frac{n}{2}(1 - \frac{\log(\frac{3}{2})^2 - \frac{1}{2}}{\log(\frac{n}{2}) - \frac{1}{2}}) + \cdots + \frac{n}{6}(1 - \frac{\log(\frac{7}{6})^6 - \frac{1}{2}}{\log(\frac{n}{6}) - \frac{1}{2}}) - 1.25506 \cdot \frac{6n}{7}$$

$$= (\sum_{i=1}^{6}\frac{1}{i} - \sum_{i=1}^{6}\frac{\log(\frac{i+1}{i}) - \frac{1}{2i}}{\log(\frac{n}{i}) - \frac{1}{2}} - 1.25506 \cdot \frac{6}{7}) \cdot n > (2.45 - 0.1890 - 1.0758) \cdot n$$

$$= 1.1852n.$$

故$t_n(6) > e^{1.1852n} > (3.27)^n$. $\qquad\square$

引理 3.38. 设G 是特征为p 的Lie型单群, 若$p^k \parallel |G|$, 则$|G| < p^{3k}$, 且如果$G \not\cong L_2(q)$, $q = p^k$, 则$|G| < p^{\frac{8}{3}k}$.

证明. 由引理3.26立得结论. $\qquad\square$

引理 3.39. 若$n \geqslant 83$, 则G_n存在正规子群C^* 使得$G_n/C^* \cong A_m$ 或$Sym(m)$, $r_n \leqslant m \leqslant n$.

证明. 由引理3.36知, G_n 有正规群列$G_n \geqslant H > N \geqslant 1$, H/N是单群且$t_n(6) \mid |H/N|$. 显然H/N不与任何一个散在单群或$^2F_4(2)'$ 同构. 现在我们证明$\overline{H} = H/N$ 不是Lie型单群. 假设$\overline{H}$ 是特征为p的Lie型单群, 则$p \leqslant \frac{n}{7}$. 若不然, 设$\frac{n}{2} < p \leqslant n$, 对于$n \geqslant 83$, 由$\pi(n) - \pi(\frac{n}{2}) \geqslant 7$有$t_n(1) > (\pi(n) - \pi(\frac{n}{2}))(\frac{n}{2}) > (\frac{n}{2})^4$ [250], 所以$t_n(1) > n^3 > p^3$. 如果$\frac{n}{k+1} < p \leqslant \frac{n}{k}$, $k = 2, 3$, 则由$p^k \parallel |\overline{H}|$ 得$|\overline{H}| < p^{3k}$. 因此$|\overline{H}|/p^k < p^{2k} \leqslant p^6 \leqslant (\frac{n}{2})^6 < t_n(1)$且$|\overline{H}| < p^k t_n(1) < t_n(6)$, 这与$t_n(6) \mid |\overline{H}|$矛盾. 若$\frac{n}{1+k} < p \leqslant \frac{n}{k}$, $k = 4, 5, 6$, 则$||\overline{H}|/p^k < p^{2k} \leqslant p^{12} \leqslant (\frac{n}{4})^{12} < t_n(3)$, 类似地, 可以得到矛盾(对于$n \geqslant 83$, 有$\pi(\frac{n}{2}) - \pi(\frac{n}{3}) \geqslant 1$, 且$\pi(\frac{n}{3}) - \pi(\frac{n}{4}) \geqslant 1$).

假设$p^l \parallel |H|$, 若$p \geqslant 3$, 则由引理3.37, 3.38, 有

$$(3.27)^n < t_n(6) \leqslant |\overline{H}|/p^l < p^{2l} \leqslant (p^{\sum_{s=1}^{\infty}[\frac{n}{p^s}]})^2 < (p^{\sum_{s=1}^{\infty}\frac{n}{p^s}})^2$$

$$= (p^{\frac{n}{p-1}})^2 = (p^{\frac{2}{p-1}})^n \leqslant (3^{\frac{2}{3-1}})^n = 3^n,$$

矛盾. 若$p = 2$ 且$\overline{H} \ncong L_2(2^l)$, 则

$$(3.27)^n < t_n(6) \leqslant |\overline{H}|/2^l < 2^{\frac{5l}{3}} \leqslant (2^{\sum_{s=1}^{\infty}[\frac{n}{2^s}]})^{\frac{5}{3}} < (2^n)^{\frac{5}{3}} = 2^{\frac{5n}{3}},$$

这与$2^{5/3} < 3.27$矛盾. 若$\overline{H} \cong L_2(2^l)$, 则$\overline{H}$ 含有$2^l + 1, 2^l - 1$ 阶的极大循环子群, 故$\overline{H}$ 至少包含两个大于$\frac{n}{2}$ 的素因子, 这与$\pi(n) - \pi(\frac{n}{2}) \geqslant 7$, $(n \geqslant 83)$矛盾. 所以$\overline{H}$ 只能与A_m 同构, 这里$r_n \leqslant m \leqslant n$. 设$G_n/N = \overline{G}_n$, 因为$\overline{H} \lhd \overline{G}_n$ 且$C_{\overline{G}_n}(\overline{H}) \bigcap \overline{H} = 1$, 故有$G_n/C^* \cong A_m$ 或$Sym(m)$, $r_n \leqslant m \leqslant n$, 跟定理一样, C^* 是$C_{\overline{G}_n}(\overline{H})$ 在$\overline{G}_n$ 中的原象. $\qquad \square$

引理 3.40. 若$n \geqslant 76$, 则n可以表示成大于17的不同的素数的和.

证明. 易验证$76 \leqslant n \leqslant 175$时, 结论正确. 假定结论对$m$ 是正确的, $175 \leqslant m < n$, 我们证明结论对n也正确, $n \geqslant 176$. 由$\frac{7}{12}n > 83$, 有$\pi(\frac{7}{12}n) - \pi(\frac{6}{7}(\frac{7}{12}n)) > 1$(参考引理3.36). 故存在素数$p$, $\frac{n}{2} < p \leqslant [\frac{7}{12}n] - 2$, 所以$\frac{n}{2} > n - p \geqslant n - ([\frac{7}{12}n] - 2) \geqslant \frac{5}{12}n + 2 > 75$. 而由假设知, 存在互不相同的素数$p_1, p_2, \ldots, p_k$ 使得$n - p = p_1 + p_2 + \cdots + p_k$. 由于$p > \frac{n}{2}$, 显然$p \neq p_i$, $i = 1, 2, \ldots, k$, 故$n = p + p_1 + p_2 + \cdots + p_k$, 证毕. $\qquad \square$

定理 3.41. 当 $n \geqslant 83$ 时, $G_n \cong A_n$.

证明. 由引理3.39知 $G_n/C^* \cong A_m$ 或 Σ_m, $r_n \leqslant m \leqslant n$. 若 $m \neq n$, 那么我们将导出一个矛盾. 设 q 是 $n!/m!$ 的最大素因子, 则有

(a) $q \geqslant 17$ 且 $q \geqslant n - m + 3$.

由引理3.40, 存在素数 p_i, $p_1 > p_2 > \ldots > p_k \geqslant 17$, 使得当 $n \geqslant 83$ 时, $n = p_1 + p_2 + \ldots + p_k$. 但 $Sym(m)$, A_m ($m < n$) 都没有 $p_1 p_1 \cdots p_k$ 阶元, 而 A_n 有 $p_1 p_1 \cdots p_k$ 阶元, 故有 $p_i \mid |C^*|$, $1 \leqslant i \leqslant k$, 所以 $q \geqslant p_i \geqslant 17$. 当 $n - m \geqslant 15$, 且 $q \leqslant n - m + 2$ 时, 有

$$n!/m! = \prod_{p \leqslant n-m+2} p^{\sum_{i=1}^{[\log_p n]} ([\frac{n}{p^i}] - [\frac{m}{p^i}])}$$

$$\leqslant \prod_{p \leqslant n-m+2} p^{\sum_{i=1}^{[\log_p n]} ([\frac{n-m}{p^i}] + 1)}$$

$$= \prod_{p \leqslant n-m+2} p^{\sum_{i=1}^{[\log_p n]} [\frac{n-m}{p^i}] \cdot p^{[\log_p n]}}$$

$$\leqslant n^{\pi(n-m+2)} (n-m)!$$

由Stirling公式[272], 有

$$n!/m! < n^{\pi(n-m+2)} \sqrt{2\pi(n-m)} (\frac{n-m}{e})^{n-m} \cdot e^{\frac{1}{12(n-m)}}$$

$$= n^{\pi(n-m+2)} ((n-m)e^h)^{n-m},$$

这里 $h = \frac{log(2\pi(n-m))}{2(n-m)} + \frac{1}{12(n-m)^2} - 1 \leqslant \frac{\log 30\pi}{30} + \frac{1}{12 \cdot 15^2} - 1 < -\frac{4}{5}$. 若 $(n-m+2)e^{-0.8} \leqslant \sqrt{n}/2$, 因为 $n - m \geqslant 15$ 时, $\pi(n-m+2) \leqslant \frac{1}{2}(n-m)$, 有

$$n!/m! < n^{\frac{1}{2}(n-m)} (\frac{\sqrt{n}}{2})^{n-m} = (\frac{n}{2})^{n-m} < r_n^{n-m} < n!/m!.$$

这显然矛盾. 若 $(n-m+2)e^{-0.8} > \sqrt{n}/2$, 则

$$n - m > \frac{\sqrt{n}}{2} \cdot e^{0.8} - 2 = \sqrt{n} + (e^{0.8}/2 - 1)\sqrt{n} - 2 > [\sqrt{n}] - 1.$$

所以$n - r_n \geqslant n - m \geqslant [\sqrt{n}]$. 又因为$n - r_n \geqslant 15$, 由素数个数知$n \geqslant 900$ (尽管$540 - 523 = 17$, 而$17 \not\geqslant [\sqrt{540}]$). $n - m \geqslant 30$ 且$h < -0.912$. 因为

$$n^{\pi(n-m+2)} < e^{\log n \cdot 1.25506 \cdot \frac{n-m+2}{\log(n-m+2)}} < e^{\log n \cdot 1.25506 \cdot \frac{n-m+2}{\log \sqrt{n}}}$$

$$= e^{2.51012(n-m+2)} \leqslant e^{2.51012 \cdot \frac{32}{30}(n-m)} < e^{2.678(n-m)},$$

所以

$$n!/m! < e^{2.678(n-m)}((n-m) \cdot e^{-0.912})^{n-m} < (6(n-m))^{n-m}$$

$$< (6(\frac{7}{6}r_n - r_n))^{n-m}(\pi(n) - \pi(\frac{6}{7}n) > 1), n \geqslant 83$$

$$= r_n^{n-m}.$$

这与$r_n^{n-m} < n!/m!$ 矛盾, 故结论(a) 正确.

(b) 若A_m 有t 阶元(t 是q 的素因子), 则G_n 有tq 阶元. 不失一般性, 我们假设$G_n/C^* \cong A_m$, 则$G_n = N_{G_n}(C_q)C^*$, 因为$N_{G_n}(C_q)/N_{C^*}(C_q) = N_{G_n}(C_q)N_{G_n}(C_q) \bigcap C^* \cong G_n/C^* \cong A_m$ 且$C_{G_n}(C_q)N_{C^*}(C_q) \lhd N_{G_n}(C_q)$, 则$C_{G_n}(C_q)N_{C^*}(C_q) = N_{C^*}(C_q)$ 或$N_{G_n}(C_q)$. 若$C_{G_n}(C_q)N_{C^*}(C_q) = N_{G_n}(C_q)$, 则我们有$C_{G_n}(C_q)C_{C^*}(C_q) = C_{G_n}(C_q)/N_{C^*}(C_q) \bigcap C_{G_n}(C_q) \cong C_{G_n}(C_q)N_{C^*}(C_q)/N_{C^*}(C_q) \cong A_m$.

因为A_m 有t 阶元, $C_{G_n}(C_q)$ 有tq阶元. 若$C_{G_n}(C_q)N_{C^*}(C_q) = N_{C^*}(C_q)$, 则$|A_m| = |N_{G_n}(C_q)/N_{C^*}(C_q)| \leqslant |N_{G_n}(C_q)/C_{G_n}(C_q)| \leqslant |AutC_q|$. 设$|C_q| = q^k$, 有$|A_m| \leqslant |AutC_q| = \prod_{i=0}^{k-1}(q^k - q^i) < q^{k^2}$. 而$k \leqslant \prod_{i=1}^{[\log_q n]}([\frac{n}{q^i}] - [\frac{m}{q^i}]) \leqslant$ $\prod_{i=1}^{[\log_q n]}([\frac{n-m}{q^i}] + 1) \leqslant \prod_{i=1}^{[\log_q n]}([\frac{q-3}{q^i}] + 1) \leqslant \log_q n$, 则我们$k^2 \leqslant (\log_q n)^2 \leqslant (\log_{17} n)^2 < n/4$. 同样, 由Stirling公式有$2(\frac{m}{e})^m < m! < 2q^{k^2} < 2q^{n/4} < 2r_n^{r_n/2} \leqslant 2m^{m/2}$, 故$m > (\frac{m}{e})^2 = m \cdot \frac{m}{e^2} \geqslant m \cdot \frac{83}{e^2} > m$, 矛盾. (b) 得证.

最后我们来导出矛盾. 首先, 我们让$p_1 = r_m$. 且如果$m - p_1 > 2$, 我们就让$p_2 = r_m - p_1, \ldots$, 则总存在这些素数$p_1 > p_2 > \ldots > p_k$ 使得$m-2 \leqslant p_1 + p_2 + \cdots + p_k \leqslant m$. 若$q \neq p_i, i = 1, 2, \ldots, k$, 则从$A_m$有$p_1 p_2 \ldots p_k$ 阶元事实出发, 由(b), 我们可以得到G_n 有$p_1 p_2 \ldots p_k q$阶元. 同样, 由(a) 有$p_1 + p_2 + \ldots + p_k + q \geqslant (m-2) + (n-m+3) > n$, 这与$p_1 p_2 \cdots p_k q \notin \pi_e(A_n)$ 矛盾. 若$p_i = q$, 设$p_1 + p_2 + \ldots + p_{i-1} = l$, 则由$p_i = r_{m-1}$, 有$2p_i > m - l \geqslant$

$p_i = q \geqslant 17$. 因为 $\pi(m-l) - \pi(\frac{1}{2}(m-l)) > 1$, 则存在另外一个素数 p_i', $m-l > p_i' > \frac{1}{2}(m-l)$ 且 $p_i' < p_i$. 若 $p_1 + p_2 + \ldots + p_{i-1} + p_i' \geqslant m-2$, 类似地, 我们同样可以得到矛盾. 若不然, 假定 $m' = m - (p_1 + p_2 + \ldots + p_{i-1} + p_i') < \frac{1}{2}(m-l)$. 我们又让 $q_1 = r_{m'}$, $q_2 = r_{m'-q_1}, \ldots, q_s = r_{m'-(q_1+q_2+\ldots+q_{s-1})}$, 使得 $m'-2 \leqslant q_1+q_2+\ldots+q_s \leqslant m'$, 所以 $p_1 > p_2 > \ldots > p_i' > q_1 > q_2 > \ldots > q_s$ 且 $m-2 \leqslant p_1+p_2+\ldots+p_{i-1}+p_i'+q_1+q_2+\ldots+q_s \leqslant m$. 进一步, $q_i \neq p$, $i = 1,2,\cdots,s$, 跟上面一样, 我们可以得到矛盾. 证毕.　□

§3.4.2　线性单群

引理 3.42. 设 $a,b \in L_n(q)$, $q = p^m$, $n \geqslant 4$, $|a| = p$ 且 $ab = ba$, 则 $\pi(|b|) \subseteq \pi(SL_{n-2}(q))$.

证明. 若 q 是奇数, 则结论可以由文[301]得到, 若 q 是偶数, 则结论可以由文[13]中(4.3)立即得到. 这也可以用矩阵 $SL(n,q)$ 验证.　□

引理 3.43. 设 G 是有限单群. 若 $p^k \,\|\, |G|$, p 是奇素数, $k \geqslant 5$, 且 $|G| < p^{3k}$, 则 G 是一个特征为 p 的 Lie 型单群.

证明. 直接由引理3.26得到.　□

引理 3.44. 设 G 是有限单群. 若 $2^k \,\|\, |G|$, $k \geqslant 9$, 且 $|G| < 2^{3k}$, 则 G 是下面的群:

(i) 特征为2的 Lie 型群;

(ii) $L_2(r)$, r 是 $Fermat$ 或者 $Mersenne$ 素数;

(iii) $M_{24}, HS, Suz, Ru, Co_2, Co_1, Fi_{22}, B$;或

(iv) ${}^2F_4(2)'$.

证明. 由引理3.27直接得到.　□

引理 3.45. 若 $2^k \,\|\, |L_n(q)|$, q 是奇数, $n \geqslant 4$ 且 $k \geqslant 8$, 则 $2^k < q^{\frac{1}{2}n(n-2)}$.

证明. 因为

$$|L_n(q)| = \frac{1}{d} q^{\frac{1}{2}n(n-1)} (q^2-1)(q^3-1)\ldots(q^n-1)$$

其中$d = \gcd(n, q-1)$, $|L_n(q)| < \frac{1}{d}q^{(n-1)(n+1)}$. 若$2^k \parallel |L_n(q)|$, 则由$2 \nmid q$且$2 \nmid (q^{2m} + q^{(2m-1)} + \ldots + q + 1)$, $m = 1, 2, \ldots$, 我们有

$$\frac{1}{d}2^k q^{\frac{1}{2}n(n-1)}q^2 q^4 \ldots q^s < |L_n(q)| < \frac{1}{d}q^{(n-1)(n+1)},$$

其中$s = n - 1$, n是奇数且$s = n - 2$, n是偶数. 所以$2^k < q^{\frac{1}{2}n(n-2)}$, $n \geq 6$. 当$n = 5$时, 我们可得$2^k \leq (q-1)^4(q+1)^2(q^2+1) < q^8$. 又由$\gcd(q+1, q-1) = 2$知结论成立, 当$n = 4$时, 有$2^h \parallel (q-1)$, $h > 1$, 则$2 \parallel (q+1)$, $2 \parallel (q^2+1)$, 且$k = 3h + 3$. 因为

$$((q+1)/2)^2((q^2+1)/2)q^4 > (q-1)^3(q+1)^2(q^2+1) = (q^2-1)(q-1)(q^4-1)$$

$q > 8$, 结论成立. 因为$|L_4(7)| = 2^9 \cdot 3^4 \cdot 5^2 \cdot 7^6 \cdot 19$且$2^8 \nmid |L_4(3)|$, $2^8 \nmid |L_4(5)|$, $q < 8$时, 我们有同样的结论. 若$2^h \parallel (q+1)$或$2^h \parallel (q^2+1)$, $h > 1$. 讨论方法和上面一样, 引理得证. $\qquad \square$

定理 3.46. 设G是群, 则$G \cong L_2(q)$, $q = p^m$, $q > 3$当且仅当

(a) $\pi_e(G) = \pi_e(L_2(q))$;

(b) $|G| = |M(q)|$.

证明. 见文[262]定理1. $\qquad \square$

定理 3.47. 设G是群且M是下面的单群: $L_4(3)$, $L_5(3)$或$L_n(2)$, $n = 3, 4, \ldots, 10$, 则$G \cong M$当且仅当

(a) $\pi_e(G) = \pi_e(M)$;

(b) $|G| = |M(q)|$.

证明. 充分性是显然的.

若$M = L_3(2)$, $L_4(3)$, $L_5(2)$或$L_4(3)$, 则$|M| < 10^8$, 所以由文[262]的定理4知结论正确. 若$M = L_5(3)$, 则$|G| = 2^9 \cdot 3^{10} \cdot 5 \cdot 11^2 \cdot 13$且由条件知$G$无$11 \cdot 13$阶元. 故由Sylow 定理$G$中一定没有阶为$11 \cdot 13$或$11^2 \cdot 13$的子群. 由P.Hall基本理论, G不可解. 假设$G = G_0 > G_1 > G_2 > \ldots > G_{k-1} > G_k = 1$是$G$的正规群列, 其中$G_i/G_{i+1}$是$G/G_{i+1}$的极小正规子群, 则存在某个$i$使得$\pi(G_i) \cap \{11, 13\} = \emptyset$且$\pi(G_{i-1}) \cap \{11, 13\} \neq \emptyset$, 设$G_i = N$, $G_{i-1} = H$, 则$G \geqslant H > N \geqslant 1$是$G$的正规群列, 且$\overline{H} = H/N$是$\overline{G} = G/N$的

极小正规子群. 用Frattini论断, 我们有$11^2 \cdot 13 \mid |\overline{H}|$. 进一步, $\overline{H}$是非交换单群. 因为$|\overline{H}| \geqslant |G|$且$11^2 \cdot 13 \mid |\overline{H}|$, 通过比较单群的阶以及它们素数幂因子知$\overline{H}$只能是$L_5(3)$(见文[78]列出的单群的阶), 所以$G \cong L_5(3)$. 其他的情况可以类似地处理(在文[81][99]中表III见它们元素的阶). 定理得证. □

定理 3.48. 设G是群, 则$G \cong L_3(q), q = p^m$, 当且仅当

(a) $\pi_e(G) = \pi_e(L_3(q))$;

(b) $|G| = |L_3(q)|$.

证明. 1. $q \equiv -1 (\text{mod } 4)$的情况已经在文[262]中定理2得证.

2. $q \equiv 1 (\text{mod } 4)$的情况.

假设$M = L_3(q)$, $q \equiv 1 (\text{mod } 4)$, 则由文[301]中表Ib, $|G| = \frac{1}{d}q^3(q^2 - 1)(q^3 - 1)$, 且$\pi_1 = \pi(q(q^2 - 1))$, $\pi_2 = \pi(\frac{1}{d}(q^2 + q + 1))$, 其中$d = 1$或$3$. 若$G$是可解的, 我们通过$G$的$\pi$-Hall子群$C$, $\pi = \{2\} \cup \pi_2$导出矛盾. 设K是群C的极小的正规子群, 若$|K|$是奇数, 则C的Sylow 2-子群S_2, 即G的Sylow 2-子群, 无动点作用在K上. 故S_2是循环群或广义四元素群, 这不可能, 所以K是2-群且$|R| \mid (|K| - 1)$(见文[262]引理2), 这里R总是G的Sylow r-子群, 且$r \in \pi_2$. 这意味着$\frac{1}{d}(q^2 + q + 1) \mid (|K| - 1)$, 故$\frac{1}{d}(q^2 + q + 1) \leqslant 2(q-1)^2 - 1$, $q - 1 = 2^k$. 且$\frac{1}{d}(q^2 + q + 1) \leqslant \frac{2}{9}(q-1)^2 - 1$, $q - 1 \neq 2^k$. 第二个不等式显然是不成立的, 因为$\frac{1}{d}(q^2 + q + 1) \mid (|K| - 1)$, 我们有$\frac{1}{d}(q^2 + q + 1) = \frac{1}{w}(2(q-1)^2 - 1)$, $w = 1, 2, 3, 4, 5$. 要这个方程有解只有$q = 5$. 在这种情形下, $M = L_3(5)$, 这已经在为[262]的定理4中讨论了. 所以G是不可解的. 进一步, 由文[241]的定理4, G不是Frobenius群. 因此G有一个正规的群列$G \geqslant H > N \geqslant 1$, 其中$\pi(G/H) \subseteq \pi_1$, $\pi(N) \subseteq \pi_1$且由文[301]定理A, $\overline{H} = H/N$是单群. 若$p \mid |N|$, 则不是一般性我们可以假设N是一个p群, 因为G不含$p_1 p$阶元, 这里$p_1 \mid \frac{1}{d}(q^2 + q + 1)$且$p(\text{mod } p_1)$的方次数是$3m$, $(q = p^m)$, N的阶为p^{3m}. 又因为G中无$p_2 p$阶元, $p_2 \mid q + 1$且$p(\text{mod } p_2)$的方次数是$2m$(q不是Mersenne素数, 所以由引理5.1, $p_2 \mid (q - 1)$). 我们推出$p \nmid |N|$.

现在我们证明$p^{3m-1} \parallel |\overline{H}|$(即$p \parallel |G/H|$)当$p \mid |G/H|$. 若$p^k \parallel |G/H|$, $k \geqslant 1$, 则$p^k \mid |N_{\overline{G}}(\overline{P}_1)|$, $\overline{G} = N_{\overline{G}}(\overline{P}_1)\overline{H}$, 其中$\overline{P}_1 \in Syl_{p_1}\overline{G}$, $\overline{G} = G/N$, 因为$\overline{G}$中无p^2, $p_1 p$阶元, 我们可以推出$p \parallel |G/H|$且$p^{3m-1} \parallel |\overline{H}|$.

若$p = 3$, 由文[262]定理4我们可以假设$m \geqslant 3$, 在这种情况下,

$$|\overline{H}| < |G| < p^{8m} \leqslant p^{3(3m-1)}.$$

若$p \geqslant 5$, 则由$\overline{H}$是单群且$C_{\overline{G}}(\overline{H}) = 1$, 我们有$G/H \cong N_{\overline{G}}(\overline{H})/\overline{H}C_{\overline{G}}(\overline{H})$ 且是$Out(\overline{H})$的一个子群. 因此p只能整除自同构群的阶m(见文[78]表1和表5). 由$m \geqslant p \geqslant 5$, 有$\overline{H} < p^{8m} < p^3(3m - 1)$.

当$p \nmid |G/H|$(即$p^{3m} \parallel |\overline{H}|$), 我们同样有$\overline{H} < |G| < p^{3(3m)}$. 若$m \geqslant 1$, 则$3m - 1 \geqslant 5$, 所以由引理3.43, $\overline{H}$是特征为p的Lie型群. 若$m = 1$, 则$p^3 > 2^k$, 其中$2^k \parallel |L_2(p)|$. 故由计算知$\overline{H}$不是散在单群和交错单群. 若$\overline{H}$是Lie型单群, 则由引理3.43, $\overline{H}$的特征为p. 进一步, 考虑Lie型单群的阶以及它们极大环面的阶(见文[99], 表III), 我们有$\overline{H} \cong L_3(p^m)$, 比如: 若$\overline{H} \cong G_2(p^{m/2})$, 则$\overline{H}$有$\frac{1}{e}(1 + p^{m/2} + p^m)$阶元, $e = 1$或3, 这是不可能的. 所以$\overline{H} \cong L_3(p^m)$且$G \cong L_3(p^m)$, 第二种情况得证.

3. $p = 2$的情况.

设$M = L_3(2^m)$, $m \geqslant 2$, 若$M = L_3(4)$, 则$G \cong M$, 当且仅当$\pi_e(G) = \pi_e(M) = \{1, 2, 3, 4, 5, 7\}$(见文[282]). 若$M = L_3(8)$, 则$G \cong M$, 当且仅当$|G| = |L_3(8)|$且$\pi_e(G) = \pi_e(L_3(8))$(文[262]引理4), 现假设$M = L_3(2^m)$, $m \geqslant 4$. 我们有$|G| = \frac{1}{d}2^{3m}(2^{2m} - 1)(2^{3m} - 1)$其中$d = 1$或$3$. 若$G$是可解的, 我们考虑$G$的$\pi(2(2^m) + 1)$-Hall子群$C$. 因为在情况2的讨论中, 我们得到$\frac{1}{d}(2^m + 1) \mid (2^k - 1)$, $k \leqslant 3m$, 其中$2^k = |K|$且$K \lhd G$, 因为G中无$2r$阶元, $r \in \pi(2^m + 1)$ (见文[13](4.3)), 因为G中无$2r$阶元, $r \in \pi(\frac{1}{d}(2^{2m} + 2^m + 1))$, 类似地有$\frac{1}{d}(2^{2m} + 2^m + 1) \mid (2^k - 1)$, 这与$(2^m + 1)(2^{2m} + 2^m + 1) \nmid d(2^k - 1)$, $k \leqslant 3m$, $m \geqslant 4$, 且$d = 1$或3, 矛盾. 所以G是可解的, 并且G不是Frobenius群, 故G有一个正规的群列$G \geqslant H > N \geqslant 1$, 其中$\overline{H} = H/N$是单群. 因为$G$中无$2p_1$, $2p_2$阶元, 其中$p_1 \mid \frac{1}{d}(2^{2m} + 2^m + 1)$且$2 \pmod{p_1}$的方次数为$3m$, $p_2 \mid (2^m + 1)$且$2 \pmod{p_2}$的方次数是$2m$, 我们得到$2 \nmid |N|$且$2^3 \mid |G/H|$, 因为$\overline{H}$中有$\frac{1}{d}(2^{2m} + 2^m + 1)$阶元且无$8$阶元. 所以$2^t \parallel |\overline{H}|$, $t = 3m - 2, 3m - 1, 3m$, $m \geqslant 4$. 若$t = 3m - 2$, 则由$m \geqslant 4$, 我们有

$$|\overline{H}| \leqslant \frac{1}{4}2^{3m}(2^{2m} - 1)(2^{3m} - 1) < 2^{8m-2} \leqslant 2^{9m-6} = 2^{3t}.$$

类似地, 我们可以得到$|\overline{H}| < 2^{3t}$, $t = 3m - 1, 3m$, 所以由引理5.4以及比较群的阶有$\overline{H}$是特征为2的Lie型单群. 进一步, 通过比较Lie型单群的阶及它们的极大环面, 有$\overline{H} \cong L_3(2^m)$, 故$G \cong L_3(2^m)$. 定理得证. $\square$

定理 3.49. 设G是群, 则$G \cong L_n(q)$, $q = p^m$, $n \geq 2$当且仅当

(a) $\pi_e(G) = \pi_e(L_n(q))$;

(b) $|G| = |L_n(q)|$.

证明. 首先充分性是显然的.

由定理3.46, 定理3.47及定理3.47, 我们只需要要论下面的情况: $n \geq 4$; $q = 2$, $n \geq 11$; $q = 3$, $n \geq 6$.

设T_1是$p^{mn} - 1$的素因子p_i的集合, $p(\bmod p_i)$的方次数是mn. 设T_2是$p^{m(n-1)} - 1$的素因子p_j的集合, $p(\bmod p_j)$的方次数是$m(n-1)$. 且$T = T_1 \cup T_2$. 设$d = \gcd(p^m - 1, n)$, 则由定理1.33有$T \cap \pi(d) = \emptyset$.

假设$G = G_0 > G_1 > \ldots > G_{k-1} > G_k = 1$是$G$的正规群列, G_i/G_{i+1}是G/G_{i+1}的极小正规子群, 则存在某个i使得$\pi(G_i) \cap T = \emptyset$且$\pi(G_{i-1}) \cap T \neq \emptyset$. 设$G_i = N$, $G_{i-1} = H$, 则$G \geq H > N \geq 1$是G的正规群列且$\overline{H} = H/N$是$\overline{G} = G/N$的正规子群. 进一步, $\pi(N) \cap T = \emptyset$且$\pi(H) \cap T \neq \emptyset$.

1. $\overline{H}$是引理3.43和引理3.44中的非交换单群且$T \subseteq \pi(\overline{H})$.

(a) $p \nmid |N|$.

若$p \mid |N|$, 则我们有$1 \neq P \in Syl_p N$. 由Frattini论断有$G = N_G(P)N$, 所以$T \subseteq \pi(N_G(P))$. 假设$p_s \in T_s$, $s = 1, 2$, 则由引理3.42, G中无$p_s p$阶元. 故$|P| \equiv 1(\bmod p_1)$且$|P| \equiv 1(\bmod p_2)$. 若$|P| = p^t$, 则$mn \mid t$且$m(n-1) \mid t$. 所以$mn(n-1) \mid t$, 但$p^{mn(n-1)} \nmid |L_n(q)|$, 矛盾.

(b) $\overline{H}$是非交换的单群且如果$p^k \| |G/H|$, $k \geq 1$, 则$k \leq \lceil \log_p n \rceil$, 其中$\lceil x \rceil$表示$\geq x$的最小的整数.

因为$\pi(H) \cap T \neq \emptyset$, 我们有$1 \neq P^* \in Syl_{p^*} N$, $p^* \in \pi(H) \cap T$且P^*循环. 则$N_G(P^*)$包含p^k阶元, 因为$L_n(q)$中p-元素的极大阶是$p^{\lceil \log_p n \rceil}$, 我们有$k \leq \lceil \log_p n \rceil$, 则$k < \frac{1}{2}mn(n-1)$, 并且我们可以推出$p \mid |\overline{H}|$. 所以$\overline{H}$是非交换的单群, 因为$\overline{H}$是极小的正规子群且没有$p^* p$阶元.

(c) p^t和$|\overline{H}|$的估计, 其中$p^t \| |\overline{H}|$.

由(b)我们有$t \geq \frac{1}{2}mn(n-1) - \lceil \log_p n \rceil$. 当$p \geq 5$或$p = 3$且$m \geq 2$, $(n \geq 4)$, 或$p = 3$且$n \geq 6$, 我们有

$$t \geq \frac{1}{2}mn(n-1) - \frac{1}{3}mn = \frac{1}{2}mn(n - \frac{5}{3}) \geq 5.$$

并且当$p = 2$, $n \geqslant 11$或$p = 2$, $m \geqslant 2$, $(n \geqslant 4)$时, 有

$$t \geqslant \frac{1}{2}mn(n-1) - \frac{3}{8}mn = \frac{1}{2}mn(n - \frac{7}{4}) \geqslant 9.$$

在$L_n(q)$中当$n \leqslant 3$, 或$q = 2$, $n \leqslant 10$时, 和$L_4(3)$, $L_5(3)$一样已经被讨论了. 除了这些情况我们有$t \geqslant \frac{1}{2}mn(n - \frac{7}{4})$, 所以

$$|\overline{H}| \leqslant p^t \prod_{i=1}^{n-1}((p^m)^{i+1} - 1) < p^t p^{\frac{1}{2}m(n-1)(n+2)} \leqslant p^{3t}.$$

所以$\overline{H}$是引理3.43和引理3.27中的单群.

(d) $T \cap \pi(G/H) = \emptyset$或$p^{\frac{1}{2}mn(n-1)} \mid |\overline{H}|$.

若不然, 则$T_1 \cap \pi(G/H) \neq \emptyset$ 或$T_2 \cap \pi(G/H) \neq \emptyset$, 且$p^k \parallel |G/H|$, $k \geqslant 1$. 故我们可以得到$mn \mid (\frac{1}{2}mn(n-1) - k)$或$m(n-1) \mid (\frac{1}{2}mn(n-1) - k)$. 所以$mn \mid 2k$或$m(n-1) \mid 2k$, 故$k \geqslant \frac{1}{2}m(n-1)$. 但由$k \leqslant \lceil \log_p n \rceil$以及(c)的讨论知$k \leqslant \frac{3}{8}mn$. 所以$n = 4$且$k = \frac{3}{2}m$, 进一步, $4m \mid (6m - \frac{3}{2}m)$或$3m \mid (6m - \frac{3}{2}m)$, 不可能.

(e) $T \subseteq \pi(G/H)$.

若$T \cap \pi(G/H) \neq \emptyset$, 则$T_1 \cap \pi(G/H) \neq \emptyset$或$T_2 \cap \pi(G/H) \neq \emptyset$. 进一步, 由(d)可得$p^{\frac{1}{2}mn(n-1)} \parallel |\overline{H}|$, 假设$p_1 \in T_1 \cap \pi(G/H)$, 则$p_1 \mid (p^{mn} - 1)$且$p_1 \nmid (p^c - 1)$, $c < mn$. 因为$p^{p_1-1} \equiv 1(\bmod p_1)$, 我们有$mn \leqslant p_1 - 1$, 所以$p_1 \geqslant 5$. 因为$\overline{G}$不含$pp_1$阶元且$p \mid |\overline{H}|$, 可得$p_1 \notin \pi(C_{\overline{G}}(\overline{H}))$. 又因为$p_1 \in \pi(G/H)$且$\overline{G}/\overline{H}C_{\overline{G}}(\overline{H})$同构于$Out(\overline{H})$的一个子群. 我们有$p_1 \mid |Out(\overline{H})|$, 因为$p \geqslant 5$, 由文[78]表1和表5有$p_1$只能整除自同构群的阶$f$, $mn \leqslant p_1 - 1$且$p^{\frac{1}{2}mn(n-1)} \parallel |\overline{H}|$, 所以$p_1$整除$\frac{1}{2}mn(n-1)$, 这矛盾于$p_1 > mn$且$p_1$是素数. 用同样的方法我们可以证明$T_2 \cap \pi(G/H) = \emptyset$, 所以$T \subseteq \pi(G/H)$.

(2) $G \cong L_n(q)$.

若$\overline{H}$是Lie型群, 则由引理3.43和引理3.44, $\overline{H}$要么是特征为p, $(p$奇数)的Lie型群, 要么$\overline{H} \cong L_2(r)$, r是Mersenne素数, 且$2^t \parallel \frac{1}{2}(r+1)$或$2^t \parallel \frac{1}{2}(r-1)$, 其中$2^t \parallel |\overline{H}|$.

(a) 当$\overline{H} \cong L_{n_1}(q_1)$, $q_1 = p^{m_1}$, 我们有$G \cong L_n(q)$, $q = p^m$.

若$q_1 \neq 2$或$n_q \geqslant 8$, 则由$T \subseteq \pi(\overline{H})$和定理1.33, 有$mn = m_1 n_1$且$m(n-1) = m_1(n_1 - 1)$. 所以$m = m_1$, $n = n_1$, 且$\overline{H} \cong L_n(q)$, 结论正确. 若$q_1 = 2$,

且$n_1 \leqslant 7$, 则$p = 2$且$mn \leqslant 7$, 我们有$m = 1$, $n \leqslant 7$ (而$n \geqslant 4$), 这种情况已经在定理3.47中讨论了.

(b) $\overline{H} \ncong U_{n_1}(q_1)$, $q_1 = p^{m_1}$.

若不然, 我们首先假设n_1是偶数且$n_1 \geqslant 8$, 则因$T \subseteq \pi(\overline{H})$有$mn = 2m_1(n_1-1)$且$m(n-1) = 2m_1(n_1-3)$, 我们得到$m = 4m_1$且$n = \frac{1}{2}(n_1-1)$, 这与$n_1$是偶数矛盾. 若$n_1 = 6$且$q_1 \neq 2$, 用定理1.33, 我们可以类似地得出矛盾. 若$n_1 = 6$且$q_1 = 2$, 则$mn = 10$且$m(n-1) = 4$, 这不可能. 若$n_1 = 4$, 则由$mn = 2m_1(n_1-1)$和$m(n-1) = m_1 n_1$, 我们有$n = 3$. 这已经在定理3.48中讨论了. 当n_1是奇数且要么$n_1 > 5$, 要么$n_1 = 5$, 但$q_1 \neq 2$, 我们有$mn = 2m_1 n_1$且$m(n-1) = 2m_1(n_1-1)$, 所以$m = 4m_1$, $n = \frac{1}{2}n_1$, 这与n_1是奇数矛盾. 若$n_1 = 5$且$q_1 = 2$, 则$mn = 10$且$m(n-1) = 4$, 这同样不可能. 对$n_1 = 3$, 我们可以同样的导出矛盾, 所以$\overline{H} \ncong U_{n_1}(q_1)$, $q_1 = p^{m_1}$.

(c) $\overline{H} \ncong E_6(q_1)$, $q_1 = p^{m_1}$.

若不然, 我们有$12m_1 = mn$且$9m_1 = m(n-1)$, 所以$m = 3m_1$且$n = 4$. 由$p^{36m_1} \mid |\overline{H}|$, 我们有$p^{12m} \mid |G|$, 但$12m > \frac{1}{2}mn(n-1) = 6m$, 这矛盾于$p^{\frac{1}{2}mn(n-1)} \parallel |G|$.

(d) $\overline{H} \ncong L_2(q_1)$, $q_1 = 2^r - 1$是Mersenne 素数或者$q_1 = 2^{2^b} + 1$是Fermat 素数.

假设$\overline{H} \cong L_2(q_1)$, $q_1 = 2^r - 1$, r是素数, 则$p = 2$且$t = r$, $2^t \parallel |\overline{H}|$. 所以由$T \subseteq \pi(\overline{H})$有$r = mn$, 故$m = 1$且$r = n$, 但$t = r = n \leqslant \frac{1}{2}n(n-1) < t$ (见上文1.(c)), 矛盾.

若$\overline{H} \ncong L_2(q_1)$, $q_1 = 2^{2^b} + 1$, 则$t = 2^b$且$p = 2$. 由$T \subseteq \pi(\overline{H})$有$mn = 2^b + 1$且$m(n-1) = 2(2^b - 1)$. 所以$m = 2$, $n = 2^b$, 且$t = 2^b < m(n-1) \leqslant t$, 不可能.

用同样的方法, 我们可以证明$\overline{H}$不同构于$^2F_4(2)'$或其他任何Lie型单群.

(e) $\overline{H}$不同构于任何引理3.44中的散在单群S.

若$\overline{H} \cong S$, 则$p = 2$, 假设$S = M_{24}$, $|M_{24}| = 2^{10} \cdot 3^3 \cdot 5 \cdot 7 \cdot 11 \cdot 23$. 因为$2(\bmod 23)$的方次数是11且$2(\bmod 11)$的方次数是10, $mn = 11$以及$m(n-1) = 10$. 所以$m = 1$且$n = 11$. 但是$2^{11} - 1 = 23 \cdot 89$, 并且$23 \cdot 89 \in \pi(L_{11}(2))$, $2 \cdot 89 \notin \pi_e(L_{11}(2))$, 通过$89 \notin \pi(N)$且$89 \notin \pi(G/H)$, 我们可以很容易得到

矛盾.

对于$S = HS, Suz, Ru, Co_2, Co_1, Fi_{22}$或$B$, 我们可以用同样的方法解决. 定理得证. □

§3.4.3 酉群

本节考虑单酉群.

定理 3.50. 设G是群, $H = U_m(q), q = p^n, p$ 是素数, 则$G \cong H$当且仅当

(1) $\pi_e(G) = \pi_e(H)$, 其中$\pi_e(G)$表示G 中元素阶的集合;

(2) $|G| = |H|$.

因为在证明这个定理中$m = 3$与$m \geqslant 4$有很大的不同, 所以我们把它分成两个定理. 首先

定理 3.51. 设G是群, $H = U_3(q), q = p^n, p$ 是素数, 则$G \cong H$当且仅当

(1) $\pi_e(G) = \pi_e(H)$;

(2) $|G| = |H|$.

在文献[10]-[218]中证明了若$p = 2$, 仅用条件(1)就可以刻画$U_3(U)$, 若$q \equiv 1(\text{mod } 4)$ 有下面的结论(文献[262]中的定理2).

引理 3.52. 设G是群, $H = U_3(q), q \equiv 1(\text{mod } 4)$ 则$G \cong H$当且仅当

(1) $\pi_e(G) = \pi_e(H)$;

(2) $|G| = |H|$.

因此我们还需要弄清$q \equiv -1(\text{mod } 4)$的情形, 对于这种情形, 文献[275], [219] 中给出了一些例子, 如$U_3(3)$, $U_3(7)$, 除此之外不能仅用条件(1)来刻画.

引理 3.53. 假设$H = U_3(q)$, $q = p^n$, p是素数, 则
$\pi_e(H) = \{s : s|(q+1), s|p\eta(q+1), s|\eta(q^2-1), s|\eta(q^2-q+1)\}$, 其中
$\eta = 1/\gcd(3, q+1)$ 且$|H| = \eta q^3(q-1)(q+1)^2(q^2-q+1)$.

证明. 见文[267]中的引理8. □

由引理3.53, 我们得到$\pi_1(H) = \{s : s|q+1, s|p\eta(q+1), s|\eta(q^2-1)\}$, $\pi_2(H) = \{s : s|\eta(q^2-q+1)\}$, 其中$s$为素数.

引理 3.54. 设G是交错单群或散在单群, p是奇素数, 若$p^3 \parallel |G|$ 且$2^k \parallel |G|$, 则$p^3 < 2^k$.

证明. 若G是一个散在型单群, 通过直接计算我们可以得到结论. 若G是交错型单群, 因为$|G| = (1/2)n!$, $p^3 \parallel |G|$, 且p是素数, 我们有$p \geqslant 5$且$|G| \geqslant (1/2)(3p)!$. 因为在$(3p)!$中有$(1/2)(3p-1)$个偶数, 我们有$2^k \geqslant 2^{(1/2)(3p-1)+1} > 2^{(1/2)(3p)} > p^3$. □

引理 3.55. 设p是奇素数, 若$p \geqslant 13$, 则$\eta p^3(p^2-p+1) \geqslant 4(p+1)^4$, 这里$\eta = 1/\gcd(3, p+1)$.

证明. 我们直接通过简单归纳计算和不等式$(p+1)/(p+2) \geqslant p/(p+1)$得到. □

引理 3.56. 设G是群, $H = U_3(p), p = 3, 7, 11$, 则$G \cong H$当且仅当

(1) $\pi_e(G) = \pi_e(H)$, (2) $|G| = |H|$.

证明. 见文[262]的定理4. □

定理3.51的证明 充分性, 通过上面的结论和引理3.56, 我们可以假定$q \equiv -1 \pmod 4$, $q \geqslant 19$.

(1) G是非可解的.

若不然, 假设G可解, 当$q-1 \neq 2^k$, 即$q = p^n$不是Fermat素数, 考虑G的Hall-子群K, Hall集为$\{p, r, t\}$. 这里$r \in \pi(\eta(q^2-q+1))$, $t \in \pi(q-1)$, $t \neq 2$. 由引理3, pr, pt, rt不属于$\pi_e(K)$, 且$|\pi(K)| = 3$, 这与文[120] 中的定理1矛盾. 若$q = p$是Fermat素数, 我们有$q \equiv 1 \pmod 4$, 与假设矛盾.

(2) G既不是Frobenius群也不是2-Frobenius群.

若G是核为K, 补为C的Frobenius群, 则C有指数小于等于2的子群C_1, 使得$C_1 \cong SL_2(5) \times Z$, Z的每一个Sylow子群循环且由Frobenius群补的结构有$\pi(Z) \cap \{2, 3, 5\} = \emptyset$ (见文[241] 的定理18.6). 所以$|G| = 2^a \cdot 3 \cdot 5 \cdot |Z| \cdot |K|$,

其中 $a = 3$ 或 4, $(|Z|, 30) = 1$. 这与条件(2)矛盾. 同样我们可以证明 G 不是 2-Frobenius 群.

G 有正规群列 $G \geqslant G_1 > N \geqslant 1$ 使得 $\pi(G/G_1) \subseteq \pi_1$, $\pi(N) \subseteq \pi_1$, 且由引理 3.53 有 $G^* = G_1/N$ 是单群, 进一步, $\pi_2 \subseteq \pi(G^*)$, $t(G^*) \geqslant 2$, 且 $\eta(q^2 - q + 1) \in \pi_e(G^*)$.

(3) G^* 是特征为 p 的 Lie 型单群.

若 $p \mid |N|$, 则不失一般性, 我们可以假设 N 是 p-群, 设 $r \in \pi(\eta(q^2 - q + 1))$, r 是素数. 由 $r \mid (p^{3n+1})$, 我们可以假设 $p(\bmod r)$ 的方次数为 $6n$. 考虑 G 的子群 $\langle a \rangle [N]$, a 是 r 阶元. 因为 G 中没有 pr 阶元, 则 $N \rtimes \langle a \rangle$ 中的每个元的阶都是素数幂. 由文 [287] 中的定理 2.4, 有 $|N| \geqslant p^{6n}$. 这与条件(2)矛盾. 因此, 我们得到 $p \nmid |N|$ 且 $p^{3n} \parallel |G/N|$.

下面就方次数为 n 分两种情况讨论.

(a) $n \geqslant 2$.

(i) 若 $p \| |G/G_1|$, 则 $p^{3n-1} \parallel |G^*|$ (即 $p \parallel |G/G_1|$).

若 $p^k \parallel |G/G_1|$, $k \geqslant 1$, 则由 $G/N = N_{G/N}(R/N)G^*$ (Frattini 论断), 其中 R/N 是 G^* 的 Sylow r-子群且 $r \in \pi(\eta(q^2 - q + 1))$, 则有 $p^k \parallel |N_{G/N}(R/N)|$. 因为 G/N 没有 pr 阶元, $N_{G/N}(R/N)$ 的 Sylow p-子群 P/N 把稳定点自由的作用在 R/N 上. 所以 P/N 是循环群, 进一步, G/N 中没有 p^2 阶元(条件(1)), 则有 $k = 1$ 且 $p^{3n-1} \parallel |G^*|$. 又由 $n \geqslant 2$, 有 $|G^*| \leqslant |G|/p < p^{8n-1} \leqslant p^{3(3n-1)}$.

(ii) 若 $p \nmid |G/G_1|$ (即 $p^{3n} \parallel |G^*|$), 则有 $|G^*| \leqslant |G| < p^{3(3n)}$. 无论是(i)还是(ii)发生, 都有 G^* 是特征为 p 的 Lie 型单群或者 $G^* \cong U_5(2)$ (由引理 3.53). 若 $G^* \cong U_5(2)$, 则由条件(2)定理 3 中的 H 只能是 $U_3(9)$, 矛盾.

(b) $n = 1$.

在这种情形下, $H = U_3(p)$, 且由引理 3.52 和引理 3.56 我们可以假定 $p \geqslant 19$.

(i) 若 $p \mid |G/G_1|$, 因为 G^* 是单群且 $C_{G/N}(G^*) = 1$, 则有 $G/G_1 \cong G_1 \cong \mathrm{Out}(G^*)$ 的一个子群. 所以 $p \mid |\mathrm{Out}(G^*)|$. 又由 $p \geqslant 19$, 由有限单群外自同构的阶知 G^* 只能是 Lie 型单群.

假定 G^* 是有限域上的 Lie 型单群, 且有 $r^s (r \neq p)$ 个元. 设 $r^k \mid |G^*|$. 若 G^* 不是特殊射影线性(或单位)群, 由 $p \mid |\mathrm{Out}(G^*)|$ ($p \geqslant 19$) 知 G^* 的外

自同构一定是域上的自同构. 因此$p|s$, 且有

$$r^k \geqslant (r^s)^2 \geqslant r^{2p} \geqslant 4^p > 4(p+1)^2.$$

另一方面,

$$|G^*| < |G| = \eta p^3(p-1)(p+1)^2(p^2-p+1), \eta = 1/\gcd(3, p+1).$$

故$r^k \leqslant 2(p+1)^2 < 4(p+1)^2$, 矛盾. 当$G^*$为$L_p(r^s)(U_p(r^s))$ $(r \neq p)$, 则有

$$r^k \geqslant r^{sp(p-1)/2} > r^{2ps} \geqslant r^{2p} \geqslant 4^p > 4(p+1)^2.$$

这与不等式$r^k < 4(p+1)^2$矛盾. 故G^*只能是特征为p的Lie型单群.

(ii) 若$p \nmid |G/G_1|$, 则$p^3 \parallel |G^*|$, 假定$2^k \parallel |G^*|$, 则由

$$2^k \leqslant 2(p+1)^2 < p^3,$$

由引理3.54, G^*只能为Lie型单群. 若G^*是r^s $(r \neq p)$个元的有限域上的Lie型单群, 我们可以假设$r^t \parallel |G^*|$.

若$r=2$, 有$t=k$, $2^k \leqslant 2(p+1)^2$. 因为$\eta(p^2-p+1) \in \pi_e(G^*)$, 我们有

$$|G^*| \geqslant \eta p^3(p^2-p+1) \cdot 2^k \geqslant 4(p+1)^4 \cdot 2^k \geqslant 2^{3k}.$$

由引理3.55, 这与引理3.26矛盾.

若$r \neq 2$, 因为$|G^*| \mid |G|$ $(|G| = \eta p^3(p-1)(p+1)^2(p^2-p+1))$, 所以$r \mid (p^2-p+1)$, 或$r \mid (p+1)$, 或$r \mid (p-1)$.

若$r \mid (p+1)$, 或$r \mid (p-1)$, 则由$(p+1, p-1)=2$, 有$r^t \leqslant (p+1)^2/4$. 由引理3.26, 得$|G^*| \geqslant \eta p^3(p^2-p+1)r^t > r^{3t}$. 显然矛盾. 若$r|(p^2-p+1), r \in \pi_2$, 则由$G^*$的特征为$r(r \neq 2), t(G^*) \geqslant 2$, 故$G^*$只能是$L_2(r^t)$. 所以$|G^*| = r^t(r^t-1)(r^t+1)/2$. 由$p^3 \mid |G^*|$, 有$p^3|(r^t-1)$或$p^3 \mid (r^t+1)$. 这都是不可能的, 故$G^*$是特征为$p$的Lie型单群.

$(4)G^* \cong U_3(q).$

$(a)G^* \not\cong L_m(q^*), q^* = p^t, m \geqslant 3.$

若$G^* \neq L_m(q^*), q^* = p^t, m \geqslant 3$, 则因为$t(G^*) \geqslant 2$且$\eta(q^2-q+1) \in \pi_e(G)$, 我们有$\eta(q^2-q+1) = ((q^*)^m-1)/(q^*-1)(m, q^*-1)$, 其中$m$是奇素数, 或$\eta(q^2-q+1) = ((q^*)^{m-1}-1)/(q^*-1)$, 其中$m-1$是奇素数且$(q^*-1)|m$.

若$\eta(q^2 - q + 1) = ((q^*)^m - 1)/(q^* - 1)(m, q^* - 1)$, 可得

$$\eta(m, p^t - 1)(p^{2n} - p^n + 1) = p^{tm} + p^{t(m-1)} + \ldots + p^t + 1.$$

当$\eta = (m, p^t - 1) = 1$时, 有$p^n(p^n - 1) = p^{tm} + p^{t(m-1)} + \ldots + p^t$, 这不可能. 当$\eta = 1, (m, p^t - 1) = m$时, 若$t \geqslant n$, 则由$m < p^t - 1$, 我们有$m \leqslant 3$, 矛盾. 当$\eta = 1/3, (m, p^t - 1) = 1$或$\eta = 1/3, (m, p^t - 1) = m$时, 类似地, 我们同样得出矛盾.

若$\eta(q^2 - q + 1) = ((q^*)^{m-1} - 1)/(q^* - 1)$, 用同样的方法, 由$\eta(q^2 - q + 1) = ((q^*)^m - 1)/(q^* - 1)(m, q^* - 1)$, 我们可以得到矛盾. 因此$G^* \not\cong L_m(q^*), q^* = p^t, m \geqslant 3$.

(b) $G^* \not\cong L_2(q^*), q^* = p^t$.

若$G^* \cong L_2(q^*), q^* = p^t$, 则$q^* \equiv \pm 1 \pmod 4$, 由文[301] 的表 I d, 我们有$\eta(q^2 - q + 1) = p$ (因为$\eta(q^2 - q + 1 \in \pi_e(G^*))$且$L_2(q^*)$没有$p^2$阶元), 或者

$$\eta(q^2 - q + 1) = (q^* \pm 1)/2.$$

因为$q = p^n$, 在第一种情况里有$p|1$, 矛盾. 对于第二种情形, 我们同样可得$p|1$, 如果$\eta(q^2 - q + 1) = (q^* + 1)/2$ ($\eta = 1$或$\eta = 1/3$), 矛盾. 若$\eta(q^2 - q + 1) = (q^* - 1)/2$, 我们有$\eta = 1, p = 3, n = 1$或$\eta = 1/3, p = 5, n = 1$. 因此有$3^t - 3 = 12$或$3 \cdot 5^t - 5 = 40$. 因为这两个丢潘图方程都没有整数解, 可得矛盾, 所以$G^* \not\cong L_2(q^*), q^* = p^t$.

同样我们可以证明G^*不与任何一个特征为p的Lie型单群同构除了$U_m(q^*)(q^* = p^t)$.

(c) 若$G^* \cong U_m(q^*), q^* = p^t$, 则$m = 3, t = n$.

若$G^* \cong U_m(q^*), q^* = p^t$, 因为$t(G^*) \geqslant 2$, 从文[301] 表 I c可以看出$m$是奇素数或者$m - 1$是奇素数且$(q^* + 1)|m$. 如果$m$是奇素数, 因为$\eta(q^2 - q + 1) \in \pi_2(G^*), \pi_2(G^*) = \pi_2(U_m(q^*))$且$U_m(q^*)$包含$((q^*)^m + 1)/(q^* + 1)(m, q^* + 1)$阶元(见文[99] 定理3.1), 我们得到$\eta(q^2 - q + 1) = ((q^*)^m + 1)/(q^* + 1)(m, q^* + 1)$, 所以$m = 3, t = n$. 即$G^* \cong U_3(q)$. 若$m - 1$是奇素数且$(q^* + 1)|m$, 使得$\eta(q^2 - q + 1) = ((q^*)^{m-1} + 1)/(q^* + 1)$. 我们得到$n = 1, m = 4, t = n$, 这与条件(2)矛盾.

(5) $G \cong U_3(q)$.

由(4) $G^* \cong U_3(q)$, 再由条件(2), 结论显然成立. 即证. □

定理 3.57. 设G是群, $H = U_m(q)$, $m \geqslant 4$, $q = p^n$, p是素数, 则$G \cong H$当且仅当

(1) $\pi_e(G) = \pi_e(H)$;

(2) $|G| = |H|$.

在证明这个定理之前, 我们还需要一些关于本原素因子(定理1.33)的结论. 由方次数的性质我们易得

引理 3.58. 设h, n是整数, 且$h \geqslant 2$, $n \geqslant 3$, 若$(h, n) \neq (2, 6)$,

(1) 若$h_n | h^t - 1$, 则$n | t$,

(2) $h_n \equiv 1 (\mathrm{mod}\ n)$.

下面两个引理在证明定理3.12中起很大作用.

引理 3.59. 设n是奇数, 且$h \geqslant 2$, $n \geqslant 5$, 若$(h, n) \neq (2, 6)$, 则

(1) $h_n \nmid h^i - 1$, $i < 2n$, $i \neq n$;

(2) $h_n \nmid h^i + 1$, $i < 2n$;

(3) $h_{2n} | h^i + 1$;

(4) $h_{2n} \nmid h^i \pm 1$, $i < n$.

证明. (1) 当$i < n$时, 由引理3.58和定义结论显然成立, 若$n < i < 2n$, 且$h_n | h^i - 1$, 则由引理3.58有$n | i$, 矛盾.

(2) 显然$h_n \neq 2$, 若$i < n$且$h_n | h^i + 1$, 则$h_n | h^{2i} - 1$; 所以$n | 2i$. 因为$2i < 2n$, 可得$2i = n$这与n是奇数矛盾. 若$n = i$, 且$h_n | h^i + 1$, 由$h_n | h^n - 1$有$h_n | 2$矛盾. 若$n < i < 2n$, 且$h_n | h^i + 1$, 则$h_n | h^{2i} - 1$, $n | 2i$. 因为$2n < 2i < 4n$, 则$2i = 3n$与n是奇数矛盾.

(3) 因为$h_{2n} | h^{2n-1}$, $h_{2n} \nmid h^n + 1$, 显然有$h_{2n} | h^n + 1$.

(4) 由引理3.58及定义结论显然成立. □

引理 3.60. 设n是偶数, 且$h \geqslant 2$, $n \geqslant 2$, 则

(1) $h_{2n} \nmid h^i - 1$, $i < 2n$;

(3) $h_{2n} | h^n + 1$ 且$h_{2n} \nmid h^i + 1$, $i < 2n$, $i \neq n$.

证明. 证明过程与引理3.59相似, 由文[78]有

$$|U_m(q)| = \frac{1}{d} q^{(1/2)m(m-1)}(q^2 - 1)(q^3 + 1) \ldots (q^{m-1} - (-1)^{m-1})(q^m - (-1)^m),$$

其中$d = \gcd(m, q+1)$, $q = p^n$, p是素数. 为了在证明定理3.57中对一般情况一致处理的方便性, 我们假定$m \geqslant 4$ 且$(m, q) \neq (4, 2), (5, 2), (6, 2),$ $(7, 2), (8, 2), (9, 2), (10, 2), (11, 2), (12, 2), (13, 2), (4, 3), (5, 3), (4, 4), (5, 4)$. 进一步, 我们引入集合$T_1, T_2, T$.

若m是偶数, 我们定义

当$\frac{m}{2}$是偶数时, $T_1 = \{p_i : p_i \mid p^{nm} - 1, exp_{p_i}(p) = nm\}$;

当$\frac{m}{2}$是奇数时, $T_1 = \{p_i : p_i \mid p^{nm} - 1, exp_{p_i}(p) = \frac{1}{2}nm\}$.

$T_2 = \{p_i : p_i \mid p^{n(m-1)} + 1, exp_{p_i}(p) = 2n(m-1)\}$.

若m是奇数, 我们定义

$T_1 = \{p_i : p_i \mid p^{nm} + 1, exp_{p_i}(p) = 2nm\}$.

当$\frac{m-1}{2}$是偶数时, $T_2 = \{p_i : p_i \mid p^{n(m-1)} - 1, exp_{p_i}(p) = n(m-1)\}$;

当$\frac{m-1}{2}$是奇数时, $T_2 = \{p_i : p_i \mid p^{n(m-1)} + 1, exp_{p_i}(p) = \frac{1}{2}n(m-1)\}$. 其中$p_i$为素数.

设$T = T_1 \cup T_2$. 显然$T \cap \pi(d) = \emptyset$. □

引理 3.61. 若$a, b \in U_m(q)$, $m \geqslant 4$, $q = p^n$, p 是素数. $|a| = p$, $ab = ba$, 则$\pi(|b|) \subseteq \pi(SU_{m-2}(q))$.

证明. 若p是奇数, 由文[301]我们可以得到矛盾, 若$p = 2$, 由文[148]同样矛盾. □

引理 3.62. 若$p_i \in T$, 则$pp_i \notin \pi_e(U_m(q))$.

证明. 由引理3.59-3.61, 结论显然成立. □

引理3.62在证明定理3.12中起关键作用.

引理 3.63. 设G是群, H是下面的群: $U_4(2)$, $U_5(2)$, $U_6(2)$, $U_7(2)$, $U_8(2)$, $U_9(2)$, $U_{10}(2)$, $U_{11}(2)$, $U_{12}(2)$, $U_{13}(2)$, $U_4(3)$, $U_5(3)$, $U_4(4)$ 和$U_5(4)$, 则$G \cong H$ 当且仅当

(1) $\pi_e(G) = \pi_e(H)$;

(2) $|G| = |H|$.

证明. 首先充分性是足够的. 下证必要性.

由文[262]中的定理4知结论对$U_4(2)$, $U_5(2)$, $U_4(3)$ 都成立, 又群$U_4(3)$, $U_6(2)$只用它们阶的集合就可以刻画[22,23], 因此我们只需证明H是下面的群时结论成立: $U_7(2)$, $U_8(2)$, $U_9(2)$, $U_{10}(2)$, $U_{11}(2)$, $U_{12}(2)$, $U_{13}(2)$, $U_5(3)$, $U_4(4)$ 和$U_5(4)$.

首先假定$H = U_{13}(2)$, 则$|G| = |H| = 2^{78} \cdot 3^{17} \cdot 5^3 \cdot 7^2 \cdot 11^2 \cdot 13 \cdot 17 \cdot 19 \cdot 31 \cdot 43 \cdot 683 \cdot 2731$. 由文[148]及$\pi_e(G) = \pi_e(H)$知$G$的素数表的连通分支为2, 且$\pi_2 = \{2731\}$, 所以$G$ 没有$683 \cdot 2731$阶元. 因为$683 \cdot 2731$阶群是循环群, G是非可解的.

设$G = M_0 > M_1 > \ldots > M_{k-1} > M_k = 1$ 是G 的正规群列, 其中M_i/M_{i+1} 是G/M_{i+1} 的极小正规子群, 则存在一个i使得$\pi(M_i) \cap \{683, 2731\} = \emptyset$, 且$\pi(M_{i-1}) \cap \{683, 2731\} \neq \emptyset$. 设$M_i = N, M_{i-1} = G_1$, 则$G \geqslant G_1 > N \geqslant 1$是$G$的正规群列, 且$G^* = G_1/N$是$G/N$的极小正规子群. 因为$\pi(G_1) \cap \{683, 2731\} \neq \emptyset$, 我们有$683 \in \pi(G_1)$ 或$2731 \in \pi(G_1)$. 下面我们证明683和2731都在$\pi(G_1)$里面. 不是一般性, 我们假设$683 \in \pi(G_1)$且$2731 \notin \pi(G_1)$, 故$2731 \in \pi(G/G_1)$. 设P是G_1的Sylow 683-子群, 则$|P| = 683$. 由Frattini 论断可得$G/G_1 = N_G(P)G_1/G_1 \cong N_G(P)/(N_G(P) \cap G_1)$, 因此$2731 \in \pi(N_G(P))$. 因为$G$中无$683 \cdot 2731$阶元, $N_G(P)$有阶为2731的子群且无动点作用在P上, 从而$2731 | (683 - 1)$, 矛盾, 所以如果$683 \in \pi(G_1)$, 有$2731 \in \pi(G_1)$. 同样如果$2731 \in \pi(G_1)$, 我们有$683 \in \pi(G_1)$. 故$683 \cdot 2731 \mid |G^*|$且$G/N$ 的极小正规子群G^*一定是非交换的单群. 因为$|G^*| \mid |G|$, $683 \cdot 2731 \mid |G^*|$, $\pi_e(G^*) \subseteq \pi_e(G)$, $\{2731\}$是G^*的一个分支. 通过计算G^*只能和$U_{13}(2)$同构[148]. 又由条件(2), G是与$U_{13}(2)$同构的.

若H是下面的群: $U_7(2)$, $U_{11}(2)$, $U_{12}(2)$, $U_5(3)$和$U_5(4)$, H素数表的连通分支的个数也是2, 用同样的方法可以证明$G \cong H$.

下面假设$H = U_{10}(2)$, 则$|G| = |H| = 2^{45} \cdot 3^{13} \cdot 5^2 \cdot 7 \cdot 11^2 \cdot 17 \cdot 19 \cdot 31 \cdot 43 < 10^{30}$, 在这种情形下$H$的分支为1. 由文[99] 中的定理3.1和条件(1)有G和H不包含$31 \cdot 43$阶元. G^*可以表示成一个非交换的单群, $|G^*| \mid |G|$且$31 \cdot 43 \mid |G^*|$. 又由文[78]中的表6和单群的阶的表[78]知, $G^* \cong U_{10}(2)$, 又由条件(2)知G与$U_{10}(2)$同构.

若H是下面的群: $U_8(2)$, $U_9(2)$, $U_4(4)$, 则H的素数表的连通分支的个数也是1, 用同样的方法$H \cong U_{10}(2)$, 我们可以证明$G \cong H$. □

设$f_m(q) = (q^2 - 1)(q^3 + 1) \ldots (q^{m-1} - (-1)^{m-1})(q^m - (-1)^m)$, $q = p^n$,

p是素数. 我们有

引理 3.64. (i) 若$m \geqslant 5$, m是奇数, 则存在一个素数r使得$r \mid p^{mn} - 1$, $r \notin \pi(f_m(q)/(q^m+1))$;

(ii) 若$m \geqslant 4$, m是偶数, 且$(m,n) \neq (4,2)$, 则存在一个素数r使得$r \mid p^{n(m-1)} - 1$, $r \notin \pi(f_m(q)/(q^{m-1}+1))$.

证明. (i) 由$m \geqslant 5$, m是奇数, 我们知道$nm \neq 6$, 设$r = p_{(nm)}$, 则$exp_r(p) = nm$. 另一方面, 对任何$s \in \pi(f_m(q)/(q^m+1))$, 我们有$exp_s(p) = 2n(m-i)$, $i \geqslant 2$, i是偶数; 或者$exp_r(p) \leqslant n(m-j)$, $j \geqslant 1$. 显然$mn > n(m-j)$, $nm \neq 2n(m-i)$, 所以$r \notin \pi(f_m(q)/(q^m+1))$.

(ii) 由$m \geqslant 4$, m是偶数且$(n,m) \neq (4,2)$可知$n(m-1) \neq 6$, 设$r = p_{(n(m-1))}$, 则$exp_r(p) = n(m-1)$, 另一方面, 对于任何$s \in \pi(f_m(q)/(q^{m-1}+1))$. 我们有$exp_s(p) = 2n(m-i)$, $i \geqslant 3$, i是奇数; 或者$exp_s(p) = nm$, 或者$exp_s(p) \leqslant n(m-j)$, $j \geqslant 2$. 显然$n(m-1) \neq 2n(m-i)$, $n(m-1) \neq mn$且$n(m-1) > n(m-j)$, $j \geqslant 2$, 所以$r \notin \pi(f_m(q)/(q^{m-1}+1))$. $\square$

引理 3.65. 设$G = GL_m(q)$是群, $q = p^n$, q是素数, 则$G \leqslant p^{\lfloor \log_p m \rfloor}$有极大阶的$p$-元, 其中$\lfloor x \rfloor$表示$\geqslant x$的最小整数.

证明. 设P是G的一个Sylow p-子群, A是P中任何一个元, 由文[296]我们有$A = E + H$, 其中E是单位矩阵, H是上三角矩阵($i.e. H^m = 0$). 因为对所有的i, $1 \leqslant i \leqslant p-1$, $p|C_p^i$, $A^p = (E+H)^p = E + C_p^1 H + \ldots + C_p^p H^p = E + H^p$. 由归纳知$A^{p^t} = E + H^{p^t}$. 若$p^t \geqslant m$, $i.e.$ $t \geqslant \lfloor \log_p m \rfloor$, 我们可得$H^{p^t} = 0$, 所以$A^{p^t} = E$. $\square$

定理3.57的证明. 充分性是显然的. 下证必要性. 设$G = M_0 > M_1 > \ldots > M_{k-1} > M_k = 1$是$G$的正规群列, 其中$M_i/M_{i+1}$是$G/M_{i+1}$的极小正规子群, 则存在$i$使得$\pi(M_i) \cap T = \emptyset$且$\pi(M_{i-1}) \cap T \neq \emptyset$, 让$M_i = N$, $M_{i-1} = G_1$, 则$G \geqslant G_1 > N \geqslant 1$是$G$的正规群列, $G^* = G_1/N$是G/N的最小的子群. $\pi(N) \cap T = \emptyset$且$\pi(G_1) \cap T \neq \emptyset$.

(1) 若H是引理3.63中的群, 则G^*是引理3.26或引理3.44中的单群, 且$T \subseteq \pi(G^*)$.

(a) $p \nmid |N|$.

假设$p \mid |N|$, 设$P \in Syl_p(N)$, $|P| = p^t$, 由Frattini论断有$G = N_G(P)N$, 则$T \subseteq \pi(N_G(P))$. 设$p_i \in T_i$, $i = 1, 2$.则由引理3.62, G中无$p_i p$ 阶元. 所以$|P| \equiv 1(\mathrm{mod}\ p_1)$且$|P| \equiv 1(\mathrm{mod}\ p_2)$. 当$m$是奇数, 我们有$2nm|t$且$n(m-1)|t$或$(n(m-1)/2)|t$. 当$m$是偶数, 我们有$2n(m-1)|t$且$nm|t$或$(nm/2)|t$, 则我们得到$nm(m-1)|t$. 另一方面, $p^{nm(m-1)} \nmid |G|$, 矛盾.

(b) G^*是非交换单群, 且如果$p^k \| |G/G_1|$, $k \geqslant 1$, 则$k \leqslant \lfloor \log_p m \rfloor$, p是奇数或者$k \leqslant \lfloor \log_p m \rfloor + 1$, $p = 2$.

因为$\pi(G_1) \cap T \neq \emptyset$, 我们可以设$p^* \in \pi(G_1) \cap T$且$P^* \in Syl_{p^*}(G_1)$. 由Frattini论断, $G = N_G(P^*)(G_1)$, 所以$p^k \mid |N_G(P^*)|$. 因为G没有P^*p阶元, $N_G(P^*)$有一个阶为p^k的子群无动点作用在P^*上, 所以$p = 2$时该子群是循环群且$N_G(P^*)$中有p^{k-1}阶元. 另一方面, 因为$GU_m(q) \subseteq GL_m(q^2)$. 由引理3.65, $U_m(q)$中p元素的极大阶$\leqslant p^{\lfloor \log_p m \rfloor}$. 所以我们有$k \leqslant \lfloor \log_p m \rfloor$, p是奇数, 或$k - 1 \leqslant \lfloor \log_p m \rfloor$, $(p = 2)$. 又由$\lfloor \log_p m \rfloor + 1 < m < (1/2)nm(m-1)$ $(m \geqslant 4)$, 我们有$k < (1/2)nm(m-1)$, 且$p \mid |G^*|$. 所以极小正规子群G^*是非交换的单群, 因为G^*中没有p^*p阶元.

(c) p^t和$|G^*|$的估量, 其中$p^t \mid |G^*|$.

由(b), 有$t \geqslant (1/2)nm(m-1) - \lfloor \log_p m \rfloor$, $(p$是奇数).

进一步, 若$p \geqslant 7$, $m \geqslant 4$; 或$p = 5$, $m \geqslant 5$; 或$p = 3$, $m \geqslant 6$; 或$p \geqslant 3$, $n \geqslant 2(m \geqslant 4)$, 我们有$(1/3)nm \geqslant \lfloor \log_p m \rfloor$. 故若$m \geqslant 5$, $(m, p) \neq (5, 3)$; 或$m = 4$, $n \geqslant 2$, 有

$$t \geqslant (1/2)nm(m-1) - (1/3)nm = (1/2)(m - 5/3) > 5,$$

$$|G^*| \leqslant p^t \prod_{i=2}^{m} ((p^n)^i - (-1)^i) < p^t p^{(1/2)n(m-1)(m+2)} \leqslant p^{3t}.$$

若$m = 4$且$n = 1$, 由引理3.63我们只需要考虑$p \geqslant 5$的情况. 由(b)直接计算有$t \geqslant 5$且$|G^*| < p^{3t}$.

若$p = 2$, $m \geqslant 14$或$p = 2$, $m \geqslant 6$且$n \geqslant 2$, 有

$$t \geqslant (1/2)nm(m-1) - (3/8)nm = (1/2)(m - 7/4) \geqslant 9,$$

且

$$|G^*| \leqslant p^t \prod_{i=2}^{m} ((p^n)^i - (-1)^i) < p^t p^{(1/2)n(m-1)(m+2)} \leqslant p^{3t}.$$

$t \geqslant (1/2)nm(m-1) - \lfloor \log_p m \rfloor - 1$. 故若$H$不是引理3.63中的群, 则$G^*$是引理3.26或引理3.27中的群.

(d) $T \cap \pi(G/G_1) = \emptyset$ 或$p^{(1/2)nm(m-1)} \mid |G^*|$ (即$p \nmid |G/G_1|$).

若不然, 则$T \cap \pi(G/G_1) \neq \emptyset$. 且$p^k \parallel |G/G_1|$, $k \geqslant 1$. 由定理(b)的证明, 我们有$p^t \parallel |G_1|$, $t = (1/2)nm(m-1) - k \geqslant 1$. 设$P \in Syl_p(G_1)$, 则$G = N_G(P)G_1$. 注意到$T \cap \pi(G/G_1) \neq \emptyset$, 则存在某个素数$p_1 \in T_1$ (或某个素数$p_2 \in T_2$)使得$p_1 \mid |N_G(P)|$或($p_2 \mid |N_G(P)|$). 由引理3.62知G无$p_1 p$(或$p_2 p$)阶元, $|P| \equiv 1 (\mathrm{mod}\ p_1)$ (或$|P| \equiv 1 (\mathrm{mod}\ p_2)$). 故$nm \mid t$, 或$(1/2)nm \mid t$ (若$m/2$是奇数)(或$n(m-1) \mid t$或$(1/2)n(m-1) \mid t$ (若$(m-1)/2$是奇数)). 注意到$t = (1/2)nm(m-1) - k$, 则$nm \mid 2k$ (或$n(m-1) \mid 2k$). 我们可得$k \geqslant (1/2)n(m-1)$. 如果$n \geqslant 2$, p是奇数; 或者$n = 1$, $p = 3$, $m \geqslant 6$, 我们有$k \leqslant \lfloor \log_p m \rfloor \leqslant (3/8)nm$. 故$(1/2)n(m-1) \leqslant k \leqslant (3/8)nm$, 且$k = (3/2)n, m = 4$. 进一步, 我们有$4n \mid (6n - (3/2)n)$ (或$3n \mid (6n - (3/2)n)$)(因为$m = 4$不是奇数, 后一种情况不会发生), 矛盾. 并且如果$n \geqslant 3, p = 2$, 或$n = 2, p = 2, m \geqslant 6$, 或$n = 1, p = 2, m \geqslant 14$, 则$k \leqslant \lfloor \log_p m \rfloor + 1 \leqslant (3/8)nm$. 我同样可以推出矛盾.

(e) $T \subseteq \pi(G^*)$.

若$T \cap \pi(G/G_1) \neq \emptyset$, 则我们有$T_1 \cap \pi(G/G_1) \neq \emptyset$ 或$T_2 \cap \pi(G/G_1) \neq \emptyset$, 且$p^{(1/2)nm(m-1)} \parallel |G^*|$. 设$p_1 \in T_1 \cap \pi(G/G_1)$, 则$exp_{p_1}(p) = 2nm$ (m是奇数), 或nm ($m/2$是偶数), 或$(1/2)nm$ ($m/2$是奇数). 但是$p^{p_1 - 1} \equiv 1 (\mathrm{mod}\ p_1)$, 推出$p_1 \geqslant 2nm + 1$ (m是奇数), 或$nm + 1$ ($m/2$是偶数), 或$(1/2)nm + 1$ ($m/2$是奇数). 所以$p_1 \geqslant 5$. 因为G/N中无pp_1阶元, 这里$p \mid |G/N|$, 且$p_1 \notin \pi(C_{G/N}(G^*))$,

$$G/G_1 \cong (G/N)/G^* = N_{G/N}(G^*)/G^* = N_{G/N}(G^*)/(G^* C_{G/N}(G^*)).$$

它同构于$Out(G^*)$一个子群. 由$p_1 \in \pi(G/G_1)$知$p_1 \mid |Out(G^*)|$. 注意到当$p_1 \geqslant 5$时, 由文[78]中的表1和表5知p_1只能整除于自同构群的阶. 我们已经证明了G^*是一个特征为p的Lie型单群. 且$p^{(1/2)nm(m-1)} \parallel |G^*|$. 所以$p_1 \mid (1/2)nm(m-1)$. 若$m$是奇数或$m/2$是偶数, 我们有$p_1 \geqslant nm + 1$, 且$p_1$为素数, 矛盾. 若$m/2$是奇数, 我们有$p_1 \geqslant (1/2)nm(m-1)$, 则$p_1 \mid m-1$. 进一步, $n = 1$, $p_1 = m - 1$. 但就这种情况而言, 由$exp_{p_1}(p) = (1/2)nm$, 有$(1/2)m \mid p_1 - 1$. 故$(1/2)m \mid m - 2$, $m \mid 2m - 4$, $m \mid 4$, 我们得到$m = 4$. 这与$p_1 \geqslant 5$矛盾.

用同样的方法, 我们可以证明$T_2 \cap \pi(G/G_1) = \emptyset$, 所以$T \subseteq \pi(G^*)$.

(2) $G \cong U_m(q)$, $m \geqslant 4$, $q = p^n$, p是素数.

由定理3.12的条件(2)我们只需要证明$G^* \cong H$.

(a) 若$G^* \cong U_{m_1}(q_1)$, $q_1 = p^{n_1}$, $m_1 \geqslant 3$, 则有$m = m_1$, $n = n_1$.

(i) 假定m是奇数且m_1是偶数, 由$T \subseteq \pi(G^*)$, 我们有$p_1 \in \pi(G^*)$, $p_1 \in T$且$exp_{p_1}(p) = 2nm$, (m是奇数). 比较p模上$|U_{m_1}(q_1)|$的素因子的方次数, 我们有$2nm = 2n_1(m_1 - 1)$, 故$nm = n_1(m_1 - 1)$.

若$p \neq 2$, 或$p = 2$, 且$nm \neq 5, 11$, 则存在一个素数r使得$r \mid p^{n_1 m_1} - 1$, $exp_r(p) = n_1 m_1$. 由假设$G^* \cong U_{m_1}(q_1)$, $r \mid |U_m(q)|$. 因为$n_1 m_1 > n_1(m_1 - 1) = nm \geqslant n(m - j)$, 通过比较$p$模上$|U_m(q)|$的素因子的方次数, 我们可以找到一个偶数$i$使得$n_1 m_1 = 2n(m - i)$. 由引理3.58, 存在一个素数$s$, $s \mid p^{n(m-i)} - 1$且$exp_s(p) = n(m - i)$. 对这个s, 我们有$s \mid |G^*|$, 故$s \mid |U_m(q)|$, 这与引理3.64矛盾. 若$p = 2$, $nm = 5, 11$, H在定理3.57 中只能是$U_5(2)$, $U_{11}(2)$, 且$U_{m_1}(q_1)$只能是$U_6(2)$或$U_{12}(2)$. 因此我们得到$|U_6(2)| \mid |U_5(2)|$, 或$|U_{12}(2)| \mid |U_6(2)|$, 矛盾.

(ii) 假设m是偶数, m_1是奇数, 与(i)的证明一样, 我们同样可以得到矛盾.

(iii) 假设m是奇数, 且m_1也是奇数, 由$T \subseteq \pi(G^*)$, 我们有$2nm = 2n_1 m_1$, 即$nm = n_1 m_1$.

若$(m - 1)/2$是偶数, 我们有$n(m - 1) = 2n_1(m_1 - j)$, j是偶数, 或者$n(m - 1) \mid n_1(m_1 - i)$. 假设$n(m - 1) = 2n_1(m_1 - j)$, 则$(m - 1)/2$是奇数, 矛盾. 假设$n(m - 1) \mid n_1(m_1 - i)$. 则$n_1(m_1 - i) = kn(m - 1)$ 且有$(m_1 - i)/m_1 = k(m - 1)/m$, 即$1 - (i/m_1) = k(1 - (1/m))$. 所以$k = 1, i = 1, m = m_1, n = n_1$.

若$(m-1)/2$是奇数, 由$T \subseteq \pi(G^*)$有$(1/2)n(m-1) = 2n_1(m_1 - j)$, j是偶数, 或者$(1/2)n(m-1)(m-1) \mid n_1(m_1 - i)$. 假设$(1/2)n(m-1) = 2n_1(m_1 - j)$, 则$n(m - 1) = 4n_1(m_1 - j)$. 注意到$m, m_1$是偶数, $nm = n_1 m_1$, 且j是偶数, 所以$4 \mid m - 1$, 矛盾. 假设$(1/2)n(m-1) \mid n_1(m_1 - i)$, 我们有$2n_1(m_1 - i) = kn(m-1)$, 所以$2(1 - (i/m_1)) = k(1 - (1/m))$, 故$k = 2, i = 1, m = m_1, n = n_1$.

(iv) 假设m, m_1都是偶数, 与(iii)类似的证明我们可以得到$m = m_1$, $n = n_1$.

(b) $G^* \not\cong L_{m_1}(q_1)$, $q_1 = p^{n_1}$.

若不然, 我们有$2nm = n_1 m_1$, m是奇数, 则由引理3.64, 存在一个素数r, $r|(p^{nm} - 1)$, $exp_r(p) = nm$, 且$r \nmid |U_m(p^n)|$, 矛盾. 如果m是偶数, 由引理3.63, 我们可以假设$(m, p^n) \neq (4, 4)$, 则由引理3.64, 存在一个素数r, $r|p^{n(m-1)}$, $exp_r(p) = n(m-1)$且$r \nmid |U_m(p^n)|$. 矛盾.

(c) $G^* \not\cong G_2(q_1)$, $q_1 = p^{n_1}$.

若不然, 由$T \subseteq \pi(G^*)$及$G_2(q_1)$的阶, 我们有$2nm = 6n_1$, m是奇数, 则由引理2.30, 存在一个素数r, $r \in \pi(G_2(q_1))$, $exp_r(p) = nm$, $r \nmid |U_m(p^n)|$, 矛盾. 若m是偶数, 由引理3.63我们可以假定$(m, p^n) \neq (4, 4)$, 又$T \subseteq \pi(G^*)$, 我们有$2n(m - 1) = 6n_1$, 则由引理3.64, 存在一个素数r, $r \in \pi(G_2(q_1))$, $exp_r(p) = n(m-1)$, $r \nmid |U_m(q)|$. 矛盾.

(d) $G^* \not\cong L_2(q_1)$, $q_1 = 2^r - 1$是Mersenne 素数, 或$q_1 = 2^r + 1$ 是Fermat 素数.

若不然, 我们有$G^* \cong L_2(q_1)$, 若$q_1 = 2^r - 1$, 则r是素数, $p = 2$, $t = r$且$2^t \| |G^*|$. 因为$|L_2(q_1)| = 2^r(2^{r-1} - 1)(2^r - 1)$, 则有$2nm = r$或$2n(m-1) = r$这与$r$是素数及$m \geqslant 4$矛盾. 若$q_1 = 2^{2^b} + 1$是Fermat素数, 则$t = 2^b$, $p = 2$且$2^t \| |G^*|$. 由$T \subseteq \pi(G^*)$, 我们有$2nm = 2^{b+1}$或$2n(m - 1) = 2^{b+1}$, 前者与m是奇数矛盾, 后者与m是偶数矛盾.

(e) $G^* \not\cong M_{24}$

若不然, 我们有$2nm = 11$或$2n(m - 1) = 11$, 因为$|M_{24}| = 2^{10} \cdot 3^3 \cdot 5 \cdot 7 \cdot 11 \cdot 23$, $exp_{23}(2) = 11$, 且$T \subseteq \pi(G^*)$, 矛盾.

利用(b),(c),(d),(e)证明的相似性, 我们可以证明G^*不与引理3.26和引理3.54中其他单群同构除了$U_m(q)$, 则$G^* \cong H$, 定理3.12得证. □

§3.4.4　Suzuki-Ree群

Suzuki-Ree群是发现的较迟的一类Lie型群, 它有三族无限系列, 即$S_n(q), q = 2^d$; $R(q), q = 3^d$;以及$^2F_4(q), q = 2^d$; 其中d为奇数. 除去$d = 1$的情形外, 它们都是单群.

引理 3.66. 设$a, b \in {}^2F_4(q), q = 2^{2m+1}, |a| = 2$, 且$ab = ba$, 则$\pi(|b|) \subseteq \pi(q(q^4 - 1))$.

证明. 由文献[13](18.6) 即得. □

引理 3.67. 设x为$^2F_4(q)$中的2-元素, 则$|x| \leqslant 2^5$.

证明. 设$^2F_4(q)$的Sylow 2-子群为$T = T(q)$. 由文献[248]知$T = \langle \alpha_1(t), \alpha_2(t), \cdots, \alpha_{12}(t) \rangle$. 从文献[235]知$T$有$q^{10}$阶正规子群$J = \langle \alpha_3(t), \alpha_4(t), \cdots, \alpha_{12}(t) \rangle$, 且$J$的类为3. 进一步, J的导群J'为q^5阶初等交换群. 又$V_i = \langle \alpha_i(t)|t \in GF(q) \rangle$为初等交换群, $i = 2,3,7,8,9,10,11,12$; $V_j = \langle \alpha_j(t)|t \in GF(q) \rangle$为$q^2$阶Suzuki 2-群, $j = 1,4,5,6$. 于是从Suzuki 2-群的指数为4知道J的指数不大于8. 再由T/J同构于q^2阶Suzuki 2-群便知结论成立. $\square$

引理 3.68. 设G是群, 则$G \cong S_\pi(2^{2m+1}), m \geqslant 0$, 当且仅当:

(1) $\pi_e(G) = \pi_e(S_\pi(2^{2m+1}))$;

(2) $|G| = |S_\pi(2^{2m+1})|$.

证明. 当$m \geqslant 1$时, $S_\pi(2^{2m+1})$为单群, 结论已由文献[262]定理3所证. 而$S_\pi(2) = Z_5 \rtimes Z_4$, 是一个20阶Frobenius 群, 引理成立. $\square$

引理 3.69. 设G是群, 则$G \cong R(3^{2m+1}), m \geqslant 0$, 当且仅当:

(1) $\pi_e(G) = \pi_e(R(3^{2m+1})$;

(2) $|G| = |R(3^{2m+1})|$.

证明. 当$m \geqslant 1$时, $R(3^{2m+1})$为单群, 结论已由文献[262]定理3所证. 而$R(3) = L_2(8) \rtimes Z_3$, 为$L_2(8)$的自同构群. 因$\pi_e(R(3)) = \{1,2,3,6,7,9\}$, 故由条件(1)知此时$G$的Sylow 2-子群为初等交换群. 又由$|G| = |R(3)| = 2^3 \cdot 3^3 \cdot 7$知$G$为非可解群(见文献[287]定理2.4). 再比较G和它的单合成因子的阶, 便知结论成立. $\square$

定理 3.70. 设G是群, M为*Suzuki-Ree*群, 则$G \cong M$当且仅当:

(1) $\pi_e(G) = \pi_e(M)$, 这里$\pi_e(G)$表示G中元的阶之集;

(2) $|G| = |M|$.

证明. 由引理3.68和3.69,只需证$M = ^2F_4(2^{2m+1})$的情形, 且只需证充分性. 当$m = 0$时, $^2F_4(2)$为Tits 单群$^2F_4(2)'$的自同构群. 因$\pi_e(^2F_4(2)) = \{1,2,3,4,5,6,8,10,12,13,16,20\}$, $|^2F_4(2)| = 2^{12} \cdot 3^3 \cdot 5^2 \cdot 13$, 故由条件知此时$G$是非可解群. 类同于文献[262]定理3对于$^2F_4(2)'$的讨论, 同样可得$G \cong {}^2F_4(2)$. 当$m \geqslant 1$时, 单群$^2F_4(2^{2m+1})$的元的阶之集既含3又含4, 故

不能类似于$S_\pi(q)$或$R(q)$进行简单讨论. 我们从群阶的条件(2)出发来考虑.

设$T_1 = \pi(q^4 - q^2 + 1), T_2 = \pi(\frac{1}{3}(q^2 - q + 1))$,其中$q = 2^{2m+1}, m \geqslant 1$. 易知$T_1 \cap T_2 = \emptyset$. 再令$T_1' = \{p_1 | p_1 \in T_1,且2模p_1的指数为$12(2m + 1)\}, T_2' = \{p_2 | p_2 \in T_2,且2模p_2的指数为$6(2m + 1)\}$. 由定理1.33, 即知$T_i' \neq \emptyset, i = 1, 2$. 最后再设$T = T_1 \cup T_2, T' = T_1' \cup T_2'$,显然, $T' \subseteq T$.

再设$G = G_0 > G_1 > \cdots > G_{k-1} > G_k = 1$是$G$的正规列, 其中$G_i/G_{i+1}$为$G/G_{i+1}$的极小正规子群. 于是存在某些$j$使得$\pi(G_j) \cap T = \emptyset$,而$\pi(G_{j-1}) \cap T \neq \emptyset$. 令$G_j = N, G_{j-1} = H$,得$G \geqslant H > N \geqslant 1$为$G$的正规列, 且$\overline{H} = H/N$是$\overline{G} = G/N$的极小正规子群. 又$\pi(N) \cap T = \emptyset$,而$\pi(H) \cap T \neq \emptyset$.

论断1. $\overline{H}$ 是引理3.44中所列出的单群, 且$T' \subseteq \pi(\overline{H})$.

(a) $2 \nmid |N|$. 若不然, 可设$1 \neq S_2 \in Syl_2 N$. 由Frattini推理得$G = N_G(S_2)N$, 于是$T \subseteq \pi(N_G(S_2))$. 因$G$中不含有$2p_i$阶元, $p_i \in T$(引理3.66), 又2模T_1'中数的指数为$12(2m + 1)$, 从文献[287] 定理2.4 即得$|S_2| = q^{12}$. 故$N_G(S_2)$ 为2-闭. 对一切$p_i \in T$, 考虑可解群$N_G(S_2)$的$\{2, p_1, p_2, \cdots, p_t\}$-Hall子群$C$, $p_i \in T$. 显然C为可解CIT 群[99], 由文献[274] 定理2得$C = S_2 \rtimes K$, 其中K是两个阶互素的循环群的积. 这矛盾于

$$|K| = (q^4 - q^2 + 1) \cdot (\tfrac{1}{3}(q^2 - q + 1))$$
$$= (q^2 + q\sqrt{2q} + q + \sqrt{2q} + 1)(q^2 - q\sqrt{2q} + q - \sqrt{2q} + 1) \cdot (\tfrac{1}{3}(q^2 - q + 1))$$

以及$^2F_4(q)$的极大循环子群的阶为$(q^2 + q\sqrt{2q} + q + \sqrt{2q} + 1)$ (Feit, W.施武杰文[264]中定理3.1).

(b) $\overline{H}$为非交换单群, 且若$2^k \parallel |G/H|$, 则$k \leqslant 6$. 因$\pi(H) \cap T \neq \emptyset$, 故存在$1 \neq P^* \in Syl_{p^*}H, p^* \in \pi(H) \cap T$, 于是$G = N_G(P^*)H$. 若$2 \nmid |\overline{H}|$, 则$2 \nmid |H|$,推出$2^{12(2m+1)} \mid |G/H|$, 从而$2^{12(2m+1)}$整除$N_G(P^*)$的阶. 由$G$中不含$2p^*$阶元知$N_G(P^*)$的Sylow 2-子群或为循环或为广义四元素群. 这样G中含有$2^{12(2m+1)-1}$阶元, 矛盾于引理3.67. 所以$2 \mid |\overline{H}|$, 再由$\overline{H}$中不含$2p^*$阶元, $\overline{H}$为同构单群的直积, 便得$\overline{H}$为非交换单群. 同理可知, 若$2^k \parallel |G/H|$, 则$k \leqslant 6$.

(c) 2^t和$\overline{H}$的估计, 其中$2^t \parallel |\overline{H}|$. 设$2^t \parallel |\overline{H}|$, 因$2 \nmid |N|$, 得$2^{12(2m+1)-t}$整除$|G/N|$, 于是由(b) 知$t \geqslant 12(2m + 1) - 6$. 因$|G| = q^{12}(q^6 + 1)(q^4 - 1)(q^3 + 1)(q - 1) < q^{30}$, 而$t \geqslant 10(2m + 1)(m \geqslant 1)$, 故$|\overline{H}| < 2^{3t}$. $\overline{H}$为引理3.45中所

列的单群.

(d) $T' \cap \pi(G/H) = \emptyset$ 或 $q^{12} \mid |\overline{H}|$. 若不然, 则有 $T_1' \cap \pi(G/H) \neq \emptyset$ 或者 $T_2' \cap \pi(G/H) \neq \emptyset$, 且 $2^k \parallel |G/H|, k \geqslant 1$. 若 $T_1' \cap \pi(G/H) \neq \emptyset$, 考虑 $|\overline{H}|$ 的 Sylow 2-子群 $\overline{S}_2$ 在 $\overline{G}$ 中的正规化子 $N_{\overline{G}}(\overline{S}_2)$, 我们有 $\overline{G} = N_{\overline{G}}(\overline{S}_2)\overline{H}$. 设 $p_1' \in T_1' \cap \pi(\overline{G}/\overline{H})$, 因 2 模 p_1' 的指数为 $12(2m+1)$, 又 G 中不含 $2p_1'$ 阶元, 得 $|\overline{S}_1| = q^{12}$. 矛盾于 $2 \mid |G/H|$. 若 $T_2' \cap \pi(G/H) \neq \emptyset$, 由 2 模 T_2' 中数的指数为 $6(2m+1)$ 以及 $k \leqslant 6$ 同样可以导出矛盾.

(e) $T' \subseteq \pi(\overline{H})$. 因 $T' \cap \pi(N) = \emptyset$, 故只需证 $T' \cap \pi(G/H) = \emptyset$. 若 $T' \cap \pi(G/H) \neq \emptyset$, 则由 (d) 知此时 q^{12} 整除 $\overline{H}$ 的阶. 如果 $T_1' \cap \pi(G/H) \neq \emptyset$, 设 $p_1 \in T_1' \cap \pi(G/H)$, 于是 $p_1 \mid 2^{12(2m+1)} - 1$, 且 $p_1 \nmid 2^r - 1, \forall r < 12(2m+1)$. 因 $2^{p_1-1} \equiv 1 (\text{mod} p_1)$, 得 $12(2m+1) \leqslant p_1 - 1$, 因此 $p_1 \geqslant 37$. 而由 $\overline{G}$ 不含 $2p_1$ 阶元知 $p_1 \notin \pi(C_{\overline{G}}(\overline{H}))$. 再从 $p_1 \in \pi(G/H)$ 及 $\overline{G}/\overline{H}C_G(\overline{H}) = N_{\overline{G}}(\overline{H})/\overline{H}C_G(\overline{H}) \cong Out(\overline{H})$ 的子群, 推出 $p_1 \mid |Out(\overline{H})|$. 因 $p_1 \geqslant 5$, 由文献[78]表 1 和表 5 知 p_1 只能整除 $\overline{H}$ 的域自同构的阶 $f, f = 12(2m+1)$. 这矛盾于 $12(2m+1) \leqslant p_1 - 1$. 同理可证 $T_2' \cap \pi(G/H) = \emptyset$, 故 $T' \subseteq \pi(\overline{H})$.

论断2. $G \cong {}^2F_4(q), q = 2^{2m+1}, m \geqslant 1$.

若 $\overline{H}$ 为 Lie 型单群, 由引理 3.45 知 $\overline{H}$ 特征为 2, 或 $\overline{H} \cong L_2(r), r$ 为 Fermat 素数或 Mersenne 素数.

(a) $\overline{H} \not\cong L_{n_1}(q_1), q = 2^{2m_1}, n_1 \geqslant 2$. 若不然, 则由 $T' \subseteq \pi(\overline{H})$ 和引理 1.33 推出 $n_1 m_1 = 12(2m+1)$. 而由 $2^{m_1 n_1(n_1-1)/2} \parallel |L_{n_1}(q_1)|$ 得 $n_1 = 2, m_1 = 6(2m+1)$ 或 $n_1 = 3, m_1 = 4(2m+1)$. 于是 $|\overline{H}| = 2^{6(2m+1)}(2^{6(2m+1)} - 1)(2^{6(2m+1)} + 1)$ 或 $|\overline{H}| = 2^{12(2m+1)}(2^{8(2m+1)} - 1)(2^{12(2m+1)} - 1)$. 无论哪种情形, 都矛盾于 $|\overline{H}| \mid |G|$. 同理可证 $\overline{H}$ 不同构于 $B_{n_1}(q_1), C_{n_1}(q_1)$ (此时 $C_{n_1}(q_1) \cong B_{n_1}(q_1)$), $D_{n_1}(q_1), G_2(q_1), F_4(q_1), E_6(q_1), E_7(q_1)$ 或 $E_8(q_1)$, 其中 $q_1 = 2^{m_1}$.

(b) $\overline{H} \not\cong U_{n_1}(q_1), q_1 = 2^{2m_1}, n_1 \geqslant 3$. 设相反, $\overline{H} \cong U_{n_1}(q_1)$. 当 n_1 为偶时, 由 $T' \subseteq \pi(\overline{H})$ 及引理 1.33 推出 $2m_1(n_1-1) = 12(2m+1)$. 从而 $2^{m_1 n_1(n_1-1)/2} \parallel |U_{n_1}(q_1)|$ 得 $n_1 \leqslant 4$. 于是 $n_1 = 4, m_1 = 2(2m+1)$. 计算 $\overline{H}$ 的阶, 与 $|\overline{H}| \mid |G|$ 矛盾. 当 n_1 为奇时, 同样有 $2m_1 n_1 = 12(2m+1)$, 又从 $2^{m_1 n_1(n_1-1)/2} \parallel |U_{n_1}(q_1)|$ 知 $\frac{1}{2}m_1 n_1(n_1-1) \leqslant 12(2m+1)$, 推出 $n_1 = 3, m_1 = 2(2m+1)$ 或 $n_1 = 5, m_1 = \frac{6}{5}(2m+1)$. 若 $n_1 = 3, m_1 = 2(2m+1), |\overline{H}| = 2^{6(2m+1)}(2^{6(2m+1)} - 1)(2^{6(2m+1)} + 1)$, 此时 $\frac{1}{3}(2^{2(2m+1)} - 2^{2m+1} + 1)$ 与 $|\overline{H}|$ 互素, 于是 $T_2' \subsetneq \pi(\overline{H})$,

矛盾于$T' \subseteq \pi(\overline{H})$. 而当$n_1 = 5, m_1 = \frac{6}{5}(2m+1)$时, 直接计算$\overline{H}$得出矛盾. 同理可证$\overline{H}$不同构于$^2B_2(q_1), {}^2D_{n_1}(q_1), {}^3D_4(q_1)$或$^2E_6(q_1)$, 其中$q_1 = 2^{m_1}$.

(c) 当$\overline{H} \cong {}^2F_4(q_1), q_1 = 2^{m_1}$时, $G \cong {}^2F_4(q), q = 2^{2m+1}$. 如果$\overline{H} \cong {}^2F_4(q_1), q_1 = 2^{m_1}$, 则由$T' \subseteq \pi(\overline{H})$及引理1.33知$12m_1 = 12(2m+1)$. 于是$m_1 = 2m+1, \overline{H} \cong {}^2F_4(2^{2m+1})$, 再由条件(2)即得$G \cong {}^2F_4(2^{2m+1})$.

(d) $\overline{H} \not\cong L_2(r), r = 2^s - 1$为Mersenne素数或$r = 2^{2^t} + 1$为Fermat素数. 设$\overline{H} \cong L_2(r), r = 2^s - 1$, 其中$s$为素数, 则由$T' \subseteq \pi(\overline{H})$得$s = 12(2m+1)$, 矛盾. 若$\overline{H} \cong L_2(r), r = 2^{2^t} + 1$,同样可得$2^{t+1} = 12(2m+1)$, 也导出矛盾. 最后, 易知$\overline{H}$不为引理3.45中所列出的散在单群. 事实上, 由论断1中的(a), $2 \nmid |N|$; 又由论断1中的(b), 得如果$2^k \parallel |G/H|$, 则$k \leqslant 6$. 于是由$2^{12(2m+1)}$整除G的阶, $m \geqslant 1$推出$2^{29} \mid |\overline{H}|$, 故$\overline{H}$只可能同构于$B$. 再由$47 \in \pi(B)$, 2模47的指数为23以及$T' \subseteq \pi(\overline{H})$, 同样导出矛盾. 得证. $\square$

§3.4.5 例外单群

定理 3.71. 设G是群, $M(q)$是下面的Lie型单群之一: $G_2(q)$, $F_4(q)$, $E_6(q)$, $E_7(q)$, $E_8(q)$, $^3D_4(q)$, 或$^2E_6(q)$, $q = p^m$. 则$G \cong M(q)$当且仅当

(i) $\pi_e(G) = \pi_e(M(q))$, 其中$\pi_e(G)$是G中元素阶的集合;

(ii) $|G| = |M(q)|$.

为了方便起见, 将$M(q)$表示成下面的群其中之一: $G_2(q)$, $F_4(q)$, $E_6(q)$, $E_7(q)$, $E_8(q)$, $^3D_4(q)$, 或$^2E_6(q)$, $q = p^m$. 下面的引理给出了$M(q)$的阶以及不和p阶元交换的元素阶的素因子的集合.

引理 3.72. 下面给出$M(q)$的阶:

$|G_2(q)| = q^6(q^6 - 1)(q^2 - 1)$;

$|F_4(q)| = q^{24}(q^{12} - 1)(q^8 - 1)(q^6 - 1)(q^2 - 1)$;

$|E_6(q)| = \frac{1}{d}q^{36}(q^{12}-1)(q^9-1)(q^8-1)(q^6-1)(q^5-1)(q^2-1), d = (3, q-1)$;

$|E_7(q)| = \frac{1}{d}q^{63}(q^{18}-1)(q^{14}-1)(q^{12}-1)(q^{10}-1)(q^8-1)(q^6-1)(q^2-1), d = (2, q-1)$;

$|E_8(q)| = q^{120}(q^{30} - 1)(q^{24} - 1)(q^{20} - 1)(q^{18} - 1)(q^{14} - 1)(q^{12} - 1)(q^8 - 1)(q^2 - 1)$;

$|{}^3D_4(q)| = q^{12}(q^8 + q^4 + 1)(q^6 - 1)(q^2 - 1)$;

$|^2E_6(q)| = \frac{1}{d}q^{36}(q^{12}-1)(q^9+1)(q^8-1)(q^6-1)(q^5+1)(q^2-1), d=(3,q+1).$

证明. 见文[264]的表6或者见定理1.32. □

引理 3.73. $M(q)$含有自中心化的循环子群的阶为:

$G_2(q): q^2+q+1;$

$F_4(q): q^4+1;$

$E_6(q): \frac{1}{d}(q^4-q^2+1)(q^2+q+1),\ d=1$或$3;$

$E_7(q): \frac{1}{d}(q^4-q^2+1)(q^3+1),\ d=1$或$2;$

$E_8(q): q^8+q^7-q^5-q^4-q^3+q+1;$

$^3D_4(q): (q^3-1)(q+1);$

$^2E_6(q): \frac{1}{d}(q^4-q^2+1)(q^2+q+1),\ d=1$或$3.$

证明. 见文[99]的定理3.1. □

引理 3.74. 设$a,b \in M(q)$, $q=p^m$, $|a|=p$ 且$ab \neq ba$, 则$T=T_1 \cup T_2 \subseteq \{|b|: ab \neq ba\}$, 其中$T, T_1, T_2$在表1中给出且$T_1 \cap T_2 = \emptyset$.

证明. 当q是偶数, 由文[13]中的(18.4), (13.3), (15.5), (16.20), (17.15), (18.5)和(14.3)立即得到结论. 当q是奇数时, 这结论在文[12]的(14.5) 和文[301]中的第4部分.

表3.15: 例外单群p-阶元中心化子的素因子

$M(q)$	T	T_1	T_2
$G_2(q)$	$\pi^*((q^2-q+1)(q^2+q+1))$	$\pi^*(q^2-q+1)$	$\pi^*(q^2+q+1)$
$F_4(q)$	$\pi'((q^4-q^2+1)(q^4+1))$	$\pi(q^4-q^2+1)$	$\pi'(q^4+1)$
$E_6(q)$	$\pi^*((q^4-q^2+1)(q^6+q^3+1))$	$\pi(q^4-q^2+1)$	$\pi^*(q^6+q^3+1)$
$E_7(q)$	$\overline{\pi}^*((q^6-q^3+1)(\frac{q^7+1}{q+1}))$	$\pi^*(q^6-q^3+1)$	$\overline{\pi}(\frac{q^7+1}{q+1})$
$E_8(q)$	$\pi((q^8-q^4+1)(\frac{q^{10}-q^5+1}{q^2-q+1}))$	$\pi(q^8-q^4+1)$	$\pi(\frac{q^{10}-q^5+1}{q^2-q+1})$
$^3D_4(q)$	$\pi(q^4-q^2+1)$		
$^2E_6(q)$	$\pi^*((q^4-q^2+1)(q^6-q^3+1))$	$\pi(q^4-q^2+1)$	$\pi^*(q^6-q^3+1)$

$\pi'(k)$表示在k中不包含2的素因子的集合, $\pi^*(k)$表示不包含3的素因子的集合, $\overline{\pi}(k)$表示不包含7的素因子的集合, $\overline{\pi}^*(k)$表示不包含3和7的素因子的集合, 由引理3.26知它们都不是空集.

设W和$G(q)$分别是域$K = GF(q)$上的Weyl群和Chevalley群, 则Weyl群在$\overline{G}$中共轭类决定了在$G(q)$中所有极大环面(Abel子群)的阶(见文[71]). 这就为我们证明了Lie型单群的p'-元的阶. 特别地, 对于$^3D_4(q)$我们有下面的引理.

引理 3.75. 在$^3D_4(q)$中恰恰存在7个不同极大环面的共轭类, 它们的结构是: $Z_{q^3-1} \times Z_{q-1}$, $Z_{(q^3-1)(q+1)}$, $Z_{(q^3+1)(q-1)}$, $Z_{q^2+q+1} \times Z_{q^2+q+1}$, $Z_{q^2-q+1} \times Z_{q^2-q+1}$, $Z_{(q^4-q^2+1)}$, $Z_{q^3+1} \times Z_{q+1}$.

证明. 见文[159]的表1. □

引理 3.76. 设P是$M(q)$的一个Sylow p-子群, $q = p^m$, 则P的方次数p^t如下:

$G_2(q)$: $t \leqslant 3(p > 2, m \geqslant 2)$, $t \leqslant 2(p > 2, m = 1)$, $t = 3(p = 2)$;

$F_4(q)$: $t \leqslant 7(p > 2)$, $1 < t \leqslant 7(p = 2)$;

$E_6(q)$: $t \leqslant 5(p > 2)$, $1 < t \leqslant 5(p = 2)$;

$E_7(q)$: $t \leqslant 7(p > 2)$, $1 < t \leqslant 7(p = 2)$;

$E_8(q)$: $t \leqslant 9(p > 2)$, $1 < t \leqslant 9(p = 2)$;

$^3D_4(q)$: $t \leqslant 3(p > 2)$, $t = 3(p = 2)$;

$^2E_6(q)$: $t \leqslant 6(p > 2)$, $1 < t \leqslant 6(p = 2)$;

证明. 当$M(q)$是$F_4(q)$, $E_6(q)$, $E_7(q)$, $E_8(q)$, $^3D_4(q)$, 或$^2E_6(q)$结论包含在文[70]的(4.4), (4.5), (4.6)中. 例如: 若$M(q)$是$E_6(q)$, 则$E_6(q)$包含一个指数为$(q^4 + 1)\frac{q^9-1}{q-1} \cdot \frac{q^{12}-1}{q-1}$的子群$G_i$且$G_i = Q_iL_iH$, 其中$Q_i \lhd H$, $Q_iL_i \lhd H$且H是一个p'-子群(见文[70]中的(2.2)). 因为Q_i是一个阶为q^{21}的特殊的p-子群, $L_i/Z(L_i) \cong A_5(q)$, $Z(L_i)$是p'-子群且$A_5(q)$中p-元的阶$\leqslant p^3$ (在$GL(q)$中p-元素的阶$\leqslant p^{\lceil \log_p n \rceil}$, 其中$\lceil k \rceil$表示$\geqslant k$的最小正整数). 我们有$E_6(q)$中的$p$-元素的阶$\leqslant p^5$. 若$M(q)$是$^3D_4(q)$, 因为$^3D_4(q) \subseteq D_4(q^3)$. 从文[70]的(3.1)可以得到类似的结果($^3D_4(q) \geqslant^3 D_4(p)$, 且$8 \in \pi_e(^3D_4(2))$), 然而$M(q)$是$G_2(q)$, 则因为$G_2(q) <^3 D_4(q)$, $G_2(p) \leqslant G_2(q)$且在$G_2(3)$中

的3-元素的极大阶为9, 由文[70]中的(3.1), 对于$G_2(q)$我们可以得到相同的结论. □

在我们的讨论中$G_2(2) \cong Aut(U_3(3))$是唯一的非单群, 为了完整性, 我们证明下面的引理.

引理 3.77. 设G是群, 则$G \cong G_2(2)$当且仅当 (i) $\pi_e(G) = \pi_e(G_2(2))$, (ii) $|G| = |G_2(2)|$.

证明. 充分性是显然的. 因为$|G| = 2^6 \cdot 3^3 \cdot 7$, 我们可以得到$G$是非可解的, 由$\pi_e(g) = \{1,2,3,4,6,7,8,12\}$得$G$既不是Frobenius群也不是2-Frobenius群, 所以G有一个正规群列$G \geqslant G_1 > N \geqslant 1$, 其中$\overline{G} = G_1/N$是复单群(见文[301]定理A). 在这种情况下, $\overline{G}_1$明显是一个单的K_3-群且$7 \in \pi(\overline{G}_1)$. 检验所有单的$K_3$-群, G_1只能是$U_3(3)$ (见文[118]). 又由条件(ii), 我们有$N = 1$ 且$G \cong G_2(2)$. 因为$\pi_e(U_3(3)) = \pi_e(G_2(2))$, 故必要性得证.

在证明定理之前我们先定义一个集合, 由引理3.74, 设$T'_i = \{p'_i | p'_i \in T_i,$ 且$p(\bmod p_i)$的方次数是$k_i m\}$, $i = 1,2$, 其中k_i在表3.16中给出.

表3.16: 例外单群中的w值

$M(q)$	w	k_1	k_2
$G_2(q)$	6	6	3
$F_4(q)$	24	12	8
$E_6(q)$	36	12	9
$E_7(q)$	126	18	14
$E_8(q)$	120	30	24
$^3D_4(q)$	12		
$^2E_6(q)$	36	18	12

在表3.16 中$w = [k_1, k_2]$, 对于$m = 12$, 设$T'_i = \{p'_i \mid p'_i \in T_i,$ 且$p \,(\bmod p_i)$的方次数是$12m\}$. 所以由引理3.26和引理3.75, 我们有$T'_i \neq \emptyset, i = 1,2$. 又假设$T' = T'_1 \cup T'_2$ (当$M(q) \neq\,^3 D_4(q)$), 故明显有$T' \subseteq T$.

定理 3.78. 设G是群, $M(q)$是下面的Lie型单群之一: $G_2(q)$, $F_4(q)$, $E_6(q)$, $E_7(q)$, $E_8(q)$, $^3D_4(q)$, 或$^2E_6(q)$, $q = 2^m$, p是奇素数, 则$G \cong M(q)$当且仅当

(i) $\pi_e(G) = \pi_e(M(q))$;

(ii) $|G| = |M(q)|$.

证明. 我们只需要证明充分性, 从群的阶的条件以及集合T出发, 我们得到G有一个正规的群列$G \geqslant H > N \geqslant 1$, 其中$\overline{H} = H/N$是$\overline{G} = G/N$的极小正规子群, $\pi(N) \cap T = \emptyset$, 且$\pi(H) \cap T \neq \emptyset$. 这与文[265]中定理的讨论是相似的.

(1) $\overline{H}$是引理3.72中的单群且$T' \subseteq \pi(\overline{H})$.

(a) $2 \nmid |N|$.

若不然, 设$1 \neq S_2 \in Syl_2 N$. 由Frattini论断, 我们有$G = N_G(S_2)N$, 则$T \subseteq \pi(N_G(S_2))$. 因为$S_2 \lhd N_G(S_2)$, 我们可以假定$S_2$是一个初等交换2-群且$S_2 \leqslant P_2$, $P_2 \in Syl_2 G$. 因为若$p_s \in T$, 则G中不存在阶为$2p_s$的群(由引理3.74), 以及$2 \pmod{p'_i}$或$\pmod{p'}$的方次数为$k_i m$或$(12m)$, $i = 1, 2$. 由文[262]引理2可得$|S_2| = |P_2|$. 因此P_2是初等交换2-群且G中无4阶元, 这与条件(i)矛盾.

(b) $\overline{H}$是非交换的单群且若$2^k \| |G/H|$, 则$k \leqslant t+1$, 其中2^t是$M(q)$的Sylow 2-子群的方次数(见文[281]).

因为$\pi(H) \cap T \neq \emptyset$, 则存在$1 \neq P^* \in Syl_{p^*}(H)$, 其中$P^* \in \pi(H) \cap T$, 故有$G = N_G(P^*)H$. 若$2 \nmid |\overline{H}|$, 则$2 \nmid |H|$. 所以$|P_2| \mid |G/H|$, $P_2 \in Syl_2 G$, 且$|P_2| \mid |N_G(P^*)|$. 因为G中无$2p^*$阶元, 所以$N_G(P^*)$的Sylow 2-子群是循环群或者广义四元素群, 因此G中有$1/2(|P_2|)$阶元, 这与引理3.72和引理3.76矛盾. 故$2 \mid |\overline{H}|$, 又因为$\overline{H}$中无$2p^*$阶元, 我们有$\overline{H}$可表示成一些同构单群的直积, 且$\overline{H}$是非交换的单群. 同样地, 若$2^k \| |G/H|$, 则有$k \leqslant t+1$, 其中2^t是$M(q)$的Sylow 2-子群的方次数.

(c)对2^e和$\overline{H}$的估计, 其中$2^e \| |H|$.

设$2^e \| |H|$. 由$2 \nmid |N|$, 有$2^{um-e} \| |G/H|$, 其中$2^{um} = |P_2|$, 故由(b)我们可以找到一个$e \geqslant um - (t+1)$. 因为$|G| = |M(q)|$, 在引理3.77中我们已经讨论了$M(q) = G_2(2)$的情况. 然而对于其他情况, 通过计算我们有$2^{3e} > |G|/2^{t+1} > |\overline{H}|$. 则$\overline{H}$是引理3.27中的单群.

(d) $T' \cap \pi(G/H) = \emptyset$ 或 $2^{um} \mid |\overline{H}|$.

我们分别讨论两种情形: $M(q) = {}^3D_4(q)$ 和 $M(q) \neq {}^3D_4(q)$. 当 $M(q) = {}^3D_4(q)$, 设 $T' \cap \pi(G/H) \neq \emptyset$ 且 $2^{12m} \nmid |\overline{H}|$ (即 $2^k \parallel |G/H|$, $k \geq 1$). 考虑 $\overline{S}_2$ 在 $\overline{G}$ 中的中心化子 $N_{\overline{G}}(\overline{S}_2)$, $\overline{S}_2 \in Syl_2(H)$, 我们有 $\overline{G} = N_{\overline{G}}(\overline{S}_2)H$. 设 $p' \in T' \cap \pi(G/H)$. 因为 $2(\mathrm{mod}\, p')$ 的方次数是 $12m$ 且 G 中无 $2p'$ 阶元, 有 $|\overline{S}_2| = 2^{12m}$, 矛盾.

当 $M(q) \neq^3 D_4(q)$, 我们有 $T' = T_1' \cap T_2'$ 且 $T_i' \neq \emptyset$, $i = 1, 2$. 所以我们可以假设 $T_1' \cap \pi(G/H) \neq \emptyset$ 或 $T_2' \cap \pi(G/H) \neq \emptyset$, 且 $2^k \parallel |G/H|$, $k \geq 1$. 若 $T_i' \cap \pi(G/H) \neq \emptyset$ 且 $2(\mathrm{mod}\, p_i')(p_i' \in \pi(T_i' \cap \pi(G/H)))$ 的方次数为 um, $i = 1, 2$. 跟上面一样我们同样可以导出矛盾. 若 $2(\mathrm{mod}\, p_i')$ 的方次数小于 um, 则由文[262]的引理2有 $2^{vkm} \mid |\overline{H}|$, v 是正整数. 当 $M(q) \neq F_4(2)$ 或 $M(q) \neq E_7(2)$, 由表3.16和引理3.76, 我们直接可以推出矛盾. 当 $M(q) = F_4(2)$, 由文[70]中的(4.4)知在 $E_7(2)$ 中2-元素的阶 $\leq 2^6$. 故我们可以类似的得出矛盾(这种情形中 $p_1' = 19$, $p_2' = 43$ 且 $p_i' \parallel |E_7(2)|$, $i = 1, 2$. 所以若 $2^k \parallel |G/H|$, 则 $k = 1$. 但 $1 + 18v \neq 63$ 且 $1 + 14v \neq 63$, v 是整数).

(e) $T' \subseteq \pi(\overline{H})$.

因为 $T' \cap \pi(N) = \emptyset$, 我们只需要证明 $T' \cap \pi(G/H) = \emptyset$. 若 $T' \cap \pi(G/H) \neq \emptyset$, 由(d), 我们有 $2^{um} \mid |\overline{H}|$. 若 $T' \cap \pi(G/H) \neq \emptyset$, 设 $p_1' \in T_1' \cap \pi(G/H)$. 所以 $p_1' \mid 2^{k_1m} - 1$, 且 $p_1' \nmid 2^c - 1$, $\forall c < k_1m$. 因为 $2^{p_1'-1} \equiv 1(\mathrm{mod}\, p_1')$, 我们有 $k_1m \leq p_1' - 1$. 因此由表3.16有 $p_1' \geq 13$(这里 $M(q) = G_2(2^m)$, $m \geq 2$). 且事实上, $\overline{G}$ 中无 $2p_1'$ 阶元, 有 $p_1' \notin \pi(C_{\overline{G}}(\overline{H}))$. 由 $p_1' \in \pi(G/H)$ 和 $\overline{G}/\overline{H}C_{\overline{G}}(\overline{H}) = N_{\overline{G}}(\overline{H})/\overline{H}C_{\overline{G}}(H)$ 同构于 $Out(\overline{H})$ 的子群, 我们可以证明 $p_1' \mid |Out(\overline{H})|$. 因为 $p_1' \geq 5$, 由文[264]的表1-表5有 $p_1' \mid f$, 即 $\overline{H}$ 的自同构的阶, 这里 $f = m$. 这与 $k_1m \leq p_1' - 1$ 矛盾, 类似地, 我们可以证明 $T_2' \cap \pi(G/H) = \emptyset (T' \cap \pi(G/H) = \emptyset$ 当 $M(q) = {}^3D_4(q))$. 最后可得 $T' \subseteq \pi(\overline{H})$.

(2) $G \cong M(q)$, $q = 2^m$, $m \geq 1$.

若 $\overline{H}$ 是Lie型单群, 则 $\overline{H}$ 特征为2, 或 $\overline{H}$ 是 $L_2(r)$, r 是Fermat 或Mersenne素数, 或 $\overline{H}$ 是 $^2F_4(2)'$.

(a) $\overline{H} \not\cong L_{n_1}(q_1)$, 其中 $q_1 = 2^{m_1}$, $n_1 \geq 2$.

若不然, 由定理1.33及 $T' \subseteq \pi(\overline{H})$, 我们可以得到 $n_1m_1 = k_1m$, k_1 为表3.16中所列出. 然而, 由 $2^{m_1n_1(n_1-1)/2} \parallel |L_{n_1}(q_1)|$ 和引理3.72不难推出:

若$M(q)$是$G_2(q)$或$^3D_4(q)$(在这种情况下$k_1 = w$),$n_1 = 2,3$; 若$M(q)$是$F_4(q)$或$^2E_6(q)$,$n_1 \leqslant 5$; 若$M(q)$是$E_6(q)$,$n_1 \leqslant 7$; 若$M(q)$是$E_7(q)$,$n_1 \leqslant 8$; 若$M(q)$是$E_8(q)$,$n_1 \leqslant 9$. 相应的$m_1 = (k_1m)/n_1$,$n_1 = 2,3,\ldots,9$,注意到$L_{n_1}(2^{m_1})$包含一个阶为$\frac{1}{d}(2^{m_1n_1} - 1)/(2^{m_1} - 1)$的自中心化的极大循环子群,其中$d \mid (n_1, 2^{m_1} - 1)$ (见文[99]定理3.1),又$|\overline{H}| \mid |G|$,故对上面的每一种情况不难导出矛盾. 例如: 当$n_1 = 2$,$|\overline{H}| = 2^{m_1}(2^{2m_1} - 1) = 2^{k_1m}(2^{k_1m} - 1)$且$\overline{H}$有$2^{\frac{1}{2}k_1m} + 1$阶元,矛盾于引理3.73. 又若$n_1 = 9$(当$M(q) = E_8(q)$时),则$m_1 = k_1m/9 = 10m/3$,通过计算$|\overline{H}|$,我们立即知这与$|\overline{H}| \mid |G|$,$|G| = M(q)$矛盾.

用同样的讨论方法我们可以证明$\overline{H}$不同构于$B_{n_1}(q_1)$,$C_{n_1}(q_1)$(在此情形下,存在$C_{n_1}(q_1) = B_{n_1}(q_1)$),自中心化的极大循环子群的阶为$q_1^{n_1} + 1$)或$D_{n_1}(q_1)$ (自中心化的极大循环子群的阶为$q_1^{n_1} - 1$),其中$q_1 = 2^{m_1}$.

(b) $\overline{H} \ncong U_{n_1}(q_1)$,其中$q_1 = 2^{m_1}$且$n_1 \geqslant 3$.

假设$\overline{H} \cong U_{n_1}(q_1)$,若$n_1$是偶数,由$T' \subseteq \pi(\overline{H})$和引理3.26我们可以推出$2m_1(n_1 - 1) = k_1m$. 由$2^{m_1n_1(n_1)/2}$整除$|U_{n_1}(q_1)|$有$n_1 \leqslant 16$. 若$n_1$是奇数,类似地,我们有$2m_1n_1 = k_1m$且$n_1 \leqslant 17$,注意到$U_{n_1}(q_1)$包含一个阶为$\frac{1}{d}(q_1^{n_1} + (-1)^{n_1-1})/(q_1 + 1)$的自中心化的极大循环子群,其中$d \mid (n_1 - 1, q_1 + 1)$且$|\overline{H}| \mid |G|$,跟(a)一样,得到矛盾.

类似地,我们可以证明$\overline{H}$不同构于$^2B_2(q_1)$, $^2D_{n_1}(q_1)$, $^2F_4(q_1)$,其中$q_1 = 2^{m_1}$.

(c) $\overline{H} \ncong L_2(r)$,其中$r = 2^s - 1$是Mersenne素数,或者$r = 2^s + 1$是Fermat 素数.

设$\overline{H} \cong L_2(r)$,其中$r = 2^s - 1$,$s$是素数. 由$T' \subseteq \pi(\overline{H})$得$s = wm$,$w$在表3.16中列出,矛盾. 若$\overline{H} \cong L_2(r)$,其中$r = 2^s + 1$,跟上面一样我们有$2^{t+1} = wm$,同样矛盾.

(d) $\overline{H} \ncong{}^2 F_4(2)'$.

若不然,因为$|^2F_4(2)'| = 2^{11}(2^6+1)(2^4-1)(2^3+1)$,由$T' \subseteq \pi(\overline{H})$得$k_1m = 12$,故由表3.16知$M(q)$ 只能是$G_2(q)$,$F_4(q)$,$E_6(q)$ 或者$^3D_4(q)$. 进一步,若$M(q) = G_2(q)$,$m = 1,2$; 若$M(q) \neq G_2(q)$,$m = 1$. 通过计算这些群的阶立即得到矛盾.

(e) $\overline{H}$只能同构于$M(q_1)$,$q_1 = 2^{m_1}$,且若$\overline{H} \cong M(q_1)$,则$\overline{H} \cong M(q)$,所

以 $\overline{H} \cong M(q)$, $q = 2^m$.

我们把 $M(q)$ 分成7种情况讨论, 即 $M(q) = G_2(q)$, $F_4(q)$, $E_6(q)$, $E_7(q)$, $E_8(q)$, $^3D_4(q)$ 或 $^2E_6(q)$.

当 $M(q) = G_2(q)$ 时, $\overline{H}$ 只能同构于 $G_2(q_1)$. 事实上, 若 $\overline{H} = F_4(q_1)$, $q_1 = 2^{m_1}$, 则由 $T' \subseteq \pi(\overline{H})$ 有 $12m_1 = 6m$. 所以 $2^{24m_1} = 2^{12m}$ 且能整除 $|\overline{H}|$, 矛盾. 同样我们可以证明 $\overline{H} \ncong E_6(q_1)$, $E_7(q_1$, $E_8(q_1)$, $^3D_4(q_1)$, 或 $^2E_6(q_1)$ (当 $\overline{H} \cong{}^3D_4(q_1)$, 用 $|\overline{H}| \mid |G|$ 导出矛盾). 又由下面的讨论(见最后一部分的证明), 我们知道 $\overline{H}$ 不同构于引理3.27中的群, 所以 $\overline{H} \cong G_2(q_1)$, $q_1 = 2^{m_1}$, 而 $\overline{H}$ 是单群. 又因为 $T' \subseteq \pi(\overline{H})$, 我们有 $6m_1 = 6m$, $m_1 = m$ 且 $\overline{H} \cong G_2(2^m)$, 由群的阶的条件(ii)由 $G \cong G_2(q)$, $q = 2^m$.

当 $M(q)$ 分别是 $G_2(q)$, $F_4(q)$, $E_6(q)$, $E_7(q)$, $E_8(q)$, $^3D_4(q)$ 或 $^2E_6(q)$ 用同样的讨论, 我们可以得到 G 分别同构于上面的单群. 例如: 当 $M(q) = F_4(q)$, 由计算知 $\overline{H}$ 只能同构于 $G_2(q_1)$, $F_4(q_1)$, 或 $^3D_4(q_1)$. 若 $\overline{H} \cong{}^3D_4(q_1)$, 则 $m_1 = 2m$ 且由引理3.72知 $\overline{H}$ 中有 $2^{4m} + 2^{2m} + 1$ 阶元, 这与 $F_4(q)$ 的结构相矛盾(见文[71]中的引理5和表4). 若 $\overline{H} \cong{}^3D_4(q_1)$, 则 $m_1 = m$ 且同样由引理3.74知 $\overline{H}$ 中含有 $(2^{3m} - 1)(2^m + 1)$ 阶元, 这同样是不可能的. 故 $\overline{H} \cong F_4(q_1)$ 或故 $\overline{H} \cong F_4(q)$, $q = 2^m$, 另外一个例子, 当 $M(q) = E_6(q)$, $\overline{H}$ 只能同构于 $G_2(q_1)$, $F_4(q_1)$, $^3D_4(q_1)$ 或 $E_6(q_1)$. 若 $\overline{H} \cong G_2(q_1)$, 则 $m_1 = 2m$ 且 $|\overline{H}| = 2^{12m}(2^{12m} - 1)(2^{2m} - 1)$. 通过比较 $|\overline{H}|$ 和 $|E_6(q)|$, 我们有 $T' \nsubseteq \pi(\overline{H})$, 矛盾. 类似地, 我们可以证明 $\overline{H} \ncong F_4(q_1)$ 和 $^3D_4(q_1)$. 故 $\overline{H} \cong E_6(q_1)$ 且 $\overline{H} \cong E_6(q)$.

最后我们证明 $\overline{H}$ 不是引理3.27中的其他的非Lie型单群, 首先由(1a), 可得 $2 \nmid |N|$, 且若 $2^k \parallel |G/H|$, 则由(1b)有 $k \leqslant t + 1$, 其中 t 是引理3.76中所给出的 t. 由引理3.72有 $2^9 \mid |\overline{H}|$ ($M(q) = G_2(2^m)$, $m \geqslant 2$). 所以由引理3.27, $\overline{H}$ 只能是 HS, M_{24}, Suz, Ru, Fi_{22}, Co_1, Co_2 或 B.

若 $\overline{H} \cong HS$, M_{24}, Suz, Ru 或 Fi_{22}, 则由 $2^{18} \nmid |\overline{H}|$ 知 $M(q)$ 只能是 $G_2(4)$, $G_2(8)$, $F_4(2)$ 或 $^3D_4(2)$. 但是当 $\overline{H} \cong HS$, M_{24}, Suz 或 Fi_{22} 时, $11 \mid |\overline{H}|$, 且 $11 \nmid |G_2(4)| \cdot |G_2(8)| \cdot |F_4(2)| \cdot |^3D_4(2)|$, 矛盾. 当 $\overline{H} \cong Ru$, $29 \mid |\overline{H}|$, 但 $29 \nmid |M(q)|$, 矛盾. 若当 $\overline{H} \cong Co_1, Co_2$, 或 B 时, 则由 $2^{42} \nmid |\overline{H}|$ 知 $M(q)$ 只能是 $G_2(2^i)$, $i = 2, 3, \ldots, 7$, $F_4(2)$, $F_4(4)$, $E_6(2)$, $^3D_4(2^i)$, $i = 1, 2, 3$, 或 $^2E_6(2)$. 由 $23 \mid |\overline{H}|$ 但 $23 \nmid |M(q)|$ 和 $|M(q)| = |G|$, 我们同样可以得到矛盾. 定理得证. □

当 $M(q)$ 是特征为奇数 p 的Lie型单群时, 用同样的讨论方法, 在证明定理3.78中的结论(1a)一定不能得到, 因为它的Sylow p-子群的方次数是p(见引理3.76), 我们把它分开来证.

定理 3.79. 设G是群, 则$G \cong E_7(q)$, $q = p^m$, p是奇素数当且仅当

(i) $\pi_e(G) = \pi_e(E_7(q))$;

(ii) $|G| = |E_7(q)|$.

证明. 我们只需要证明充分性, 进一步, 我们仅仅只需证明$p \nmid |N|$(N是证明定理3.78中的N), 用引理3.26以及做一些相应的计算, 其他部分的讨论和定理3.78完全类似.

设$1 \neq S_p \in Syl_p(N)$. 因为$p(\mathrm{mod} p_1')$ (或$\mathrm{mod} p_2'$) 的方次数是$18m$ (或$14m$). 由文[262]中的引理2我们有$|S_p| = p^{126pm}$, $v = 1, 2, \cdots$, 则$|S_p| > |P|$, $P \in Syl_p(G)$, 这与条件(ii)矛盾. □

定理 3.80. 设G是有限群, $M(q)$是下面的Lie型单群之一: $G_2(q)$, $F_4(q)$, $E_6(q)$, $E_8(q)$, $^3D_4(q)$ 或$^2E_6(q)$, $q = p^m$, p是奇素数, 则$G \cong M(q)$, 当且仅当

(i) $\pi_e(G) = \pi_e(M(q))$;

(ii) $|G| = |M(q)|$.

证明. 充分性是显然的.

首先我们证明G是非可解的且G不是Frobenius群或2-Frobenius群.

若G是可解群, 由$\pi_e(G) = \pi_e(M(q))$, 对$M(q) \neq {}^3D_4(q)$, 我们可以考虑G的$\{p, p_1', p_2'\}$-Hall 子群K. 其中$p_i' \in T_i'$, T_i', $(i = 1, 2)$是证明定理3.78中所定义的. 因为$T_i' \neq \emptyset$, 所以p_1'存在, $i = 1, 2$. 因为G中无pp_1', pp_2', $p_1'p_2'$阶元, K是可解群, 所有元的阶都是素数幂. 但是$|\pi(K)| = 3$, 矛盾. 当$M(q) = {}^3D_4(q)$, 引理3.75给我们提供了$M(q)$的所有极大环面的共轭类, 它们包含了$^3D_4(q)$的所有p'-元. 若G可解, 跟上面一样我们可以导出矛盾. 类似地, 若G是Frobenius群, 则由文[241]中的定理18.6, 我们可以导出矛盾(当$M(q)$是$G_2(q)$或$^3D_4(q)$, 我们用引理3.75以及文[72]中的定理2.8). 用同样的讨论, 我们可以证明G不是2-Frobenius群.

从而G有一个正规群列$G \geqslant H > N \geqslant 1$, 其中$\pi(G/H) \subseteq \pi_1$, $\pi(N) \subseteq \pi_1$, 且$\overline{H} = H/N$是一个非交换的单群(π_1表示包含2的分支, 且G和$M(q)$具有相同的素数表分支), 为了方便, 我们在表3.17中列出$M(q)$的素数表, 其中π_1'表示不包含2的连通分支, 显然, $\pi_1' \subseteq \pi(H)$.

现在我们证明 $G = M(q)$. 跟定理3.79的证明一样, 我们只需证 $p \nmid |N|$ 且其他部分的讨论和定理3.78的证明类似(用引理3.26). 假设 $p \mid |N|$, 设 $1 \neq S_p \in Syl_p N$ 且 $p^* \in \pi_1'$. 因为连通分支的个数大于等于2, 由 p^*-元生成的子群无动点作用在 N 上, N 是幂零群. 所以 $T \cap \pi(N) = \emptyset$, 其中 T 是引理3.74中表3.15给出的的 T.

表3.17: 例外单群的 π_1 和 π'

$M(q)$		π_1	π_1'
$G_2(q)$	$q \equiv 1 (\bmod\ 3)$ $q \equiv -1 (\bmod\ 3)$ $q \equiv 0 (\bmod\ 3)$	$q, q^2-1, q^3-1q, q^2-1, q^3+1q, q^2-1$	6
$F_4(q)$		24	12
$E_6(q)$		36	12
$E_7(q)$		126	18
$E_8(q)$		120	30
$^3D_4(q)$		12	
$^2E_6(q)$		36	18

不是一般性, 我们可以假设 N 是一个 p-群, 又设 T', T_1', T_2' 是表3.16后面所定义的集合, 其中 k_1, k_2, w 对应于表3.16中所给出的. 由计算我们可以得到 $|N| = |P|$, 由文[262]中的引理2有 $P \in Syl_p(G)$ (见引理3.73). 故 $p \notin \pi(\overline{H})$. 但是由表3.17我们有 $p \in \pi_1$. 这与文[301]中的引理2矛盾.

$\square$

由定理3.78, 3.79, 3.80我们有下面的结果:

定理 3.81. 设 G 是群, $M(q)$ 是下面的 Lie 型单群之一: $G_2(q)$, $F_4(q)$, $E_6(q)$, $E_7(q)$, $E_8(q)$, $^3D_4(q)$, 或 $^2E_6(q)$, $q = p^m$, p 是奇素数, 则 $G \cong M(q)$ 当且仅当

(i) $\pi_e(G) = \pi_e(M(q))$;

(ii) $|G| = |M(q)|$.

§3.4.6　正交群

本小节考虑正交群的情形, 由于篇幅原因, 我们不给出此类群的证明, 可以参考 A. Vasilev, Grechkoseeva 和 Mazurov 的文章[295], 此文章解决了正交群的情形, 从而完成施猜想的证明. 但是我们还是给出一个 B 型和 C 型具有不同的元素阶集合的证明, 我们使用的是施武杰的证明方法, 见文[268].

引理 3.82. $\pi_e(B_n(q)) \neq \pi_e(C_n(q))$, q 为奇素数, $n \geqslant 3$.

证明. 首先, $C_n(q) \cong PSp(2n, q)$, 这里 $q = p^l$, 有如下中心积 $SL_2(q) * Sp(2n-2, q)$. 事实上, 设

$$z = \begin{pmatrix} -I_2 & 0 \\ 0 & I_{n-2} \end{pmatrix},$$

则使用双曲型基, 我们有 $z \in Sp(2n, q)$ and $C(z)$ 包含 $SL_2(q) \times Sp(2n-2, q)$ 作为正规子群. 在这个从 $Sp(2n, q)$ 到 $PSp(2n, q)$ 的同态下, 这个群就映射到 $SL2(q) * Sp(2n-2, q)$, 因为在 $Sp(2n-2, q)$ 中存在 $q^{n-1} + 1$ (见[119, 定理 5.6]), 则 $C_n(q)$ 中有 $p(q^{n-1} + 1)$ 阶元.

设 r 为 $q^{2n-2} - 1$ 的本原素因子. 另外, 设 2^k 是 $q^{n-1} + 1$ 的最大的 2 的幂的印子, 则 $(q^{n-1} + 1) = 2^k rd$, 这里 d 为奇数. 因此 $C_n(q)$ 有 $2^k prd$ 阶元. 我们以下说明 $B_n(q)$ 不存在这么多阶元.

对于情形 $q \equiv 1 \pmod 4$, 当 $q \equiv -1 \pmod 4$ 且 n 为奇数时, 我们有最大的幂 k 为 1. 我们要证 $B_n(q)$ 不包含任何 $2pr$ 阶元. 如果

$$x \in B_n(q) = G, \ o(x) = 2pr,$$

则

$$x \in C_G(t), \ t = x^{pr}.$$

我们考虑 2 阶元在单群 $B_n(q)$ 中的中心化子的型(见文[301]). 如果 $x \in C_G(t)$, 则 $x^{2p} \in C_G(t)$, 且 $r \mid |C_G(t)|$. 因为对于 $e < 2n - 2$ 有 $r \mid q^{2n-2} - 1$ 且 $r \nmid q^e - 1$, 所以仅有 $B_n(q)$ 中二阶元中心化子型为 $B_{n-1}(q)$, $D_n(q)$ 和 $^2D_n(q)$ 三种能够被 r 整除. 在 $C_G(t)$ 中元 x 也中心化 p-元 $y = x^{2r}$. 因

此$x \in C_G(t) \cap C_G(y)$ 且$C_G(t) \cap C_G(y)$ 必定包含元r 阶元x^{2p}. 因为y 为一个p-元, 那样的元x 必定在某个抛物子群$C_G(t)$ (见[158, 命题5.2.10]). 现在使用Dynkin图对应的极大抛物子群, 我们考虑$B_{n-1}(q)$的抛物子群的阶. 它们是如下之一:

(a) $q^k \cdot |A_{n-2}(q)|$,

(b) $q^s \cdot |B_{n-2}(q)|$,

(c) $q^t \cdot |B_{n-4}(q)| \cdot |A_2(q)|$.

从r的选取, 得到那样的元素x^2 不存在. 同样我们可以检查$D_n(q)$ 和$^2D_n(q)$ 的抛物子群的阶, 于是可以证明那样的元不存在. 因此$B_n(q)$, $q \equiv 1 \pmod 4$ 或者$q \equiv -1 \pmod 4$ 且n为奇数, 不包含任何的$2pr$阶元.

对于情形$q \equiv -1 \pmod 4$ 且n为偶数, 需要证明$B_n(q)$不包含$2^k prd$阶元, 这里$k \geqslant 2$. 如果$B_n(q)$(n 偶数) 包含$2^k prd$阶元x, 则x 在$B_n(q)$中的二阶元t的中心化子中, 这里$t = x^{(2^k-1)prd}$. 现在, 我们使用文[301] 检查$Bn(q)$ 中所有二阶元中心化子型. 它们是$B_{n-1}(q)$, $B_u(q) \times D_v(q)$, 这里u, v 都为偶数, 且$B_u(q) \times^2 D_v(q)$, 其中u, v 都为奇数. 因为本原素因子r 整除这些中心化子的阶, 我们仅需考虑如下两种情形: $B_{n-1}(q)$ 和$B_1(q) \times {}^2D_{n-1}(q)$. 对于情形$B_{n-1}(q)$, 根据如上的讨论, 我们证明那样的$r$ 阶元$x^{2^k pd}$不存在. 最后, 我们证明$B_1(q) \times^2 D_{n-1}(q)$ 不包含任何的$2^k prd$ $(k \geqslant 2)$阶元. 因为$B_1(q) = A_1(q)$, 它的元阶是p, $(q-1)/2$ 和$(q+1)/2$的因子. 另外, $^2D_{n-1}(q)$ 包含一个阶为$(q^{n-1}+1)/4$ 的极大自中心化循环子群(见[99, 定理3.1])且不包含任何pr阶元(见[302, 引理2.5]). □

第4章 群的同阶元型

有限群中同阶元个数是群内部的一个非常重要的数量, 并且对群结构本身有很大的影响, 比如2-群中若2阶元个数只有一个, 则必为循环群或者广义四元素群. 群G的所有同阶元个数的集合称为G的同阶元型, 记为$\tau_e(G)$. 本章中首先给出小次数交错单群的同阶元型群具有唯一性, 然后给出同阶元型给定的群的分类, 最后考虑了POS-群的分类问题. 以下我们给出一些引理.

引理 4.1. 设G是一个至少包含两个元的群. 如果集合$\tau_e(G)$中最大的数s是有限的, 则G是有限群且$|G| \leqslant s(s^2 - 1)$.

证明. 明显G是周期群. 如果$n \in \pi_e(G)$, 则G至少包含$\phi(n)$个n阶元, 这里$\phi(n)$ 是Euler函数, 因此$\phi(n) \leqslant s$. 如果$s = 1$, 则$|G| \leqslant 2$. 如果$s = 2$, 则$|G| \leqslant 6 = s(s^2 - 1)$. 设$s > 2$ 且m是集合$\pi_e(G)$ 的个数. 如果$m \leqslant 6$, 则明显$m < s^2$. 若$m > 6$, 则$m < \phi(m)^2 \leqslant s^2$. 因为$G$正好有1个1阶元, 故$|G| \leqslant 1 + s(|\pi_e(G)| - 1) < 1 + s(s^2 - 1)$. 即证. □

注意以上的界还可以是$\frac{(s+1)(s+2)}{2}$, 但是证明比较复杂. 以下给出一个Frobenius的与同阶元长度有关系的著名定理(见[98]).

引理 4.2. 设G 是有限群, m 是$|G|$ 的因子. 如果$L_m(G) = \{g \in G \mid g^m = 1\}$, 则$m \mid |L_m(G)|$.

下面的引理是Miller的结果(见[226]).

引理 4.3. 设G是有限群, $p \in \pi(G)$ 是奇数. 并设P 是G 的一个$Sylow$ p-子群且$n = p^s m$满足$(p, m) = 1$. 如果P 不循环且$s > 1$, 则G中n阶元素的个数一直是p^s的倍数.

以下引理是Weisner的结果(见[297]).

引理 4.4. 设G 为有限群, 则G 中阶是n 的倍数的所有元的个数为0 或者能被$|G|_{\pi(n)'}$整除.

§4.1 小次数交错单群

本节考虑小次数交错单群A_n ($4 \leqslant n \leqslant 6$), 证明了其同阶元型具有唯一性.

定理 4.5. *设G是群(不必为有限). 若$\tau_e(G) = \tau_e(A_n)$, 其中$4 \leqslant n \leqslant 6$, 则$G \cong A_n$.*

证明. 根据引理4.1, 我们只需要考虑有限群. 注意$s_m = c_m \phi(m)$, 这里c_m是m阶循环子群且$\phi(m)$是Euler函数. 进一步, 如果$m > 2$, 则$\phi(m)$一直是偶数. 根据引理4.2, 我们可假定G是有限群. 如果$n = 4$, 则$\tau_e(G) = \tau_e(A_4) = \{1, 3, 8\}$. 根据引理4.2, 我们有$p \mid 1 + s_p$, 这里$p \in \pi(G)$. 因此$\pi(G) \subseteq \{2, 3\}$且$s_2 = 3, s_3 = 8$. 明显, 根据引理4.3, G没有6, 8和9阶元, 因此$\pi_e(G) \subseteq \{1, 2, 3, 4, 6\}$. 故$|G| = 12, 20$或28. 但是由书[290], 可以看出除了$A_4$, 不再存在这样多阶的群满足$\tau_e(G) = \{1, 3, 8\}$. 因此$G \cong A_4$.

对于$n = 5$的情形, 我们将省略其证明, 因为完全可用$n = 6$时的方法给出证明. 如下我们考虑情形$n = 6$.

论断4.5.1 $\pi(G) \subseteq \{2, 3, 5\}$.

注意$s_m = k\phi(m)$, 这里k是m阶循环子群个数且$\phi(m)$是Euler函数. 进一步, 如果$m > 2$, 则$\phi(m)$一直是偶数, 我们有$s_2 = 45$且$2 \in \pi(G)$. 假设存在素数$p \geqslant 7$且$p \in \pi(G)$, 则我们使用引理4.2, 有$p \mid 1 + s_p$, 这里$s_p \in \{80, 90, 144\}$. 因此这里可能的p的值是7, 13或29. 明显, 因为$\phi(29) = 28$和$\phi(13) = 12$都不整除$\{80, 90, 144\}$中的任何一个, 则p不为29和13. 如果$7 \in \pi(G)$, 因为只有90能够被$\phi(7) = 6$整除, 则$s_7 = 90$. 同样, 如果$14 \in \pi_e(G)$, 则$s_{14} = 90$. 另外, 根据引理4.3, 我们有$14 \mid 1 + s_2 + s_7 + s_{14} = 1 + 45 + 90 + 90 = 226$, 矛盾. 因此14不在$\pi_e(G)$中. 现在我们假定$G$的Sylow 7-子群$P_7$固定点自由的作用在所有的2阶元上, 则$|P_7| \mid s_2(= 45)$, 不可能. 因此$\pi(G) \subseteq \{2, 3, 5\}$. 进而, 如果3或5在$\pi(G)$, 则很容易根据引理4.2计算出$s_3 = 80$和$s_5 = 144$.

论断4.5.2 如果$3 \mid |G|$, 则G没有9阶元素.

设P_3是G的Sylow 3-子群, $|P_3| = 3^m$且$exp(P_3) = 3^t$. 如果P_3不是循环群且$t > 1$, 则根据引理4.3, 我们有$2 \cdot 3^t \mid s_{3^t}$, 但是因$3 \mid \phi(3^t)$, 则$s_{3^t} = 90$, 即$2 \cdot 3^t \mid 90$, 于是$t = 2$. 另外根据引理4.3, 我们有$3^m \mid$

$1 + s_3 + s_{3^2} + \cdots + s_{3^t} = 81 + 90(t-1)$, 注意$t < m$, 这样导致$m$ 和t无解, 矛盾. 如果P_3是循环的, 设n_3是Sylow 3-子群的个数, 则3^m 阶元素个数为$n_3\phi(3^m) = 2 \cdot 3^{m-1}n_3 \in \{80, 90, 144\}$. 当然, 如果$m > 1$, 则$2 \cdot 3^{m-1}n_3 = 90$, 注意$(3, n_3) = 1$, 我们有$n_3 = 5$, 但是这个矛盾于$n_3 \equiv 1 \pmod 3$. 因此, $exp(P_3) = 3$.

论断4.5.3 如果3 和5 都在$\pi(G)$中, 则$9 \| |G|$ 且$5 \| |G|$.

设P_5 是G的Sylow 5-子群. 明显, 5^3 不在$\pi_e(G)$(因为$\phi(5^3) = 100$). 但是另外如果$25 \in \pi_e(G)$, 因$\phi(25) = 20$, 我们有$s_{25} = 80$. 如果存在25阶元, 则$|P_5| \mid 1 + s_5 = 145$, 因此$|P_5| = 5$. 如果存在25阶元素, 则$|P_5| \mid 1 + s_5 + s_{25} = 225$, 因此$|P_5| = 25$, 这样Sylow 5-子群$P_5$循环. 因此$G$ 的Sylow 5-子群个数n_5是$s_{25}/\phi(25) = 4$, 但是这矛盾于$n_5 \equiv 1 \pmod 5$, 故$|P_5| = 5$. 同样对于剩下的部分, 设P_3是Sylow 3-子群且$|P_3| = 3^m$. 根据以上论断4.5.2, 我们有$exp(P_3) = 3$. 根据引理4.2, 我们有$3^m \mid 1 + s_3 = 81$, 则$m \leqslant 4$. 如果$m = 1$, 则G的Sylow 3-子群个数n_3为$s_3/2 = 40$, 因此$40 \mid |G|$, 当然有$5 \in \pi(G)$. 另一方面, G的Sylow 5-子群个数n_5为$s_5/4 = 36$, 因此$9 \mid |G|$, 矛盾. 如果$m = 3$, 即$|P_3| = 27$, 则G的3-元数目l不小于$3^3 + (n_3 - 1)(3^3 - 3^2)$, 明显, 根据Sylow 定理$3 \mid n_3 - 1$. 如果$n_3 - 1 \geqslant 6$, 则$l > 81$, 矛盾于$l = s_3 + 1 = 81$. 如果$n_3 = 4$, 则我们组合这4 个Sylow 子群并且满足条件$l = 81$的可能的群, 不难看出可能的情况是: 任何两个Sylow 3-子群的交的阶为9, 这样有$n_3 \equiv 1 \pmod 9$, 矛盾. 最后, 如果$m = 4$, 则P_3在G中正规. 明显, G中不存在15阶元. 否则, s_{15} 必定是80 或144(因为$\phi(15) = 8$), 但是根据引理4.2, 有$15 \mid 1 + s_3 + s_5 + s_{15} = 305$ 或369, 矛盾. 现在我们考虑P_3 固定点自由的作用到G的所有5阶元上, 则$3^4 \mid s_5 (= 144)$, 矛盾.

论断4.5.4 $4 \in \pi_e(G)$ 且$s_4 = 90$.

如果G没有4 阶元, 根据上面我们知道$exp(P_3) = 3$且$exp(P_5) = 5$. 另外, 因为$|\pi_e(G)| \geqslant 5$, 则$\pi(G) = \{2, 3, 5\}$. 如果存在15阶元, 则$\pi_e(G) \subseteq \{1, 2, 3, 5, 6, 10\}$, 因此我们有$|G| = 440, 450$或504, 明显, G 是可解的. 这样导致G 存在$\{3, 5\}$-Hall 子群, 则$P_3 P_5$是Frobenius 群. 但是, 不存在45阶的Frobenius 群, 矛盾. 进而, 由引理4.2有$4 \mid 1 + s_2 + s_4$, 这里$s_4 \in \{80, 90, 144\}$, 容易看出$s_4 = 90$.

论断4.5.5 G 不是2-群.

如果G 是2-群, 因为$|\pi_e(G)| \geqslant 5$, 则我们有$\pi_e(G) \subseteq \{1, 2, 2^2, 2^3, \cdots, 2^t\}$

且$t \geqslant 4$. 另一方面, $\phi(2^t) = 2^{t-1}$ 是$\{80, 90, 144\}$中某个数的因子, 则$t \leqslant 5$, 因此$t = 4$ 或5. 明显, 因$|G| = 360$不是2的幂, 则$t = 4$不可能. 如果$t = 5$, 我们有$|G| = 360 + s_{2i}$, 这里$2 \leqslant i \leqslant 5$ 且$s_{2i} \in \{80, 90, 144\}$, 同样, $|G|$ 不是2的幂, 矛盾.

论断4.5.6 $\pi(G) \neq \{2, 3\}$.

设$|G| = 2^n 3^m$ 且$\pi_e(G) \subseteq \{1, 2, 2^2, 2^3, \cdots, 2^s, 3, 2 \cdot 3, 2^2 \cdot 3, \cdots, 2^s \cdot 3\}$ 满足$s \leqslant 5$ 且$n \geqslant 2$. 但是$\phi(2^s \cdot 3) = 2^s$ 整除$80, 90$ 或144, 则$s \leqslant 4$. 于是$|\pi_e(G)| \leqslant 11$. 因此我们假定

$$|G| = 360 + 80k_1 + 90k_2 + 144k_3$$

这里$0 \leqslant k_1 + k_2 + k_3 \leqslant 6$. 这样我们有$180 + 40k_1 + 45k_2 + 72k_3 = 2^{n-1}3^m$, 容易看出$3 \mid k_1$ 且$2 \mid k_2$. 另外, 如果$i \geqslant 3$, 因为$4 \mid \phi(2^i)$ 且$\phi(2^{i-1} \cdot 3)$, 则s_{2i} 和$s_{2i-1} \cdot 3$ 不等于90, 因此$k_2 \leqslant 1$, 故$k_2 = 0$. 不难计算出这个方程的解为$k_1 = 0, k_2 = 0, k_3 = 2, n = 3$且$m = 4$. 即$|G| = 2^3 3^4$且$|\pi_e(G)| = 7$. 从这个解可以看出, 正好存在3个$\pi_e(G)$中的数使得它们都等于$144$, 我们假定是$m_1, m_2$ 和m_3, 则$\{m_1, m_2, m_3\} \subseteq \{6, 8, 12, 24\}$ (因为$2^3 \| |G|$ 且$\phi(m_i) \mid 144$, 这里$1 \leqslant i \leqslant 3$). 但是如果$24 \in \pi_e(G)$, 则$|\pi_e(G)| = 8$, 这样矛盾于$|\pi_e(G)| = 7$, 因此$\{m_1, m_2, m_3\} = \{6, 8, 12\}$. 这推出$\pi_e(G) = \{1, 2, 3, 4, 6, 8, 12\}$. 明显, Sylow 2-子群$P_2$ 是循环的且$s_8 = 144$, 则 G 的 Sylow 2-子群个数 n_2 是$s_8/\phi(8) = 36$, 这矛盾于$(n_2, 2) = 1$. 因此$\pi(G) \neq \{2, 3\}$.

论断4.5.7 G 同构于A_6.

根据以上结果, 我们能假定$|G| = 2^n \cdot 45$. 设P_2 是G的Sylow 2-子群且$exp(P_2) = 2^t$, 当然, $2 \leqslant t \leqslant 5$. 另外$\pi_e(G) \subseteq \{1, 2, 2^2, \cdots, 2^t\} \cup \{3, 2 \cdot 3, 2^2 \cdot 3, \cdots, 2^t \cdot 3\} \cup \{5, 2 \cdot 5, 2^2 \cdot 5, \cdots, 2^t \cdot 5\}$, 但是$\phi(2^5 \cdot 3)$, $\phi(2^4 \cdot 5)$ 和$\phi(2^5 \cdot 5)$ 都不是80 或144的因子, 则$5 \leqslant |\pi_e(G)| \leqslant 15$. 现在我们考虑$G$的阶. 假设$|G| = 360 + 80k_1 + 90k_2 + 144k_3$, 则我们可以得到下面的方程

$$180 + 40k_1 + 45k_2 + 72k_3 = 2^{n-1} \cdot 45. \tag{4.1}$$

这里$n \geqslant 3$且$0 \leqslant k_1 + k_2 + k_3 \leqslant 10$. 容易看出$9 \mid k_1$, $4 \mid k_2$ 且$5 \mid k_3$. 另外, 类似以上的第6步, 如果$i \geqslant 3$, 则$s_{2i}, s_{2i-1} \cdot 3$ 和$s_{2i-2} \cdot 5$ 都不等于90, 因此$k_2 \leqslant 1$, 则我们有$k_2 = 0$. 不难计算方程(4.1)的解为$k_1 = k_2 = k_3 = 0$ 且$n = 3$. 因此$\pi_e(G) = \{1, 2, 3, 4, 5\}$. 因为$G$ 没有10 和15阶的, 所以G的素

图是非连通的. 由定理1.3B知G 是Frobenius群或2-Frobenius群. 不难看出 G 不是 Frobenius 群. 如果 G 为2-Frobenius 群, 则$G = ABC$, 这里A, B 和C 同引理3.7. 再由引理3.7(ii)知B 是奇阶循环的且C 是循环的. 这推出$|B| = 5$ 且$|C| = 2$ 或4 (BC 是Frobenius 群), 则$|A| = 18$ 或36. 因为AB 也是Frobenius群, 我们有$|A| = 36$. 因为A 是幂零的, 故G的Sylow 3-子群P_3在G中正规, 这样$s_3 = 8$, 矛盾于$s_3 = 20$.

如果G 非可解且G 不为A_6, 设N 是G的极大可解正规子群, 则N 是$\{2,3\}$-群且$A_5 \leqslant G/N \leqslant Sym_5$. 另外因为$N$ 幂零, 则N 是2-群或3-群. 因此$G/N \cong Sym_5$且$N \cong Z_3$. 因为$G/C_G(N) \leqslant Aut(N) \cong Z_2$, 我们有$5 \mid |C_G(N)|$, 即$G$ 有10阶元素, 这矛盾于G 有非连通素图. 因此我们证明了$G \cong A_6$. □

注意对于次数较小的其他的交错单群, 很多作者都得到了类似的结果, 我们有以下的猜想.

猜想 4.6. 设G为群, 如果G的同阶元型等于交错单群A_n的同阶元型, 则$G \cong A_n$.

§4.2 $|\tau_e(G)| = 2$的群

本节讨论同阶元型中元素个数为2 的群. 我们有以下的结果:

定理 4.7. 如果$\tau_e(G) = \{1, n\}$, 则G为如下群:

(a) G为p-群, $|G| \geqslant 3$且$exp(G) = p$.

(b) G为四元素群Q_8.

(c) G为Z_4.

(d) G为$Z_2 \times P$, 这里P 是奇阶p-群且$exp(G) = p$.

证明. 设G中m阶元素的个数为s_m. 首先我们证明$\pi(G) \subseteq \{2, p\}$.事实上, 如果存在两个奇素数$p_1$和$p_2$使得它们是$|G|$的因子, 则$s_{p_1} = s_{p_2} = m$. 由引理4.1知道$p_1 \mid 1 + n$. 如果$G$中没有$p_1 p_2$阶元素, 则同样由引理4.1有$p_1 p_2 \mid 1 + s_{p_1} + s_{p_2} = 2n + 1$, 这样$p_1 \mid 2n + 1$, 即$p_1 \mid (2n + 1, n + 1)$, 但是$(2n + 1, n + 1) = 1$, 矛盾. 如果$G$中有$p_1 p_2$阶元素, 则$p_1 p_2 \mid 1 + s_{p_1} + s_{p_2} + s_{p_1 p_2} = 3n + 1$, 这样$p_1 \mid 3n + 1$, 即$p_1 \mid (3n + 1, n + 1)$, 但是$(3n + 1, n + 1) = (2, n + 1)$, 这与$p_1 > 2$矛盾. 因此$\pi(G) \subseteq \{2, p\}$. 下面分两种情况.

(i) G为p-群. 设$|G| = p^m$(这里p可能为2). 如果G是循环群, 由于此时p^i阶元素的个数s_{p^i} 恰为$\phi(p^i) = (p-1)p^{i-1}$, 其中$1 \leqslant i \leqslant m$.但是如果$i \neq j$且$s_2 \neq 1$, 有$s_{p^i} \neq s_{p^j}$.因此, 如果$s_2 \neq 1$, 且$G$为循环群, 那么$G$必定是素数阶群$Z_p$. 另外如果$p \neq 2$, 则如果$exp(G) > p$, 则由于引理4.3知道$p^2 \mid n$, 且$p \mid 1 + s_p = 1 + n$, 这样矛盾. 因此$exp(G) = p$. 如果$p = 2$且$s_2 \neq 1$, 这时$s_2 = n$且为奇数. 这时$\phi(2^i) = 2^{i-1} \mid s_{2^i}$. 如果$i > 1$, 则$s_{2^i}$是偶数, 矛盾.因此$exp(G) = 2$. 如果$s_2 = 1$, 即$G$中有唯一的2阶元, 同样由上面的讨论, 我们知道$exp(G) \leqslant 4$, 这样$G$要么是2阶群, 要么是(广义)四元素群$Q_{2^m}$. 不难看出满足条件$\tau_e(G) = \{1, n\}$的只有$Z_4$和$Q_8$.

(ii) 如果$\pi(G) = \{2, p\}$, 设$|G| = 2^m p^l$且P_2, P分别记为G的Sylow 2-和p-子群. 如果G没有4阶元素, 则P_2只有2阶元素和单位元. 如果G的2阶元素只有1个, 此时$m = 1$, 当然$P \lhd G$, $P_2 \lhd G$, 因此$G = Z_2 \times P$.同上可以得$exp(P) = p$.此时恰恰满足$s_2 = 1$, $s_p = s_{2p} = p^l - 1$, 即$\tau_e(G) = \{1, p^l - 1\}$. 如果$s_2 \neq 1$, 则$s_2 = n = s_p$, 此时$2 \mid 1 + n$且$\phi(p) = p - 1 \mid n$, 因为$p$是奇数, 则$2 \mid n$, 矛盾.

如果G有4阶元素, 同以上的证明, 我们可以得到P_2必然为广义四元素群Q_{2^m}. 如果G没有$4p$阶元素, 则$|G| = 1 + s_2 + s_4 + s_p + s_{2p} = 2^m \cdot p^l$, 即$3n + 2 = 2^m \cdot p^l$. 但是由引理4.2有$p \mid n + 1$, 这样$2^m \cdot p^l = 3n + 2 \equiv -1$ (mod p), 这矛盾于$p \mid |G|$. 如果G存在$4p$阶元素, 则$|G| = 1 + s_2 + s_4 + s_p + s_{2p} + s_{4p} = 2^m \cdot p^l$, 即$4n + 2 = 2^m \cdot p^l$, 有$2n + 1 = 2^{m-1} \cdot p^l$, 同样由于$p \mid n + 1$, 我们有$2^{m-1} \cdot p^l = 2n + 1 \equiv -1(\text{mod } p)$, 矛盾. $\square$

注意上面的n 的取值只能为6或$p^n - 1$ (p 为素数). 由如上定理我们可以直接得到如下的推论.

推论 4.8. 如果$\tau_e(G) = \tau_e(Z_2)$, 则$G \cong 1$ 或Z_2. 如果$\tau_e(G) = \tau_e(Z_3)$, 则$G \cong Z_3$, Z_4 或Z_6. 如果$\tau_e(G) = \tau_e(Z_p)$, 这里$p > 3$是奇素数, 则$G \cong Z_p$或Z_{2p}.

§4.3 $|\tau_e(G)| = 3$的群

本节讨论同阶元型中元素个数为3 的群结构.

引理 4.9. 设 $G = ABC$ 是如上的 2-*Frobenius* 群, 这里 A 和 AB 都是 G 的正规子群, AB 和 BC 是 *Frobenius* 群, 其核分别为 A, B 且补分别为 B, C. 假设 AC 是 p-群, 则 $exp(AC) \geqslant p^2$.

证明. 不是一般性, 我们假定群 A 为初等交换 p-群, 并且 C 的阶为 p. 我们认为 BC 作用在向量空间 A. 因为 $p \nmid |B|$ 且 B 作用非平凡, 所以 A 有一个被 C 半正则置换的基. 这意味着所有轨道都有长度 $|C|$ (见定理 15.16, [144]). 设 $x_1, x_2, \cdots, x_p$ 是基向量的一个 C-轨道, 则 A 的由元 $\{x_1, x_2, \cdots, x_p\}$ 生成的子群为 p^p 阶的初等交换群, 且一组基被 C 传递置换. 由元 $\{x_1, x_2, \cdots, x_p\}$ 生成的 p-群, 因此 C 同构于循环群 Z_p 和它自身的圈积. 在这个圈积中的方次数为 p^2. 更具体地, 设 c 生成 C, 则元 $x_i c$ 有阶 p^2. $\square$

引理 4.10. (定理 A, [301]) 假设 $\pi(G) = \{p, q\}$ 且 G 中无 pq 阶元, 则 G 是 *Frobenius* 或者 2-*Frobenius* 的.

引理 4.11. 设 G 是奇数阶群且同阶型为 $\{1, m, n\}$, 则 $|\pi(G)| \leqslant 2$. 进一步, 如果 p 和 q 是 $|G|$ 的不同的素因子, 则 $s_p \neq s_q$.

证明. 设 $p_1, p_2, \cdots, p_t$ 是 G 的所有素因子, 并设 P_i 为相应的 Sylow p_i-子群.

(a) 若不是所有 s_{p_i} 都相等, 则 $t = 2$. 否则, 我们可以假定 p, q, r 为 G 的不同的素因子, 满足 $s_p = s_q = m$ 且 $s_r = n$. 这迫使 $m \equiv -1 (\mathrm{mod}\ p)$ 和 $n \equiv -1 (\mathrm{mod}\ r)$. 因为 $p \mid 1 + s_p + s_q + s_{pq}$, 我们有 $1 \equiv s_{pq} = n(\mathrm{mod}\ p)$. 因为 $p \mid 1 + s_p + s_r + s_{pr}$, 我们有 $-1 \equiv s_{pr} = m(\mathrm{mod}\ p)$, 同样 $s_{qr} = m$. 但是另外 $r \mid 1 + s_p + s_r + s_{pr} = 1 + m + n + m$, 所以 $r \mid m$. 现在

$$p \mid f(pqr) = 1 + s_p + s_q + s_r + s_{pq} + s_{pr} + s_{rq} + s_{pqr}$$

$$= 1 + m + m + n + n + m + m + s_{pqr},$$

所以 $1 \equiv s_{pqr} = n(\mathrm{mod}\ p)$. 但 $r \mid f(pqr) = 1 + 4m + 3n \equiv -2(\mathrm{mod}\ r)$, 矛盾.

(b) 若所有 s_{p_i} 都等于 m, 则 $t = 1$. 否则, 由上面, 我们有 $s_{pq} = n \equiv 1(\mathrm{mod}\ p)$. 因为 $p \mid s_{p^2}$, 这迫使 $s_{p^2} = 0$, 所以存在 Sylow p-子群 P 的方次数为 p, 即 $|P| \mid f(|P|) = f(p) = 1 + m$. 这对于每个素因子都成立, 因此

$$|G| = \prod_i |P_i| \mid 1 + m < 1 + 2m + n = f(pq) \leqslant |G|,$$

矛盾. □

引理 4.12. 设 G 是奇阶群且其同阶型为 $\{1, m, n\}$. 假设 $\pi(G) = \{p, q\}$ 且 P, Q 各自为 Sylow p, q-子群, 则 $exp(P) = p$ 且 $exp(Q) = q$. 进一步, G 为一个 Frobenius 群, 且其补为素数阶.

证明. 根据引理4.2, 我们有 $s_p \neq s_q$. 假设 $s_p = m$ 且 $s_q = n$, 则 $p \mid 1 + m$ 且 $q \mid 1 + n$. 因为 $pq \mid f(pq) = 1 + s_p + s_q + s_{pq} = 1 + m + n + s_{pq}$, 我们有 $p \mid n + s_{pq}$ and $q \mid m + s_{pq}$. 如果 $s_{p^2} \neq 0$, 则 $s_{p^2} = n$ 因为 $p \mid s_{p^2}$, 因此 $s_{pq} \in \{0, n\}$.

(a) 如果 $s_{pq} = 0$, 因为 $p^2 q \mid f(p^2 q) = 1 + s_p + s_q + s_{p^2} = 1 + m + 2n$ 和 $q \mid m + s_{pq} = m$, 则 $q \mid 1 + 2n$, 这矛盾于 $q \mid 1 + n$.

(b) 如果 $s_{pq} = n$, 同样, 因为

$$p^2 q \mid f(p^2 q) = 1 + s_p + s_q + s_{p^2} + s_{pq} + s_{p^2 q} = 1 + m + 3n + s_{p^2 q}$$

且 $q \mid m + n$, 则 $q \mid 1 + 2n + s_{p^2 q}$. 因为 $p \mid s_{p^2 q}$, 我们有 $s_{p^2 q} = 0$ 或 n. 因此 $q \mid 1 + 2n$ 或 $1 + 3n$; 这都矛盾于 $q \mid 1 + n$.

对剩下的部分我们证明 G 为 Frobenius 群. 根据引理4.10和4.11只需要证明 G 没有 pq 阶元. 假设 $s_p = s_{pq} = m$ 且 $s_q = n$. 对于每个 pq 阶元 x, 存在唯一的 p 阶和 q 阶元 x_p 和 x_q, 使得 $x = x_p \cdot x_q = x_q \cdot x_p$. 如果 $C_G(x_p)$ 有一个 q 阶元, 则一定至少包含 $q - 1$ 个 q 阶元. 因为 $s_p = s_{pq}$, 存在至少 $m - \frac{m}{q-1} = \frac{m(q-2)}{q-1} (\geq 1)$ 个元使得每个这些元的中心化子都没有 q 阶元. 现在我们能够选取一个 p 阶元 y 使得 $\langle y \rangle$ 固定点自由作用在所有 q 阶元的集合上. 因此 $p \mid s_q = n$. 另一方面, 因为 $|G| = 1 + 2m + n$, 我们有 $p \mid 1 + 2m$. 另外根据引理4.3, $p \mid 1 + s_p = 1 + m$, 矛盾. 因此, G 为 Frobenius 的. 另外, 因为 G 的补的 Sylow 子群是循环的, 则它必为素数阶的. □

如下我们处理同阶型为 $\{1, m, n\}$ 的偶阶群的情形. 记 P_2 和 P 分别为 G 的 Sylow 2-和 p-子群.

引理 4.13. 设 G 是群且 $\pi(G) = \{2, p\}$, 同阶型为 $\{1, m, n\}$, 则 $exp(P) = p$ 且 $exp(P_2) \leq 4$, 或者 $G \cong Z_2 \times P$, 这里 P 有型 $\{1, m, n\}$.

证明. 我们分为两种情形来证明.

(a) 如果 $s_2 = m$, 则 $exp(P_2) = 2$ 且 $exp(P) = p$. 事实上, 若 $s_{p^2} \neq 0$, 则 $p \mid s_{p^2}$ 且 $s_p = n = s_{p^2}$, 因此 $p \mid 1 + n$ 且 $p \mid n$, 矛盾. 如果 $s_4 \neq 0$, 则 $s_4 = n = s_p$. 因为 $s_{2p} \in \{0, n\}$, $f(2p) = 1 + s_2 + s_p + s_{2p}$ 且 $f(4p) = 1 + s_2 + s_{2p} + s_4 + s_{4p}$, 我们有 $p \mid n$, 这矛盾于 $p \mid 1 + s_p = 1 + n$. 因此 $s_4 = 0$.

(b) 如果 $s_2 = 1$, 则 $exp(P) = p$ 且 $exp(P_2) \leqslant 4$. 因为唯一的2阶元为中心元, 所以 G 有 $2p$ 阶元. 不是一般性, 假设 $s_4 = m$, 则 $m \equiv 2 \pmod 4$. 因为 $4 \mid s_8$, 我们有 $s_8 = n$ 如果 $s_8 \neq 0$. 同样, $s_{4p}, s_{8p} \in \{0, n\}$. 根据引理4.2, 我们有 $p \mid f(p) = 1 + s_p$, $2p \mid f(2p) = 1 + 1 + s_p + s_{2p}$, $4p \mid f(4p) = 1 + 1 + s_p + s_{2p} + s_4 + s_{4p}$ 且 $8p \mid f(8p) = 1 + 1 + s_p + s_{2p} + s_4 + s_{4p} + s_8 + s_{8p}$. 所以 $p \mid m$ 和 n, 这矛盾于 $p \mid 1 + s_p$. 因此, $s_8 = 0$. 因为 $p \mid 1 + s_p$ 且 $2p \mid 1 + 1 + s_p + s_{2p}$, 我们有 $p \mid 1 + s_{2p}$. 如果 $s_{p^2} \neq 0$, 则 $s_p \neq s_{p^2}$ 且 $s_{2p} \neq s_{p^2}$, 因此 $s_p = s_{2p}$. 同样, $s_{p^2} = s_{2p^2}$.

假设 $4 \mid |G|$. 因为 $4p \mid f(4p) = 2 + m + s_p + s_{2p} + s_{4p}$, 我们有 $p \mid m + s_{4p}$. 如果 $s_{4p} = n$, 则 $p \mid m + n$. 另外, 因为 $p^2 \mid f(p^2) = 1 + s_p + s_{p^2} = 1 + m + n$, 我们有 $p \mid 1$, 矛盾.

如果 $s_{4p} = 0$, 则 Sylow p-子群固定点自由作用在所有4阶元的集合上, 因此 $p \mid s_4 = m$. 所以 $s_p = s_{2p} = n$ 且 $s_{p^2} = s_{2p^2} = m$. 现在设 z 为唯一的2阶元. 明显, G 的中心 Z 等于 $\{1, z\}$. 我们说 G/Z 没有 $2p$ 阶元. 事实上, 否则 G/Z 中这些 $2p$ 阶元的原像仍然是 $2p$ 阶的. 另外因为 $s_p = s_{2p}$, 则任意 $2p$ 阶元为 gz 且 $o(g) = p$. 因此 $o(gzZ) = p$, 矛盾. 因此 G/Z 为 Frobenius 群或者 2-Frobenius 群 (见[301]). 明显, G/Z 的 Sylow 2-子群是 $Z_2 \times Z_2$, 这不会成为 Frobenius 群的一个补 (见[301]), 矛盾.

如果 $2 \parallel |G|$, 则 $G \cong Z_2 \times P$, 这里 P 有同阶型 $\{1, m, n\}$. $\qquad\square$

引理 4.14. 设 G 是群, $\pi(G) = \{2, p\}$ 且同阶元型 $\{1, m, n\}$. 如果 $exp(P_2) = 4$ 且 $s_2 = 1$, 则 $s_p = s_{2p}$.

证明. 我们分为两种情形来证明.

(a) $s_{4p} \neq 0$. 因为 $4 \mid 1 + s_2 + s_4 = 2 + s_4$ 且 $4 \mid s_{4p}$, 我们有 $s_4 \neq s_{4p}$. 根据引理4.3, p 整除 $s_4 + s_{4p}$. 如果 $s_p \neq s_{2p}$, 则 $s_p + s_{2p} = s_4 + s_{4p} = m + n$. 另外, 因为 $2p \mid 1 + s_2 + s_p + s_{2p}$, 这导致 $p \mid 2$, 矛盾.

(b) $s_{4p} = 0$. 现在设一个 p 阶子群固定点自由作用在所有4阶元的集合上, 所以 $p \mid s_4$. 因为 $p \mid 1 + s_p$ 且 $2p \mid 2 + s_p + s_{2p}$, 我们有 $p \mid 1 + s_{2p}$.

因此$s_4 \neq s_{2p}$. 另外, 根据引理4.3, 我们有$p \mid s_2 + s_4 + s_{2p} = 1 + s_4 + s_{2p}$. 如果$s_p \neq s_{2p}$, 则$s_p + s_{2p} = s_4 + s_{2p} = m + n$. 这导致$p \mid 1$, 矛盾. □

引理 4.15. 设G是群, $\pi(G) = \{2, p\}$且同阶元型$\{1, m, n\}$. 如果$s_2 = 1$, 则G为如下的群之一:

(1) Z_{12}, $SL_2(3)$, Q_{56};

(2) $\langle a_1, a_2, \cdots, a_t, b \mid a_i^p = b^4 = 1, [a_i, a_j] = 1, a_i^b = a_i^{-1}, 1 \leqslant i, j \leqslant t \rangle$.

证明. 因为$s_2 = 1$, 则P_2同构于循环群或广义四元素群. 首先我们处理情形$exp(P_2) = 4$, 所以$P_2 \cong Z_4$或者四元素群Q_8.

情形 (a). $P_2 \cong Z_4$. 现在我们考虑G的Sylow p-子群P的右陪集的传递置换表示, 我们有

$$G/O_p(G) \lesssim Sym(4). \tag{4.2}$$

我们断言$P \lhd G$. 否则, $p = 3$且Sylow 3-子群个数n_3等于4. 根据如上(4.2), 我们有$|P : O_3(G)| = 3$. 设$|G| = 4 \cdot p^t$. 则3阶元的数目s_3等于$(3^{t-1} - 1) + n_3(3^t - 3^{t-1}) = (3^{t-1} - 1) + 4(3^t - 3^{t-1}) = 3^{t+1} - 1$. 因此根据引理4.14 $s_6 = s_3 = 3^{t+1} - 1$. 但是$|G| > 1 + s_2 + s_3 + s_6 = 2 \cdot 3^{t+1} > 4 \cdot 3^t = |G|$, 矛盾. 因此$P \lhd G$, 于是$s_p = s_{2p} = p^t - 1$.

如果$s_{4p} \neq 0$, 则$s_4 \neq s_{4p}$根据引理4.14 情形(a) 的证明. 因此$s_4 = p^t - 1$或者$s_{4p} = p^t - 1$. 如果$s_4 = p^t - 1$, 则G的Sylow 2-子群个数n_2为$s_4/2 = (p^t - 1)/2$. 根据Sylow 定理我们有$n_2 \mid p^t$, 即$\frac{p^t - 1}{2} \mid p^t$, 则$p^t = 3$. 容易看出$G \cong Z_{12}$. 如果$s_{4p} = p^t - 1$, 因为$|G| = 2 + s_4 + s_p + s_{2p} + s_{4p}$, 则$s_4 = p^t + 1$. 同样, Sylow 2-子群个数为$(p^t + 1)/2$, 这整除$p^t$, 矛盾.

如果$s_{4p} = 0$, 则因为$4p^t = |G| = 2 + s_4 + s_p + s_{2p}$有$s_4 = 2p^t$. 明显$G$的中心$Z(G)$为$\{1, z\}$, 这里$z$是唯一的2阶元. 容易看出在$G/Z(G)$ 中2阶元和p阶元的数目分别为p^t和$p^t - 1$. 因此$G/Z(G)$ 1, 2 和p阶元的数目之和是$2p^t$, 即为$|G/Z(G)|$. 所以$G/Z(G)$没有$2p$阶元, 于是$G/Z(G)$为Frobenius群, 其补为2阶群. 设$\bar{g} := gZ(G)$. 因此$G/Z(G) \cong \langle \bar{a}_1, \bar{a}_2, \cdots, \bar{a}_t, \bar{b} \mid \bar{a}_i^p = \bar{b}^2 = 1, [\bar{a}_i, \bar{a}_j] = 1, \bar{a}_i^{\bar{b}} = \bar{a}_i^{-1}, 1 \leqslant i, j \leqslant t \rangle$.

现在我们选择$a_1, \cdots, a_t, b$ 使得$o(a_i) = p$且$o(b) = 4$对于$i = 1, 2, \cdots, t$. 明显, $G \cong \langle a_1, a_2, \cdots, a_t, b \rangle$. 因为$o(b^2) = 2$, 我们有$z = b^2$. 另外因为$[\bar{a}_i, \bar{a}_j] = 1$, 我们有$[a_i, a_j] = 1$或$z$. 因为$P$是$G$的正规Sylow p-子群, 我

们有任何两个p阶元的乘积仍在P中. 因为$z \notin P$, 所以$[a_i, a_j] = 1$. 另外, 因为$\bar{a}_i^b = \bar{a}_i^{-1}$, 则有$a_i^b = a_i^{-1}$ 或者$a_i^{-1}z$. 如果$a_i^b = a_i^{-1}z$, 因为$a_i^{b^2} = a_i^z = a_i$, 则$(a_i^{-1}z)^b = a_i^z = a_i$. 因此$b^{-1}a_i^{-1}zb = a_i$, 则有$(ba_i^{-1})^2 = 1$. 所以$ba_i^{-1} = 1$ 或者z; 这两种情形都不可能. 因此$a_i^b = a_i^{-1}$ 对于$i = 1, 2, \cdots, t$, 于是

$$G \cong \langle a_1, a_2, \cdots, a_t, b \mid a_i^p = b^4 = 1, [a_i, a_j] = 1, a_i^b = a_i^{-1}, 1 \leqslant i, j \leqslant t \rangle.$$

情形 (b). $P_2 \cong Q_8$. 类似于情形(a)的证明, 我们首先考虑G在P的陪集上面的传递置换表示, 则我们有

$$G/O_p(G) \lesssim Sym(8).$$

所以如果$p > 7$, 则$P = O_p(G) \lhd G$. 设$|G| = 8p^t$.

如果$p = 7$ 且$P \ntrianglelefteq G$, 则Sylow 7-子群的个数为8 且$|P : O_7(G)| = 7$, 则有

$$s_7 = (7^{t-1} - 1) + 8(7^t - 7^{t-1}) = 7^{t+1} - 1.$$

但是$|G| > 2 + s_7 + s_{14} = 2 \cdot 7^{t+1} > 8 \cdot 7^t = |G|$, 矛盾.

如果$p = 5$, 根据Sylow 定理有Sylow 5-子群的个数为1. 所以$P \lhd G$.

如果$p = 3$ 且$P \ntrianglelefteq G$, 则Sylow 3-子群的个数为4 且$|P : O_3(G)| = 3$ 或9. 如果$|P : O_3(G)| = 3$, 则$s_3 = 3^{t+1} - 1$, 因此

$$s_4 + s_{12} = |G| - 2 - s_3 - s_6 = 2 \cdot 3^t.$$

如果$s_{12} = 0$, 则$s_4 = 2 \cdot 3^t$. 容易看出$G/Z(G)$ 为Frobenius 群, 其核同构于$Z_2 \times Z_2$. 因此$3^t = |P| \mid 3$, 则$|P| = 3$. 所以我们有$|G| = 24$, 则$G \cong SL_2(3)$, 其有同阶元型$\{1, 6, 8\}$. 如果$s_{12} \neq 0$, 则$s_4 \neq s_{12}$ 根据引理4.12的情形(a)的证明. 所以$s_4 = 3^{t+1} - 1$ 或$s_{12} = 3^{t+1} - 1$. 导致$s_4 + s_{12} > 3^{t+1} - 1 > 2 \cdot 3^t = s_4 + s_{12}$, 矛盾.

如果$|P : O_3(G)| = 9$, 则至少存在两个Sylow 3-子群P_0 和P_1 使得$|P : P_0 \cap P_1| = 9$. 所以$s_3 \geqslant (3^{t-1} - 1) + 3(3^t - 3^{t-1}) + (3^t - 3^{t-2}) = 3^{t+1} + 3^{t-1} - 3^{t-2} - 1$. 则$s_4 + s_{12} \leqslant 2(3^t - 3^{t-1} + 3^{t-2})$. 根据引理, 我们有$3^t \mid s_4 + s_{12}$, 因此$s_4 + s_{12} \geqslant 2 \cdot 3^t$, 矛盾.

下面我们处理情形$P \lhd G$. 明显, $s_p = s_{2p} = p^t - 1$. 则$s_4 + s_{4p} = 6p^t$. 如果$s_4 = p^t - 1$, 则$s_{4p} = 5p^t + 1$. 设G 的Sylow 2-子群个数为n_2, 则我们

有$4n_2 + 2 \leqslant s_4 \leqslant 6n_2$, 因此

$$\frac{p^t - 1}{6} \leqslant n_2 \leqslant \frac{p^t - 3}{4}. \tag{4.3}$$

因为$n_2 \mid p^t$, 如果$n_2 \leqslant p^{t-2}$或p^t, 则如上不等式(4.3) 不成立. 如果$n_2 = p^{t-1}$, 则$p = 3, 5$或7. 因为$p - 1 \mid s_{4p} = 5p^t + 1$, 我们有$p \neq 5$. 如果$p = 7$, 则$n_2 = 1$且$t = 1$. 因此$G = Q_8 \times Z_7$, 这同构于56阶的广义四元素群$Q_{56}$. 另外, G 有同阶元型$\{1, 6, 18\}$.

现在我们考虑情形$p = 3$. 设$Z := \{1, z\}$, 这里$o(z) = 2$, $\overline{G} := G/Z \cong P \rtimes (Z_2 \times Z_2)$. 不难计算$\overline{G}$ 中$2, 3$ 和6阶元的数目分别为$\frac{3^t - 1}{2}$, $3^t - 1$ 和$\frac{5 \cdot 3^t + 1}{2}$, 并分别记为$\overline{s}_2, \overline{s}_3$ 和$\overline{s}_6$. 因为$\frac{3^t - 1}{2}$ 为奇数, t 也为奇数. 现在设P 作用在$\overline{G}$的2阶元集合Ω上, 根据引理4.3, 我们有

$$\overline{s}_2 = \frac{3^t - 1}{2} \equiv |C_\Omega(P)| \pmod 3.$$

因此$|C_\Omega(P)| \geqslant 1$. 设$u \in C_\Omega(P)$. 明显, u 为$\overline{G}$的中心元, 则$\overline{G}/\{1, u\}$ 中2阶元的数目$\frac{3^t - 3}{4}$. 因为$8 \mid 3^t - 3$, 我们有$\frac{3^t - 3}{4}$ 为偶数, 矛盾.

如果$s_{4p} = p^t - 1$, 则$s_4 = 5p^t + 1$. 设z 是G中唯一的2阶元且$\overline{G} := G/\{1, z\}$. 记$\overline{s}_l$ 为$\overline{G}$中l阶元的个数. 容易计算$\overline{s}_2 = \frac{5p^t + 1}{2}$, $\overline{s}_p = p^t - 1$ 且$\overline{s}_{2p} = \frac{p^t - 1}{2}$. 同样使用引理, 我们将得出$\overline{G}$有一个中心2阶元$u$. 因为对于$\overline{G}$中每个$p$阶元$x$都有$o(xu) = 2p$, 则$\overline{s}_{2p} \geqslant \overline{s}_p$, 矛盾. 如果$s_{4p} = 0$, 则$s_4 = 6p^t$. 因此$\overline{s}_2 = 3p^t$ 且$\overline{s}_p = p^t - 1$, 则$\overline{G}$ 为Frobenius 群, 其补为$Z_2 \times Z_2$, 矛盾.

如果$exp(P_2) = 2$, 则$P_2 \cong Z_2$, 因此$G \cong Z_2 \times P$. 容易看出G 的同阶元型为$\{1, p^t - 1\}$, 其型为$\{1, m, n\}$. □

引理 4.16. 设G 为$\pi(G) = \{2, p\}$的群且同阶元型为$\{1, m, n\}$. 如果$s_2 = m$, 则G 为如下群之一:

(1) $(Z_2 \times Z_2 \times \cdots \times Z_2) \rtimes Z_p$ 的Frobenius 群;

(2) $(Z_p \times Z_p \times \cdots \times Z_p) \rtimes Z_2$ 的Frobenius 群;

(3) $Z_2 \times F$, 这里F 为如上(1) 和(2)的群.

证明. 如果$exp(P_2) = 4$, 则$s_4 = s_p = n$. 因此$p \mid 1 + n$. 另一方面, 根据引理 有$p \mid s_4 + s_{4p} (= n$ 或$2n)$, 则$p \mid n$, 矛盾.

如果$exp(P_2) = 2$, 则$s_p = n$. 如果$s_{2p} = 0$, 则根据引理和1.8有G为Frobenius群.

假定$s_{2p} = n$. 设$\Omega := \{x \in G \mid o(x) = 2\}$. 现在$P$作用在集合$\Omega$上, 则我们有$s_2 = m \equiv |C_\Omega(P)| (\bmod\ p)$. 另外$p \mid 1 + s_p = 1 + n$ 且$2p \mid 1 + s_2 + s_p + s_{2p} = 1 + m + 2n$, 所以我们有$m \equiv 1 (\bmod\ p)$. 因此$|C_\Omega(P)| \geqslant 1$. 设$u \in C_\Omega(P)$, 因为$P_2$是交换的, 则$u$为中心2阶元. 我们得到在$G/\{1, u\}$中存在$n$个$p$阶元和$\frac{m-1}{2}$个2阶元. 因此$G/\{1, u\}$中没有$2p$阶元, 于是$G/\{1, u\}$是一个Frobenius群. 设$G = |G| = 2^l p^t$. 如果$G/\{1, u\}$的补为一个2-群, 则它同构于

$$\langle \bar{a}_1, \bar{a}_2, \cdots, \bar{a}_t, \bar{b} \mid \bar{a}_i^p = \bar{b}^2 = 1, [\bar{a}_i, \bar{a}_j] = 1, \bar{a}_i^{\bar{b}} = \bar{a}_i^{-1}, 1 \leqslant i, j \leqslant t \rangle.$$

因此$P_2 \cong Z_2 \times Z_2$. 明显, $G \cong \langle a_1, a_2, \cdots, a_t, u, b \rangle$. G中生成元关系明显有$a_i^p = u^2 = b^2 = 1, [a_i, a_j] = 1$ 且$[a_i, u] = [b, u] = 1$. 另外, 根据$a_i^{\bar{b}} = \bar{a}_i^{-1}$我们有$a_i^b = a_i^{-1}$ 或者$a_i^b = a_i^{-1} u$. 但是情形$a_i^b = a_i^{-1} u$ 不会发生, 因为否则$p = o(a_i) = o(a_i^b) = o(a_i^{-1} u) = 2p$. 因此, $G \cong \langle a_1, a_2, \cdots, a_t, u, b \mid a_i^p = u^2 = b^2 = 1, [a_i, a_j] = 1, [u, a_i] = [u, b] = 1, a_i^b = a_i^{-1}, 1 \leqslant i, j \leqslant t \rangle \cong Z_2 \times \overline{G}$. 注意它的同阶元型为$\{1, p^l - 1, 2p^l + 1\}$. 如果$G/\{1, u\}$的补为一个$p$-群, 我们设其核为$K$, 则$G/\{1, u\} \cong K \rtimes Z_p$为Frobenius群, 即$G$为拟-Frobenius群. 因为$exp(P_2) = 2$, P_2为交换的. 因此$G = P_2 \rtimes Z_p$. 另外因为$s_p = s_{2p}$ 且$o(ux) = 2p$, 这里$x \in G$ 且$o(x) = p$, 我们根据$K \rtimes Z_p$得到G是$\{1, u\}$的一个可裂扩张, 因此$G \cong Z_2 \times (K \rtimes Z_p)$. □

以下我们给出同阶元型为$\{1, m, n\}$的群的结构.

定理 4.17. 设G是群具有同阶元型$\{1, m, n\}$, 则G是可解的. 进一步, 假设P为G的Sylow p-子群, 则G为下列群之一:

(1) p-群具有同阶元型$\{1, m, n\}$;

(2) Z_{12}, $SL_2(3)$, Q_{56};

(3) $\langle a_1, a_2, \cdots, a_t, b \mid a_i^p = b^4 = 1, [a_i, a_j] = 1, a_i^b = a_i^{-1}, 1 \leqslant i, j \leqslant t \rangle$;

(4) Frobenius群$Z_2^t \rtimes Z_p$, $Z_p^t \rtimes Z_2$ 和$P \rtimes Z_q$ 满足$exp(P) = p$;

(5) $Z_2 \times H$, 这里H为如上(1) 和(4) 的群.

证明. 假定$\{2, p, q\} \subseteq \pi(G)$. 我们将证明假定$4 \mid |G|$导致矛盾, 即我们将证明$4 \nmid |G|$. 证明分为两种情形:

(a) $s_p = s_q = m$, 则$m \equiv -1 (\text{mod } p)$, 所以$p \mid 1 + s_p + s_q + s_{pq}$迫使$1 \equiv s_{pq} = n(\text{mod } p)$. 进一步$m$为偶数且$4 \mid \phi(pq) \mid n$. 因此如前面一样$s_2 = 1$. 因为$s_4 \equiv 2(\text{mod } 4)$, 我们有$s_4 = m$. 另外$s_{2p} = s_p = s_q = s_{2q} = m$且$s_{2pq} = s_{pq} = n$. 现在

$$p \mid 1 + s_2 + s_4 + s_p + s_{2p} + s_{4p} = 1 + 1 + m + m + m + s_{4p}$$

迫使$1 \equiv s_{4p} = n(\text{mod } p)$, 同样$s_{4q} = n$, 则

$$4p \mid f(4pq) = 1 + s_2 + s_4 + s_p + s_{2p} + s_{4p} + s_q + s_{2q} + s_{4q} + s_{pq} + s_{2pq} + s_{4pq}$$

$$= 1 + 1 + m + m + m + n + m + m + n + n + n + s_{4pq}$$

$$= 2 + 5m + 4n + s_{4pq}.$$

因此$s_{4pq} \equiv 0(\text{mod } 4)$, 所以$s_{4pq} \in \{0, n\}$. 另一方面, $s_{4pq} \equiv -1(\text{mod } p)$, 所以$s_{4pq} = m$, 矛盾.

(b) $s_p \neq s_q$, 写$s_p = m \equiv -1(\text{mod } p)$和$s_q = n$. 因为$m, n$都为偶数, 故$s_2 = 1$且$s_4 \equiv 2(\text{mod } 4)$. 如果有必要适当交换$p$和$q$, 我们可以假定$s_4 = m$. 因为$s_{2p} = s_p$, 我们从式子

$$p \mid 1 + s_2 + s_4 + s_p + s_{2p} + s_{4p} = 1 + 1 + m + m + m + s_{4p}$$

得到$1 \equiv s_{4p} = n(\text{mod } p)$.

如果$s_{pq} = 0$, 则一个p阶子群固定点自由作用在所有q阶元的集合上, 所以$p \mid s_q = n$, 矛盾. 因此$s_{pq} \in \{m, n\}$. 因为$4 \mid s_{pq}$但是$m \equiv 2(\text{mod } 4)$, 我们有$s_{pq} = n$于是

$$p \mid 1 + s_p + s_q + s_{pq} = 1 + m + n + n,$$

所以$p \mid n$, 矛盾.

这就证明了G或者有奇阶, 或者$G \cong H \rtimes Z_2$, 这里子群H为奇阶的. 现在我们研究情形$G \cong H \rtimes Z_2$. 如果$s_2 = m$, 根据如上(a)的证明, 则$|\pi(G)| = 2$. 所以G同构于Frobenius 群$Z_p^t \rtimes Z_2$根据引理4.16. 如果$s_2 = 1$, 则G有唯一的2阶元, 因此$G \cong Z_2 \times H$. 注意$Z_2 \times H$有型$\{1, m, n\}$当且仅当H有型$\{1, m, n\}$. 使用引理4.12, 4.15和4.16, 我们将得到要证结果. 特别, 根据著名的Burnside $p^\alpha q^\beta$-定理, G是可解的. $\quad \Box$

似乎p-群G 具有同阶元型$\{1, m, n\}$ 且$|\pi_e(G)| > 3$ 是非常稀少的. 例如, 在32阶群中存在仅有一个群满足这个条件, 即

$$Hol(Z_8) = \langle a, b, c \mid a^8 = b^2 = c^2 = 1, a^b = a^{-1}, a^c = a^5, b^c = b \rangle,$$

它的同阶元型为$\{1, 15, 8\}$. 另外我们可以根据这个例子来构造一个阶为2的幂的一个无限的群序列.

例 4.18. 设$G \cong Z_2^t \times Hol(Z_8)$, 则$G$ 的同阶元型为$\{1, 2^{t+4} - 1, 2^{t+3}\}$.

使用GAP 软件[289], 我们计算所有阶为2^6 和2^7 的群, 分别存在仅有3 和5 个群具有同阶元型$\{1, m, n\}$ 且$|\pi_e(G)| > 3$. 另外, 在2^6阶中的3个群的型都为$\{1, 31, 16\}$, 而在2^7 阶中的5 个群中型为$\{1, 63, 32\}$ 和 $\{1, 31, 32\}$. 特别, 存在2^7阶群满足如上条件使得 $exp(G) > 2^3$. 假设$exp(G) = 2^e$. 似乎数e 不能被同阶元型集合的元素个数3 限定. 对于奇阶p-群, 使用GAP计算, 阶为$3^4, 3^5$ 和3^6 且满足如上条件的群还没有找到. 我们有如下的猜想.

猜想 4.19. 设G 是有限p-群, 其同阶元型为$\{1, m, n\}$ 且$|\pi_e(G)| > 3$. 假设$|G| = p^l$. 对于$i \geqslant 2$, 如果$p = 2$ 且$s_{2^i} \neq 0$, 则$s_{2^i} = 2^{l-2}$. 如果$p > 2$, 则不存在那样的群.

如果猜想4.19 成立, 对于同阶元型$\{1, m, n\}$的2-群G的方次数至多为2^4, 对于奇阶p-群G 的方次数至多为p^3. 我们有一般的问题.

问题 4.20. 设G 是有限群且具有同阶元型$\{1, n_2, \cdots, n_r\}$. 对于$|G|$的任意素因子p_i, 假设P_i为群G的$Sylow$ p_i-子群, 并且$exp(P_i) = p_i^{e_i}$. 是否$\sum_{i=1}^{|\pi(G)|} e_i \leqslant r + 1$?

对于定理4.15 情形(3), 的确, 广义四元素群是这种情形的特殊例子的群.

例 4.21. 广义四元素群$Q_{4p} = \langle a, b, c \mid a^2 = b^4 = c^p = 1, c^a = c, c^b = c^{-1}, b^a = b \rangle$, 这里$p$是奇素数. 它的型为$\{1, 2p, p-1\}$.

注意同阶元型$\{1, m, n\}$的群不是超可解的, 例如A_4 的型为$\{1, 3, 8\}$. 对于型为$\{1, n_2, n_3, n_4\}$ 的群, 单群A_5 就是那种型的一个非可解的例子. 从如上定理4.7 和4.15 我们能够看出型为$\{1, n_2\}$和$\{1, n_2, n_3\}$ 群的阶的素因子个数分别小于等于2 和3. 一般地, 我们有如下的猜想.

猜想 4.22. 设 G 是同阶型 $\{1, n_2, \cdots, n_r\}$ 的有限群, 则 $|\pi(G)| \leqslant r$.

§4.4   Thompson问题

1987年, J. G. Thompson 提出了一个如下问题. 对于每个有限群 G 和每个整数 $d \geqslant 1$, 设 $L_d(G) = \{x \in G \mid x^d = 1\}$.

定义 4.23. 有限群 G 和 H 说是同阶型的, 如果 $|L_d(G)| = |L_d(H)|$, $d = 1, 2, \cdots$.

Thompson问题 假设 G 和 H 是有限同阶型的群且 H 是可解的. 是否 G 必然也可解?

容易看出Thompson问题也可以描述为以下的问题:

Thompsom问题* 设 G 为有限群, 令 $T(G) = \{(m, s_m) | m \in \pi_e(G)$ 且 $s_m \in \tau_e(G)\}$, 这里 s_m 表示 G 中 m 阶元的个数, $\tau_e(G)$ 表示 G 的同阶元长度的集合. 设 $T(G) = T(H)$, 如果 G 可解, 是否 H 必然可解?

当然如果 G 与 H 是同阶型的, 则他们的谱和同阶元型完全一致, 此时我们也把 G 的同阶型记为 $T(G)$. 在Thompson与施武杰教授的通信中, Thompson 指出:

"I have talked with several mathematicians concerning group of the same order type. The problem arose initially in the study of algebraic number fields, and is considerable interest..."

Thompson问题被收集在V. D. Mazurov 院士编写的《群论未解决的问题》中[217](见问题12.37). 以下是Thompson给出的一个具有同阶型的两个非可解群.

例 4.24. 设 M_{23} 是 *Mathieu* 单群. 设 $G \cong Z_2^4 \rtimes A_7$, $H \cong L_3(4) \rtimes Z_2$, 它们都是 M_{23} 的极大子群, 则 G 和 H 同阶型(参见[78]).

这个例子也说明同阶型有限群的合成因子可能为不同构的非交换单群.

定理 4.25. 若 $T(G) = T(H)$, 当 G 幂零时, 则 H 也幂零; 当 G 超可解时, 则 H 可解.

证明. 因为G和H同阶型, 则$|G| = |H|$且G和H的每个同阶元个数也对应相等. 设$|G| = p_1^{\alpha_1} p_2^{\alpha_2} \cdots p_k^{\alpha_k}$. 假设$P_i$是$G$的唯一的Sylow p_i-子群, 这里$1 \leqslant i \leqslant k$, 则$G$中$p_i$的个数为$p_i^{\alpha_i}$, 但是$H$中$p_i$的个数也为$p_i^{\alpha_i}$. 因此$H$的Sylow p_i-子群的个数为一个, 即H为幂零群. 以下假设G为超可解群, 即它的主因子为素阶群. 另外G超可解群当且仅当存在正规列$1 < G_1 < G_2 < \cdots < G_k = G$使得每个$G_i$都是$G$的Hall子群且$G_i/G_{i-1}$是素数幂群. 我们可以假定$|G_i| = p_1^{\alpha_1} p_2^{\alpha_2} \cdots p_i^{\alpha_i}$. 这样我们可以得到$|L_{p_1^{\alpha_1} p_2^{\alpha_2} \cdots p_i^{\alpha_i}}(G)| = p_1^{\alpha_1} p_2^{\alpha_2} \cdots p_i^{\alpha_i}$, 因此$|L_{p_1^{\alpha_1} p_2^{\alpha_2} \cdots p_i^{\alpha_i}}(H)| = p_1^{\alpha_1} p_2^{\alpha_2} \cdots p_i^{\alpha_i}$, 故$H$存在$p_1^{\alpha_1} p_2^{\alpha_2} \cdots p_i^{\alpha_i}$阶的正规子群$H_i$(此结果是Frobenius的一个著名猜想, N. Liyori 和H. Yamaki 在1991 年运用单群分类定理给出证明, 见[188]), 即H也为超可解群. $\square$

以下我们考虑Thompson 问题在素图连通时的情形. 由Thompson定理知N是幂零群. 记$M_G(n)$是G中n阶元的集合, 当然$s_n(G) = |M_G(n)|$, 并记$c_n(G)$是G中n阶循环子群的个数. 如果我们限制Gruenberg-Kegel定理到同阶元型上面, 我们得到如下更强的结果, 以下p表示素数.

引理 4.26. 假设$s(F) \geqslant 2$. 如果对于有限群G有$T(G) = T(F)$, 则以下之一成立:

(a) $s(G) = 2$且G是Frobenius群或2-Frobenius群;

(b) 存在非交换单群S使得$S \leqslant \overline{G} = G/N \leqslant \mathrm{Aut}(S)$, 这里$N$是$G$的极大可解正规子群; N和$\overline{G}/S$都是$\pi_1(G)$-子群. 素图$GK(G)$是非连通的, $s(S) \geqslant s(G)$, 且进一步, 下面成立:

(i) 若i满足$2 \leqslant i \leqslant s(G)$, 则存在$j(2 \leqslant j \leqslant s(S))$使得$\mu_i(G) = \mu_j(S)$.

(ii) 设$m > 1$是$\mu_i(F)$ $(i \geqslant 2)$任何元的因子. 则$|M_F(m)| = |M_{\overline{G}}(m)||N|$, $|M_{\overline{G}}(m)| = |M_S(m)|$.

证明. 我们只需要证明(b)的(ii). 设$x \in G$且$o(x) = m$. 因为$\pi(N) \subseteq \pi_1(G) = \pi_1(F)$和$\pi(m) \subseteq \pi_i(F) = \pi_i(G)$ $(i \geqslant 2)$, 我们有$(m, |N|) = 1$. 因此$o(x) = o(xN)$. 事实上, 设$o(xN) = n$, 因为$(xN)^m = x^m N = N$, 则$n|m$. 反之, 根据$N = (xN)^n = x^n N$, 我们有$x^n \in N$. 当然, 可以推出$o(x^n) \mid |N|$, 但是$o(x^n) = \frac{o(x)}{(n,o(x))} = \frac{m}{(n,m)}$, 于是$\frac{m}{(n,m)} \mid |N|$, 因此$\frac{m}{(n,m)} = 1$, 我们有$m|n$. 即有$m = n$.

另一方面, 如果存在 G 中的元 y 使得 $o(y) \neq m$ 和 $o(yN) = o(xN)$,

则$o(xN)|o(y)$，即$m|o(y)$，我们可以假定$o(y) = mq$ $(q \neq 1)$且存在q的素因子r使得$r \in \pi_j(G)$ $(i \neq j)$，(否则，q 是$\mu_i(G)$的某个元的因子，我们从上面有$o(yN) = o(y) = mq$，矛盾). 这样$\pi_i(G)$和$\pi_j(G)$在G的素图中是连通的，矛盾. 因此，$o(y) = m$. 于是$|M_{\overline{G}}(m)| \leqslant |M_F(m)| = |M_G(m)|$.

进一步，陪集xN中每个元都有阶m，于是$|M_G(m)| = |M_{\overline{G}}(m)||N|$. 对于剩下的部分，因为$G$是几乎单群，$\overline{G}$是单群$S$ 被$\overline{G}/S$的扩张. 我们选择$\overline{G}/S$的一个陪集表示$\{y_1, y_2, \cdots, y_l\}$，这里$y_i \in \overline{G}$，当然，根据陪集分解，$\overline{G}$ 中每个元都能写成$y_i s$的形式，这里$1 \leqslant i \leqslant l$且$s \in S$.

因为$o(y_i S) = o(y_i s S)$，我们有$o(y_i S)|o(y_i s)$. 如果$y_i S \neq S$，根据如上条件$\overline{G}/S$ 是$\pi_1(G)$-子群，我们有$\pi(o(y_i S)) \subseteq \pi_1(\overline{G})$，因此存在$o(y_i s)$的一个素因子使得它也属于$\pi_1(G)$. 如果$\pi(o(s)) \subseteq \pi_i(\overline{G})$ $(i \geqslant 2)$，因为$\pi_1(\overline{G})$和$\pi_i(\overline{G})$ 在$\overline{G}$的素图中不连通，则$\overline{G}$中的每个不属于S的元没有$o(s)$因子的阶. 因此，$|M_{\overline{G}}(m)| = |M_S(m)|$. □

为了完成定理的证明，我们还需要Frobenius群和2-Frobenius群的具体结构，见引理3.6和引理3.7.

引理 4.27. 设E 是2-*Frobenius*群，即$E = ABC$，这里A 和AB 是E 的正规子群，AB 和BC 是分别以A, B 为核和B, C为补的*Frobenius* 群.则以下结果成立：

(i) $s(E) = t(E) = 2$ 且$\pi_1(E) = \pi(A) \cup \pi(C), \pi_2(E) = \pi(B)$；

(ii) E 是可解的，B是E的*Hall*子群且是奇阶的，且C循环群.

(iii) 设$T(G) = T(E)$，如果存在非交换单群S使得$S \leqslant \overline{G} = G/N \leqslant Aut(S)$，这里$N$是$G$的极大可解正规子群且$N$和$\overline{G}/S$是$\pi_1(G)$-群，则$|N|$整除$|A|$ 且$\pi(\frac{|A|}{|N|}) \subseteq \pi(|C|)$.

证明. 因为如果$t(E) \geqslant 3$，则E必定是非可解的(见定理3.5)，因此$t(E) = 2$. (i)和(ii)剩下的部分可以直接由引理3.7得出.

以下证明(iii). 由引理4.26的(b)(ii)知对于$m(> 1)$是$\mu_i(E)$ $(i \geqslant 2)$的任何元的因子，则$|M_E(m)| = |M_{\overline{G}}(m)||N|$.

容易看出$\mu_2(E) = \{|B|\}$ 且$|M_E(|B|)| = |A|\phi(|B|)$. 由条件$T(G) = T(E)$有$|M_G(|B|)| = |M_E(|B|)| = |M_{\overline{G}}(|B|)||N| = c_{|B|}(\overline{G})\phi(|B|)|N|$. 因此$|A| = c_{|B|}(\overline{G}) \cdot |N|$，即有$|N|$整除$|A|$.

若存在 $p \in \pi(\frac{|A|}{|N|})$, 但 $p \notin \pi(|C|)$, 则在 E 中 p-元个数为 $|A|_p$. 由于 $T(G) = T(E)$, 有 G 中 p-元个数为 $|G|_p$, 这样 G 中 Sylow p-子群 P 正规. 由 N 是 G 的极大可解正规子群, 得到 $P \leqslant N$. 因此 $(p, \frac{|G|}{|N|}) = 1$. 然而 $|G| = |A||B||C|$, 有 $(p, \frac{|A|}{|N|}) = 1$, 矛盾. □

命题 4.28. 如果 G 是有限群使得 $T(G) = T(F)$, 则 G 是 *Frobenius* 群. 进一步, 如果 F 是可解的, 则 G 也是可解的.

证明. 我们使用 Gruenberg-Kegel 定理 (3.3) 完成证明.

情形 1. G 是 2-Frobenius 群.

设 $G = ABC$, 这里 A 和 AB 是 G 的正规子群, AB 和 BC 是分别以 A, B 为核和 B, C 为补的 Frobenius 群. 根据引理 3.6 和 3.7, 我们有 $\pi(B) = \pi_2(F)$, 即 $\pi(B) = \pi(K)$ 或 $\pi(H)$. 当然, 据引理 4.27 知 B 是奇阶循环的.

(i) 如果 $\pi(B) = \pi(K)$, 因为 K 是 F 的 Hall 子群且 $|B| = |K|$, 则 F 中存在 $|B|$ 阶元, 因此 K 循环. 进而, K 是正规子群, 于是 $v_{|B|}(F) = 1$. 另一方面, AB 是 Frobenius 群, 其补为 B, 则 $v_{|B|}(G) \geqslant v_{|B|}(AB) = |A| > 1$, 因此 $v_{|B|}(G) > v_{|B|}(F)$, 矛盾.

(ii) 如果 $\pi(B) = \pi(H)$, 同样 H 是循环的, 则 $c_{|B|}(F) = |K|$. 因 A 和 AB 都在 G 中正规, 则 $G = ABC = C(AB) = C(BA) = CBA$, 因此每个元 $g \in G$ 能够写成 cba 的形式, 这里 $a \in A, b \in B$ 和 $c \in C$. 于是我们有 $B^g = B^{cba} = ((B^c)^b)^a = B^a$, 这样 B 在 G 中的共轭子群的个数为 B 在 A 中的个数, 而 G 可解, 则所有 $|B|$ 阶子群都共轭, 因此 $c_{|B|}(G) = c_{|B|}(AB) = |A|$. 但是 $|H||K| = |F| = |G| = |A||B||C|$ 和 $|B| = |H|$, 于是 $|A| = |K|/|C|$. 因此, $c_{|B|}(F) = |K| < |K|/|C| = |A| = c_{|B|}(G)$, 矛盾.

情形 2. 存在非交换单群 S 使得 $S \leqslant \overline{G} = G/N \leqslant Aut(S)$.

如果 $2 \in \pi(H)$, 则 K 是 Abel 群. 选择 $r \in \pi(K)$, 我们有 $|K|_r = |G|_r = |S|_r$. 因为 K 是 Abel 且正规, 则 K 中 r-元数目为 $|K|_r - 1$, 即 $|S|_r - 1$. 但是因 S 中 Sylow r-子群一直存在, 则 S 的 r-元个数也为 $|S|_r - 1$, 因此 S 中仅有一个 Sylow r-子群, 即存在一个真正规子群, 矛盾.

如果 $2 \in \pi(K)$, 则 K 的 Sylow p-子群 ($p \in \pi(K)$) 在 F 中正规, 由 $T(F) = T(G)$, 我们有 G 的 Sylow p-子群也正规. 因为 $N = O_p(G)$, 我们有 $p = 2$, 且 N 是 G 的正规 Sylow 2-子群. 因此 G/N 是奇阶群, 由著名的 Feit-Thompson 定理, G/N 是可解的, 矛盾.

因此由引理4.26有G是Frobenius群. 进一步, 如果F是非可解, 则由引理3.6, 存在子群H_0使得$|H:H_0| \leqslant 2$且$H_0 \cong Z \times SL_2(5)$, 这里$Z$的每个Sylow 子群都循环且$(|Z|,30)=1$. 故$|H| = 2^3 \cdot 3 \cdot 5 \cdot |Z|$或$2^4 \cdot 3 \cdot 5 \cdot |Z|$. 很容易知道$H$中不存在15阶元(因为15不属于$\pi_e(SL_2(5))$). 现设$G$的补为$V$, 则由$T(F) = T(G)$有$\pi_e(H) = \pi_e(V)$且$|H| = |V|$. 如果$G$是可解, 则存在$V$的15阶Hall子群. 这样$15 \in \pi_e(V)$, 矛盾. 故$G$也是非可解. $\qquad \square$

以下考虑2-Frobenius的情形.

引理 4.29. 如果$m \mid n$且$\pi(\frac{n}{m}) \subseteq \pi(m)$, 则$\pi(m) = \pi(n)$.

命题 4.30. 如果G是有限群, E是2-Frobenius群满足$T(G) = T(E)$, 则G也是2-Frobenius群.

证明. 如前设$E = ABC$是2-Frobenius群. 由命题4.28我们可以假设存在非交换单群S使得$S \leqslant \overline{G} = G/N \leqslant \mathrm{Aut}(S)$. 因为$B$是$E$的循环Hall子群, 所以$E$的$|B|$阶Hall子群皆共轭. 又任取$1 \neq e = bca \in E$, 其中$a \in A, b \in B, c \in C$, 有$B^e = B^{bca} = B^a$, 而$AB$是以$A$为核, B为补的Frobenius-群, 所以E的任何两个$|B|$阶Hall子群的交是平凡的且$v_{|B|}(E) = |A|$. 易知$v_{|B|}(G/N) = \frac{|A|}{|N|}$且$v_{|B|}(S) = \frac{|A|}{|N|}$.

如果$S = L_2(r^f)$, 其中r是奇素数且$\pi(B) = \{r\}$, 则$|B| = r^f$. 因此S中存在r^f阶元, 但是$L_2(r^f)$的Sylow r-子群是$Z_r \times Z_r \times \cdots \times Z_r$ (个数为f). 因此$f = 1$. 据[117]的第 II 章定理8.2(b)和(c), 我们有$L_2(r)$的Sylow r-子群的个数为$r+1$, 因此

$$\frac{|A|}{|N|} = r+1.$$

据[173]的表 I, 我们有$G/N = S$, 因此$|A||B||C| = |S||N|$, 于是$|C| = \frac{r(r^2-1)}{2r(r+1)} = \frac{r-1}{2}$. 再根据引理4.29, 我们有$\pi(r+1) \subseteq \pi(\frac{r-1}{2})$, 但是$(\frac{r+1}{2}, \frac{r-1}{2}) = 1$, 因此$r = 3$. 即$S = L_2(3)$, 但这个群不是单群, 矛盾. 如果$S = L_3(4)$, 并且$\pi(B) = \{3\}$, 而$E$中存在9阶循环子群, 明显$S$中不存在9阶元, 矛盾.

对于剩下的单群, 根据[211]的引理1.1, 如果S不为$L_3(4)$且$\pi(B) = \{3\}$或$L_2(r^f)$且$\pi(B) = \{r\}$, 则对于S的连通分支$\pi_j (j > 1)$, 存在一个循环的Hall π_j-子群U. 当然$|U| = |B|$. 因为对于任何$1 < d \in \pi_e(B)$有$c_d(S) = c_d(E)/|N| = |A|/|N|$, 所以在这种情形下任何两个不同的Hall $\pi_j(S)$-子群的交是平凡的, 这样可以推出任何两个不同的Hall $\pi_j(S)$-子群都共

轭, 因为任何两个 Sylow 子群共轭. 因此 $c_{|B|}(S) = |S : N_S(U)|$, 即有

$$\frac{|A|}{|N|} = |S : N_S(U)|. \qquad (4.4)$$

设 $\theta = |\overline{G}/S|$. 由 $|G| = |E|$ 及 (4.4), 我们有

$$\frac{|A|}{|N|} = \frac{|S|}{|N_S(U)/U||U|} \qquad (4.5)$$

及

$$|C| = \theta|N_S(U)/U|. \qquad (4.6)$$

根据引理 4.29, 我们能给出另外一个限制,

$$\pi(\frac{|A|}{|N|}) \subseteq \pi(|C|). \qquad (4.7)$$

若 S 为交错单群 A_n, 则当素图分支为 2 时, 有 $n = p, p+1, p+2$ 且 $n, n-2$ 不全为素数. 因此 $|U| = p$ 且 $|N_S(U)/U| = \frac{p-1}{2}$. 由交错群的自同构结构知道 $\theta = 1, 2, 4$, 因此根据 (4.7) 我们有

$$\pi(\frac{n!}{p(p-1)}) \subseteq \pi(p-1).$$

由引理 4.29 有 $\pi((p-1)!) = \pi(p-1)$, 故 $p = 2, 3$, 矛盾于 $n \geqslant 5$. 若 S 的素图分支为 3, 则 $n = p$ 且 $p - 2$ 也为素数. 因此 $|U| = p$ 或 $p - 2$. 如果 $|U| = p$, 同素图分支为 2 的情形一样, 不可能. 如果 $|U| = p-2$, 则 $|N_S(U)/U| = p - 3$. 由 (4.7), 得到 $\pi(\frac{p!}{2(p-2)(p-3)}) \subseteq \pi(p - 3)$. 同样据引理 4.29, 有 $\pi(\frac{p!}{2(p-2)}) = \pi(p-3)$, 不可能.

若 S 为 Lie 型单群, 明显 U 是 S 的一个极大环面 (Tori), 因此

$$N_S(U)/U \text{ 同构于 } S \text{ 的 } Weyl \text{ 群 } W \text{ 的一个子群}.$$

因为 $|W|$ 整除 $|S|$, 结合 (4.5)-(4.7), 我们有

$$\pi(\frac{|S|}{|U||W|}) \subseteq \pi(\theta_0|W|), \qquad (4.8)$$

这里 $\theta \mid \theta_0$. 因为 S 的素图分支大于 1, 根据表 3.4-3.6, 我们可以给出如下的表 4.1-4.4, 其中 $|W|$ 为 Wyel 群的阶, 见 [74] 的 3.6 节, 值 θ_0 见表 3.4-3.6.

表4.1: Lie型单群S素图非连通且$s(S) = 2$

S	条件	$\lvert U\rvert$	$\lvert W\rvert$	θ_0	$\dfrac{\lvert S\rvert}{\lvert U\rvert\lvert W\rvert}$
$A_{p-1}(q)$	$(p,q)\neq(3,2),$ $(3,4)$	$\dfrac{q^p-1}{(q-1)(p,q-1)}$	$p!$	$2p^s$	$\dfrac{q^{\binom{p}{2}}\prod_{i=1}^{i=p-1}(q^i-1)}{p!}$
$A_p(q)$	$q-1\mid p+1$	$\dfrac{q^p-1}{q-1}$	$(p+1)!$	$2p^s$	$\dfrac{q^{\binom{p+1}{2}}(q^{p+1}-1)\prod_{i=2}^{i=p-1}(q^i-1)}{(p+1)!}$
$^2A_{p-1}(q)$		$\dfrac{q^p+1}{(q+1)(p,q+1)}$	$p!$	2^up^s	$\dfrac{q^{\binom{p}{2}}\prod_{i=1}^{p-1}(q^i-(-1)^i)}{p!}$
$^2A_p(q)$	$q+1\mid p+1$	$\dfrac{q^p+1}{q+1}$	$(p+1)!$	2^up^s	$\dfrac{q^{\binom{p+1}{2}}(q^{p+1}-1)\prod_{i=2}^{i=p-1}(q^i-(-1)^i)}{(p+1)!}$
$B_n(q)$	$n=2^m\geqslant4$	$\dfrac{q^n+1}{2}$	$2^nn!$	2^s	$\dfrac{q^{n^2}(q^n-1)\prod_{i=1}^{n-1}(q^{2i}-1)}{2^nn!}$, (q奇数)
$B_p(3)$	p奇素数	$\dfrac{3^p-1}{2}$	$2^pp!$	1	$\dfrac{3^{p^2}(3^p+1)\prod_{i=1}^{n-1}(3^{2i}-1)}{2^pp!}$
$C_n(q)$	$n=2^m\geqslant4$	$\dfrac{q^n+1}{(2,q-1)}$	$2^nn!$	1	$\dfrac{q^{n^2}(q^n-1)\prod_{i=1}^{n-1}(q^{2i}-1)}{2^nn!}$
$C_p(q)$	$q=2,3$	$\dfrac{q^p-1}{(2,q-1)}$	$2^pp!$	1	$\dfrac{q^{p^2}(q^p+1)\prod_{i=1}^{p-1}(q^{2i}-1)}{2^pp!}$
$D_p(q)$	$q=2,3,5$	$\dfrac{q^p-1}{(4,q^p-1)}$	$2^{p-1}p!$	2	$\dfrac{q^{p(p-1)}\prod_{i=1}^{p-1}(q^{2i}-1)}{2^{p-1}p!}$, $(p\geqslant5)$
$D_{p+1}(q)$	$q=2,3$ $p\geqslant3,$	$\dfrac{q^p-1}{(2,q-1)}$	$2^p(p+1)!$	1	$\dfrac{q^{p(p+1)}(q^p+1)(q^{p+1}-1)\prod_{i=1}^{p-1}(q^{2i}-1)}{(2,q-1)\cdot2^{p-1}(p+1)!}$
$^2D_n(q)$	$q=2^m\geqslant4$	q^n+1	$2^{n-1}n!$	2^s	$\dfrac{q^{n(n-1)}\prod_{i=1}^{n-1}(q^{2i}-1)}{2^{n-1}n!}$
$^2D_n(2)$	$n=2^m+1$ $\geqslant5$	$2^{n-1}+1$	$2^{n-1}n!$	1	$\dfrac{2^{n(n-1)}(2^{n-1}-1)(2^n+1)\prod_{i=1}^{n-2}(2^{2i}-1)}{2^{n-1}n!}$
$^2D_p(3)$	$p\neq2^m+1$	$\dfrac{3^p+1}{4}$	$2^{p-1}p!$	2	$\dfrac{3^{p(p-1)}\prod_{i=1}^{n-1}(3^{2i}-1)}{2^{p-2}p!}$, $(p\geqslant5)$
$^2D_n(3)$	$9\leqslant n=2^m$ $+1\neq p$	$\dfrac{3^{n-1}+1}{2}$	$2^{n-1}n!$	1	$\dfrac{3^{n(n-1)}(3^{n-1}-1)(3^n+1)\prod_{i=1}^{n-2}(3^{2i}-1)}{2^{n-1}n!}$
$G_2(q)$	$2<q\equiv\epsilon(3),$ $\epsilon=\pm1$	$q^2-\epsilon q+1$	12	2^s3^u	$q^6(q^2-1)(q+\epsilon)(q^3-\epsilon)/12$
$^3D_4(q)$		q^4-q^2+1	$2^34!$	2^s3^u	$\dfrac{q^{12}(q^2-1)(q^4+q^2+1)(q^6-1)}{2^34!}$
$F_4(q)$	q奇数	q^4-q^2+1	2^73^2	2^s3^u	$\dfrac{q^{24}\prod_{i\in\{2,6,8\}}(q^i-(-1)^i)(q^8+q^6-q^2-1)}{2^73^2}$
$E_6(q)$		$\dfrac{q^6+q^3+1}{(3,q-1)}$	2^73^45	2^s3^u	$\dfrac{q^{36}\prod_{i\in\{2,3,5,6,8,12\}}(q^i-1)}{2^73^45}$
$^2E_6(q)$	$q>2$	$\dfrac{q^6-q^3+1}{(3,q+1)}$	2^73^45	2^s3^u	$\dfrac{q^{36}\prod_{i\in\{2,3,5,6,8,12\}}(q^i-(-1)^i)}{2^73^45}$
$^2A_3(2)$		5	$4!$	2	2^33^3

表4.2: Lie型单群S素图非连通且$s(S) = 3$

S	$\|U\|$	$\|W\|$	θ_0	$\dfrac{\|S\|}{\|U\|\|W\|}$
$A_1(q)$	$\frac{q+\epsilon}{2}$	2	2^s	$\frac{q(q-\epsilon)}{2}, (3 < q \equiv \epsilon \pmod 4)$
$A_1(q)$	$q \pm 1$	2	1	$\frac{q(q\mp1)}{2}, (q = 2^f > 2)$
$A_1(q)$	$\frac{q-1}{(2,q-1)}$	2	r	$\frac{q(q-1)}{2}, (q = 2^r, 3^r)$
$A_2(q)$	$q \pm 1$	6	$2^s 3^u$	$\frac{q^3(q\mp1)(q^3-1)}{6}, (q > 2, q$ 为偶数$)$
$^2A_5(2)$	$7; 11$	$6!$	2	$2^{11}3^411; 2^{11}3^47$
$^2D_p(3)$	$\frac{3^{p-1}+1}{2}$	$2^{p-1}p!$	2	$\frac{3^{p(p-1)}(3^{p-1}-1)(3^p+1)\prod_{i=1}^{i=p-2}(3^{2i}-1)}{2^{p-1}p!}$
	$\frac{3^p+1}{4}$			$\frac{3^{p(p-1)}\prod_{i=1}^{i=p-1}(3^{2i}-1)}{2^{p-2}p!}$
$G_2(q)$	$q^2 \pm q + 1$	12	$2^s 3^u$	$\frac{q^6(q\mp1)(q^2-1)(q^3+1)}{12}, (q \equiv 0 \pmod 3)$
$^2G_2(q)$	$q \pm \sqrt{3q} + 1$	12	3^s	$\frac{q^3(q-1)(q^3+1)}{12(q\pm\sqrt{3q}+1)}, (q = 3^{2m+1} > 3)$
$F_4(q)$	$q^4 + 1$	$2^7 3^2$	2^s	$\frac{q^{24}(q^2-1)(q^6-1)(q^4+1)(q^{12}-1)}{2^73^2}$
	$q^4 - q^2 + 1$			$\frac{q^{24}(q^2-1)(q^6-1)(q^8-1)(q^8+q^6-q^2-1)}{2^73^2}$
$^2F_4(q)$	$t_1 := q^2 - \sqrt{2q^3}$ $+q - \sqrt{2q} + 1$	$2^7 3^2$	3^s	$\frac{q^{12}(q-1)(q^3+1)(q^4-1)(q^6+1)}{2^73^2t_1}$
	$t_2 := q^2 + \sqrt{2q^3}$ $+q + \sqrt{2q} + 1$			$\frac{q^{12}(q-1)(q^3+1)(q^4-1)(q^6+1)}{2^73^2t_2}$
$E_7(2)$	73	$2^{10}3^45\cdot7$	1	$2^{53}3^75\cdot7\cdot11\cdot13\cdot17\cdot19\cdot31\cdot43\cdot127$
	127			$2^{53}3^75\cdot7\cdot11\cdot13\cdot17\cdot19\cdot31\cdot43\cdot73$
$E_7(3)$	757	$2^{10}3^45\cdot7$	1	$2^{13}3^{59}5\cdot7^211^213^319\cdot37$ $\cdot41\cdot61\cdot73\cdot547\cdot1093$
	1093			$2^{13}3^{59}5\cdot7^211^213^319\cdot37$ $\cdot41\cdot61\cdot73\cdot547\cdot757$

†其中 $^2D_p(3)$中的$p = 2^m + 1 \geqslant 5$; $F_4(q)$, $^2F_4(q)$中的q为偶数.

表4.3: Lie型单群S素图非连通且$s(S) > 3$

S	$\lvert U \rvert$	$\lvert W \rvert$	θ_0	$\dfrac{\lvert S \rvert}{\lvert U \rvert \lvert W \rvert}$
$A_2(4)$	$3; 5; 7$	6	2	$2^5 \cdot 35; 2^5 \cdot 21; 2^5 \cdot 15$
$^2B_2(q)$	$q-1$	8	1	$\dfrac{q^2(q^2+1)}{8}$
	$q \pm \sqrt{2q}+1$			$\dfrac{q^2(q-1)(q^2+1)}{8(q\pm\sqrt{2q}+1)}$
	13			$2^{29}3^5 5 \cdot 7^2 11 \cdot 17 \cdot 19$
$^2E_6(2)$	17	$2^7 3^4 5$	1	$2^{29}3^5 5 \cdot 7^2 11 \cdot 13 \cdot 19$
	19			$2^{29}3^5 5 \cdot 7^2 11 \cdot 13 \cdot 17$
	$t_1 := \dfrac{q^{10}-q^5+1}{q^2-q+1}$			$\dfrac{q^{120}(q^2-1)(q^8-1)(q^{12}-1)(q^{14}-1)(q^{20}-1)(q^{24}-1)(q^{30}-1)}{2^{14}3^5 5^2 7 t_1}$
$E_8(q)$	$t_2 := \dfrac{q^{10}+q^5+1}{q^2+q+1}$	$2^{14}3^5$	$2^s 3^u$	$\dfrac{q^{120}(q^2-1)(q^8-1)(q^{12}-1)(q^{14}-1)(q^{20}-1)(q^{24}-1)(q^{30}-1)}{2^{14}3^5 5^2 7 t_2}$
	$t_3 := q^8 - q^4 + 1$	$\cdot 5^2 7$	$\cdot 5^v$	$\dfrac{q^{120}(q^2-1)(q^8-1)(q^{12}-1)(q^{14}-1)(q^{20}-1)(q^{24}-1)(q^{30}-1)}{2^{14}3^5 5^2 7 t_3}$
	$t_4 := \dfrac{q^{10}+1}{q^2+1}$			$\dfrac{q^{120}(q^2-1)(q^8-1)(q^{12}-1)(q^{14}-1)(q^{20}-1)(q^{24}-1)(q^{30}-1)}{2^{14}3^5 5^2 7 t_4}$

†其中 $^2B_2(q)$ 中的 $q = 2^{2m+1} > 2$，$E_8(q)$ 中的 $q \equiv 0, 1, 4 \pmod 5$，s, u, v 为非负整数.

在表4.1, 4.2, 4.3中，由式子(4.8) $\pi(\frac{\lvert S \rvert}{\lvert U \rvert \lvert W \rvert}) \subseteq \pi(\theta_0 \lvert W \rvert)$，我们可以看出如果$S$不为表4.2中的$A_1(q)$ $(\theta_0 = r)$时，$\pi(\theta_0) \subseteq \pi(\lvert W \rvert)$，则有$\pi(\frac{\lvert S \rvert}{\lvert U \rvert \lvert W \rvert}) \subseteq \pi(\lvert W \rvert)$. 由引理4.29，我们有

$$\pi\left(\frac{\lvert S \rvert}{\lvert U \rvert}\right) = \pi(\lvert W \rvert). \tag{4.9}$$

注意$\pi(\frac{\lvert S \rvert}{\lvert U \rvert})$是Lie型单群的特征与一些本原素因子的集合. 根据定理1.33本原因子的存在性，在表4.1, 4.2, 4.3中逐一验证式子(4.9)，得到S为$A_2(3)$，$^2A_2(3)$，$^2A_3(2)$.

如果$S = {}^2A_2(3)$，则$\theta_0 \lvert N_S(U)/U \rvert = 3$，$\frac{\lvert S \rvert}{\lvert N_S(U)/U \rvert \lvert U \rvert} = 2^5 3^2$，这矛盾于$(4.7)$. 如果$S = {}^2A_3(2)$，则$\theta_0 \lvert N_S(U)/U \rvert = 8$，$\frac{\lvert S \rvert}{\lvert N_S(U)/U \rvert \lvert U \rvert} = 2^4 3^4$，同样矛盾于$(4.13)$. 如果$S$为$A_2(3)$，则$\theta_0 = 2, \lvert N_S(U)/U \rvert = 3$，$\frac{\lvert S \rvert}{\lvert N_S(U)/U \rvert \lvert U \rvert} = 2^4 3^2$，因此$G/N \cong Aut(A_2(3))$且$\lvert A \rvert = 2^4 3^2 \lvert N \rvert$. 因为$\lvert G \rvert = \lvert E \rvert$，则$\lvert C \rvert = 6$. 根据[78]和引理4.26(b)(ii)，容易计算G中13阶元的个数为$2^6 3^3 \lvert N \rvert$. 而在E中的13阶元个数为$\lvert A \rvert \phi(13) = 2^5 3^3 \lvert N \rvert$，因此$E$与$G$不可能是同阶型的群.

如果$S = A_1(q)$且$q = 2^r$或3^r, 其中r奇素数, 则$\frac{|A|}{|N|} = \frac{q(q-1)}{2}$且$|C| = 2r$. 如果$q = 3^r$, 由(4.13)我们有$3^r - 1 = 2^e$, 这里$e$是自然数, 因此$r = 2$, 矛盾于$r$奇素数. 如果$q = 2^r$, 同样由(4.13)我们有$2^r - 1 = r^e$. 但$2^{r-1} \equiv 1 \pmod{r}$, 则$2^r - 1 \equiv 1 \pmod{r}$, 因此这个方程没有解.

若S为散在单群和$^2F_4(2)'$, 我们根据[78]及式子(4.5), (4.6), 可以得到如下的表4.4.

表4.4: 散在单群S及$^2F_4(2)'$

S	$|U|$	$\pi(\frac{|A|}{|N|})$	$\pi(|C|)$
M_{11}	5; 11	$\{2,3,11\}; \{2,3\}$	$\{2\}; \{2,5\}$
M_{12}	11	$\{2,3\}$	$\{2,5\}$
M_{22}	5; 7; 11	$\{2,3,7,11\}; \{2,3,5,11\}; \{2,3,7\}$	$\{2\}; \{2,3\}; \{2,5\}$
M_{23}	11; 23	$\{2,3,7,23\}; \{2,3,5,7\}$	$\{5\}; \{11\}$
M_{24}	11; 23	$\{2,3,7,23\}; \{2,3,5,7\}$	$\{5\}; \{11\}$
J_1	7; 11; 19	$\{2,5,11,19\}; \{2,3,7,19\}; \{2,5,7,11\}$	$\{3\}; \{5\}; \{2,3\}$
J_2	7	$\{2,3,5\}$	$\{2,3\}$
J_3	17; 19	$\{2,3,5,19\}; \{2,3,5,17\}$	$\{2\}; \{2,3\}$
J_4	23; 29	$\{2,3,5,7,11,29,31,37,43\}; \{2,3,5,7,11,23,31,37,43\}$	$\{11\}; \{2,7\}$
	31; 37	$\{2,3,5,7,11,23,29,37,43\}; \{2,3,5,7,11,23,29,31,43\}$	$\{5\}; \{2,3\}$
	43	$\{2,3,5,7,11,23,29,31,37\}$	$\{2,7\}$
HS	7; 11	$\{2,3,5,11\}; \{2,3,5,7\}$	$\{2,3\}; \{2,5\}$
Ru	29	$\{2,3,5,13\}$	$\{2,7\}$
Sz	11; 13	$\{2,3,5,7,13\}; \{2,3,5,11\}$	$\{2,5\}; \{2\}$
He	17	$\{2,3,5,7\}$	$\{2\}$
On	11; 19; 31	$\{2,3,7,19,31\}; \{2,3,5,7,11,31\};$ $\{2,3,7,11,19\}$	$\{2,5\}; \{2,3\};$ $\{2,3,5\}$

表4.4 (续)

McL	11	$\{2,3,5,7\}$	$\{2,5\}$
Ly	31; 37; 67	$\{2,3,5,7,11,37,67\};\{2,3,5,7,11,31,67\};$ $\{2,3,5,7,11,31,37\}$	$\{3\};\{2,3\};$ $\{2,11\}$
Co_1	23	$\{2,3,5,7,13\}$	$\{11\}$
Co_2	11; 23	$\{2,3,5,7,23\};\{2,3,5,7,11\}$	$\{5\};\{11\}$
Co_3	23	$\{2,3,5,7\}$	$\{11\}$
Fi_{22}	13	$\{2,3,5,7,11\}$	$\{2,3\}$
Fi_{23}	17; 23	$\{2,3,5,7,11,13,23\};\{2,3,5,7,13,17\}$	$\{2\};\{11\}$
Fi_{24}'	17; 23 29	$\{2,3,5,7,11,13,23,29\};\{2,3,5,7,13,17,29\}$ $\{2,3,5,7,11,13,17,23\}$	$\{2\};\{2,11\}$ $\{2,7\}$
F_1	41 59 71	$\{2,3,5,7,11,13,17,19,23,29,31,47,59,71\}$ $\{2,3,5,7,11,13,17,19,23,29,31,41,47,71\}$ $\{2,3,5,7,11,13,17,19,23,29,31,41,47,59\}$	$\{2,5\}$ $\{2,7\}$ $\{2,7\}$
F_2	31; 47	$\{2,3,5,7,11,13,17,19,23\};\{2,3,5,7,11,13,17,19,31\}$	$\{3,5\};\{2,3\}$
F_3	19; 31	$\{2,3,5,7,11,13\};\{2,3,5,7,11,13,19\}$	$\{3\};\{3,5\}$
F_5	19	$\{2,3,5,7,11\}$	$\{2,3\}$
$^2F_4(2)'$	13	$\{2,3,5\}$	$\{2,3\}$

从表4.4看出, 每个散在单群及$^2F_4(2)'$都不满足式子(4.7), 即我们有$\pi(\frac{|A|}{|N|}) \subseteq \pi(|C|)$. 因此$G$为2-Frobenius群. 得证. $\square$

§4.5 有限群的平均阶

设G是有限群, 记函数$\psi(G) = \sum_{g\in G} o(g)$, 这里$o(g)$为$g \in G$的阶. 当然$\psi(G)$也等于$\sum_{m\in\pi_e(G)} m f_G(m)$, 这里$f_G(m)$为$G$中$m$阶元的个数. 另外, 为方便, 我们拓展函数$\psi$到任何的群$G$的子集$X$, 写$\psi(X)$为$X$中所

有元素的阶和. 以下我们将一直研究n阶群的ψ值. 在文[5], 证明了在所有n阶群中具有最大的ψ值的群必然为循环群Z_n, 即n阶循环群可以由其阶n和ψ值来刻画. 在[6]中, 研究了同阶幂零群的极小ψ值. 同时在[117]中, 对称群中的极大子群的元阶和进行了研究. 在此章中我们研究同阶具有第二大ψ值的群. 我们引用Dummit和Foote的记法[89], 记模群M_{p^α}是生成关系为$\langle a,b \mid a^{p^{\alpha-1}} = b^p = 1, a^b = a^{p^{\alpha-2}+1}\rangle$的群, 这里$p$素数且$\alpha \geqslant 3$.

定理 4.31. 设G为n阶有限群, 并且具有第二大ψ值. 并设n等于$p_1^{\alpha_1} p_2^{\alpha_2} \cdots p_k^{\alpha_k}$, 这里$p_1, p_2, \cdots, p_k$是素数, $p_1 < p_2 < \cdots < p_k$且$k \geqslant 1$. 我们有

(1) 如果$\alpha_1 \geqslant 4$且$p_1^{\alpha_1} p_2^{\alpha_2} = 2^{\alpha_1} \cdot 3$, 则$G$同构于$\langle a,b|a^{2^{\alpha_1}} = b^3 = 1, b^a = b^{-1}\rangle \times Z_{\frac{n}{2^{\alpha_1} \cdot 3}}$;

(2) 如果$\alpha_1 \geqslant 4$且$p_1^{\alpha_1} p_2^{\alpha_2} \neq 2^{\alpha_1} \cdot 3$, 或者$\alpha_1 = 3$且$p_1$是奇数, 则$G$同构于$Z_{p_1} \times Z_{\frac{n}{p_1}}$或$M_{p_1^{\alpha_1}} \times Z_{\frac{n}{p_1^{\alpha_1}}}$;

(3) 如果$\alpha_1 = 3$且$p_1 = 2$, 则G同构于$Q_8 \times Z_{\frac{n}{8}}$;

(4) 如果$\alpha_1 = 2$, 则G同构于$Z_{p_1}^2 \times Z_{\frac{n}{p_1^2}}$;

(5) 如果$\alpha_1 = 1$, 设M为正规p_1-补, 则M是循环或者G同构于$Z_{p_1} \times M$使得$\psi(M)$在$\frac{n}{p_1}$阶群的第二大ψ值.

似乎在$\alpha_1 = 1$的情形的群非常复杂, 我们需要根据递推比较大量的ψ值. 但是我们在第4.5.4小节中, 完全解决了在两个素因子及其平方自由阶的群的分类.

最近, 在文[7]中, Amiri也研究了幂零群上第二大ψ值的分类, 并且猜想对于每个$i \in \{1, 2, \cdots, k\}$, 如果$\alpha_i \geqslant 2$, 则$n$阶非循环群中最大的$\psi$值只能是幂零群. 从我们得到的结果, 证明了此猜想, 并且得到如下更强的结果.

推论 4.32. 如果$k \geqslant 2$且$\alpha_i \geqslant 2$ ($i \in \{1, 2\}$), 则n阶非循环群中最大的ψ值只能是幂零群.

注意定理4.31在$\alpha_1 \geqslant 2$时Jafarian Amiri和Mohsen Amiri (见[8])得到相同结果. 我们使用不同的方法来证明. 以下若G满足$|G| = n$且$\psi(G)$

是在n阶群集合中元阶和第二大的值, 我们简称"G为n 阶第二大ψ值的群".

§4.5.1 一些数论的结果

在本节中, 我们给出一些数论的结果. 记$\psi(n)$ 为n 阶循环Z_n 的元阶和.

引理 4.33. 函数$\psi(n)$ 乘性函数, 即, 如果$(m,n) = 1$, 则$\psi(mn) = \psi(m)\psi(n)$. 进一步, 设$p$ 为素数, 则$\psi(p^\alpha) = \frac{p^{2\alpha+1}+1}{p+1}$.

证明. 因为$\psi(n) = \psi(Z_n) = \sum_{d|n} d\varphi(d)$, 这里$\varphi$ 表示Euler 函数, 所以

$$\psi(mn) = \sum_{d|mn} d\varphi(d) = \sum_{d_0 d_1 | mn, d_0 | m, d_1 | n} d_0 d_1 \psi(d_0 d_1)$$

$$= \sum_{d_0 | m} d_0 \varphi(d_0) \sum_{d_1 | n} d_1 \varphi(d_1) = \psi(m)\psi(n).$$

进一步, 如果p 是素数, 则$\psi(p^\alpha) = 1 + p\varphi(p) + p^2\varphi(p^2) + \cdots + p^l\varphi(p^\alpha) = \frac{p^{2\alpha+1}+1}{p+1}$. □

引理 4.34. 设$n = p_1^{\alpha_1} p_2^{\alpha_2} \cdots p_k^{\alpha_k}$, $p_1 < p_2 < \cdots < p_k$, 且$\alpha_1 \geqslant 2$, 则$\frac{p_1^{2\alpha_1}+1}{p_1+1}\psi(\frac{n}{p_1^{\alpha_1}}) > \frac{n^2}{p_k+1}$.

证明. $\frac{p_1^{2\alpha_1}+1}{p_1+1}\psi(\frac{n}{p_1^{\alpha_1}}) = \frac{p_1^{2\alpha_1}+1}{p_1+1} \cdot \frac{p_2^{2\alpha_2+1}+1}{p_2+1} \cdots \frac{p_k^{2\alpha_k+1}+1}{p_k+1}$

$$= \frac{p_1^{2\alpha_1}+1}{p_k+1} \cdot \frac{p_2^{2\alpha_2+1}+1}{p_1+1} \cdots \frac{p_k^{2\alpha_k+1}+1}{p_{k-1}+1}$$

$$> \frac{p_1^{2\alpha_1}+1}{p_k+1} p_2^{2\alpha_2} \cdots p_k^{2\alpha_k}$$

$$> \frac{p_1^{2\alpha_1} p_2^{2\alpha_2} \cdots p_k^{2\alpha_k}}{p_k+1} = \frac{n^2}{p_k+1}.$$ □

引理 4.35. 设$\lambda(n) = \frac{\psi(n)}{n}$, 则函数$\lambda(n)$ 是乘性函数. 如果$m|n$, 则$\lambda(n) \geqslant \lambda(m)$.

证明. 不失一般性, 我们假设m 和n 是素数p 的幂, 即, 设$m = p^t$ 和$n = p^l$ 且$0 \leqslant t \leqslant l$. 因为$\lambda(p^l) = \frac{\psi(p^l)}{p^l} = \frac{p^{2l+1}+1}{(p+1)p^l} \geqslant \frac{p^{2t+1}+1}{(p+1)p^t} = \lambda(p^t)$, 我们有$\lambda(p^l) \geqslant \lambda(p^t)$. □

引理 4.36. 设 $n = p_1^{\alpha_1} p_2^{\alpha_2} \cdots p_k^{\alpha_k}$ 且 $p_1 < p_2 < \cdots < p_k$, 则

(1) $\lambda(\frac{n}{p_1}) > \lambda(\frac{n}{p_i})(2 \leqslant i \leqslant k)$;

(2) $\lambda(\frac{n}{p_j^{\alpha_j}}) > \lambda(\frac{n}{p_i^{\alpha_i}})(1 \leqslant i, j \leqslant k)$ 当且仅当 $p_i^{\alpha_i} > p_j^{\alpha_j}$.

证明. (1) $\frac{\psi(\frac{n}{p_1})}{\frac{n}{p_1}} \geqslant \frac{\psi(\frac{n}{p_i})}{\frac{n}{p_i}} \Leftrightarrow p_1 \frac{p_1^{2\alpha_1-1}+1}{p_1+1} \frac{p_i^{2\alpha_i+1}+1}{p_i+1} > p_i \frac{p_i^{2\alpha_i-1}+1}{p_i+1} \frac{p_1^{2\alpha_1+1}+1}{p_1+1}$
$\Leftrightarrow p_1(p_1^{2\alpha_1-1}+1)(p_i^{2\alpha_i+1}+1) > p_i(p_i^{2\alpha_i-1}+1)(p_1^{2\alpha_1+1}+1) \Leftrightarrow p_1^{2\alpha_1}p_i^{2\alpha_i+1} + p_1^{2\alpha_1} + p_1 p_i^{2\alpha_i+1} + p_1 > p_i^{2\alpha_i}p_1^{2\alpha_1+1} + p_i^{2\alpha_i} + p_i p_1^{2\alpha_1+1} + p_i \Leftrightarrow p_1^{2\alpha_1}p_i^{2\alpha_i}(p_i - p_1) + p_1 p_i(p_i^{2\alpha_i} - p_1^{2\alpha_1}) + (p_1^{2\alpha_1} - p_i^{2\alpha_i}) + (p_1 - p_i) > 0 \Leftrightarrow (p_i - p_1)(p_1^{2\alpha_1}p_i^{2\alpha_i} - 1) + (p_i^{2\alpha_i} - p_1^{2\alpha_1})(p_1 p_i - 1) > 0$.

也是因为 $p_1 p_i - 1 > p_i - p_1$, 则有 $(p_i - p_1)(p_1^{2\alpha_1}p_i^{2\alpha_i} - 1) + (p_i^{2\alpha_i} - p_1^{2\alpha_1})(p_1 p_i - 1) > (p_i - p_1)(p_1^{2\alpha_1}p_i^{2\alpha_i} + p_i^{2\alpha_i} - p_1^{2\alpha_1} - 1) > 0$, 因此 $\lambda(\frac{n}{p_1}) > \lambda(\frac{n}{p_i})$.

(2) 根据引理4.35, 我们有 $\lambda(\frac{n}{p_j^{\alpha_j}}) = \frac{\lambda(n)}{\lambda(p_j^{\alpha_j})}$. 进一步, 根据引理4.33, 我们只需证明 $\lambda(p_i^{\alpha_i}) = \frac{p_i^{2\alpha_i+1}+1}{(p_i+1)p_i^{\alpha_i}} > \frac{p_j^{2\alpha_j+1}+1}{(p_j+1)p_j^{\alpha_j}} = \lambda(p_j^{\alpha_j})(1 \leqslant i, j \leqslant k)$ 当且仅当 $p_i^{\alpha_i} > p_j^{\alpha_j}$. 因为 $(p_i^{2\alpha_i+1} + 1)(p_j + 1)p_j^{\alpha_j} - (p_i + 1)p_i^{\alpha_i}(p_j^{2\alpha_j+1} + 1)$
$= p_j^{\alpha_j+1}p_i^{2\alpha_i+1} + p_j^{\alpha_j}p_i^{2\alpha_i+1} + p_j^{\alpha_j+1} + p_j^{\alpha_j} - p_i^{\alpha_i+1}p_j^{2\alpha_j+1} - p_i^{\alpha_i}p_j^{2\alpha_j+1} - p_i^{\alpha_i+1} - p_i^{\alpha_i}$
$= p_j^{\alpha_j+1}p_i^{2\alpha_i+1} + p_j^{\alpha_j}p_i^{2\alpha_i+1} + p_i^{\alpha_j+1} + p_j^{\alpha_j} - p_i^{\alpha_i+1}p_j^{2\alpha_j+1} - p_i^{\alpha_i}p_j^{2\alpha_j+1} - p_i^{\alpha_i+1} - p_i^{\alpha_i}$
$= (p_i^{\alpha_i} - p_j^{\alpha_j})(p_j^{\alpha_j+1}p_i^{\alpha_i+1} - 1) + (p_i^{\alpha_i+1} - p_j^{\alpha_j+1})(p_j^{\alpha_j}p_i^{\alpha_i} - 1)$
$> (p_i^{\alpha_i} - p_j^{\alpha_j})(p_i^{\alpha_i+1} - 1)(p_i^{\alpha_i+1} - 1) > 0 \Longleftrightarrow p_i^{\alpha_i} > p_i^{\alpha_i}$, 我们有 $\lambda(p_i^{\alpha_i}) > \lambda(p_j^{\alpha_j})$ 当且仅当 $p_i^{\alpha_i} > p_j^{\alpha_j}$. $\square$

引理 4.37. 设 $\alpha_2 \geqslant t + 1$. 如果 $r^{p_1} \equiv 1 \pmod{p_2^{\alpha_2}}$ 且 $r \equiv 1 \pmod{p_2^{\alpha_2-t}}$, 则 $r \equiv 1 \pmod{p_2^{\alpha_2}}$.

证明. 假设 $r = kp_2^{\alpha_2-t} + 1$, 则 $p_2^{\alpha_2} | (r^{p_1} - 1) = (kp_2^{\alpha_2-t} + 1)^{p_1} - 1 = C_{p_1}^1 kp_2^{\alpha_2-t} + \cdots + c_{p_1}^{p_1}(kp_2^{\alpha_2-t})^{p_1}$. 如果 $i \geqslant 1 + \frac{t}{\alpha_2-t}$, 则 $(\alpha_2 - t)i \geqslant \alpha_2$, 故

$$p_2^{\alpha_2} | C_{p_1} kp_2^{\alpha_2-t} + \cdots + C_{p_1}^{[\frac{t}{\alpha_2-t}]}(kp_2^{\alpha_2-t})^{[\frac{t}{\alpha_2-t}]}$$
$$= p_1 kp_2^{\alpha_2-t}(1 + \frac{1}{p_1}C_{p_1}^2 kp_2^{\alpha_2-t} + \cdots + \frac{1}{p_1}C_{p_1}^{[\frac{t}{\alpha_2-t}]}(kp_2^{\alpha_2-t})^{[\frac{t}{\alpha_2-t}-1]}).$$

因此 $p_2^{\alpha_2} | p_1 kp_2^{\alpha_2-t}$, 且则 $p_2^t | k$, 我们有 $r \equiv 1 \pmod{p_2^{\alpha_2}}$. $\square$

引理 4.38. 假设 $n = p_1^{\alpha_1} p_2^{\alpha_2} \cdots p_k^{\alpha_k}(p_1 < \cdots < p_k)$ 且 $e_1 \leqslant \alpha_1 - 1, e_k \leqslant \alpha_k - 1, e_i \leqslant \alpha_i(1 < i < k)$, $m = p_1^{e_1} \cdots p_k^{e_k}$, 则函数 $F(m) = \psi(m) + (n - m)m$ 达到最大值当且仅当 $m = p_1^{\alpha_1-1}p_2^{\alpha_2} \cdots p_{k-1}^{\alpha_{k-1}}p_k^{\alpha_k-1}$.

证明. 因为m是$p_1^{\alpha_1-1}p_2^{\alpha_2}\cdots p_{k-1}^{\alpha_{k-1}}p_k^{\alpha_k-1}=\frac{n}{p_1p_k}$的因子, 我们有$\psi(m)\leqslant \psi(\frac{n}{p_1p_k})$. 另一方面, 函数$F(m)-\psi(m)=(n-m)m=-(m-\frac{n}{2})^2+\frac{n^2}{4}$在范围$[0,\frac{n}{2}]$内是单调递增. 故当$m$等于$\frac{n}{p_1p_k}$, 函数$F(m)$达到最大值. $\square$

§4.5.2 一些引理

在这节中, 我们给出一些引理. 如下, 整数n一直等于$p_1^{\alpha_1}p_2^{\alpha_2}\cdots p_k^{\alpha_k}$, 这里$p_1,p_2,\cdots,p_k$是素数s, $p_1<p_2<\cdots<p_k$且$k\geqslant 1$. 我们将一直讨论n阶群集合上面的ψ值.

引理 4.39. 假设$\alpha_1\geqslant 2$, 则$\psi(Z_{p_1}\times Z_{\frac{n}{p_1}})=\frac{p_1^{2\alpha_1}+p_1^3-p_1^2+1}{p_1+1}\psi(\frac{n}{p_1^{\alpha_1}})>\frac{p_1^{2\alpha_1}+1}{p_1+1}\psi(\frac{n}{p_1^{\alpha_1}})>\frac{n^2}{p_k+1}$.

证明. 直接计算可以得到结果. $\square$

引理 4.40. 设G是非循环群, 且为p^α阶循环群被一个q阶群$(p,q$素数$)$的扩张, 则G是一个$Frobenius$群.

证明. 因为G是一个亚循环群, 我们不妨假设$G=\langle a,b|a^{p^\alpha}=b^q=1,a^b=a^r\rangle$且$r^q\equiv 1(\mathrm{mod}\,p^\alpha)$ (见e.g [16]). 如果G不是Frobenius, 假设$|C_{\langle a\rangle}(b)|=p^{\alpha-t}(\alpha\geqslant t+1)$, 即, $a^{p^t}b=ba^{p^t}$, 则根据$ab=ba^r$, 我们有$a^{p^t}b=ba^{p^tr}$, 故$a^{p^tr}=a^{p^t}$推出$a^{p^t(r-1)}=1$, 则$r\equiv 1(\mathrm{mod}\,p^{\alpha-t})$. 根据引理4.37, 我们有$r\equiv 1(\mathrm{mod}\,p^\alpha)$, 且则$a^b=a^{kp^\alpha+1}=a$. 因此$G$是交换的, 故是循环的. $\square$

注意存在那样的Frobenius 群G. 事实上, 以上群G是Frobenius 的当且仅当q整除$p-1$ (e.g [74, 定理13]).

引理 4.41. 设G是n阶第二大的ψ值的群, 则G有一个循环$Sylow$ p_1-或者循环p_k-子群.

证明. 假设G的最大元阶是$p_1^{e_1}\cdots p_k^{e_k}$. 如果$G$的Sylow p_1-子群和Sylow p_k-子群不循环, 则$e_1\leqslant\alpha_1-1,e_k\leqslant\alpha_k-1,e_i\leqslant\alpha_i(1<i<k)$, 因此$\psi(G)\leqslant\psi(p_1^{e_1}\cdots p_k^{e_k})+(n-p_1^{e_1}\cdots p_k^{e_k})p_1^{e_1}\cdots p_k^{e_k}$. 根据引理4.38, 则$\psi(G)\leqslant\psi(\frac{n}{p_1p_k})+(n-\frac{n}{p_1p_k})\frac{n}{p_1p_k}$. 因为$G$有一个非循环Sylow p_1-子群, 我们有$\alpha_1\geqslant 2$. 现我们构造一个n阶群S. 设S同构于$Z_{p_1}\times Z_{\frac{n}{p_1}}$. 从引理4.39, 我们有

不等式 $\psi(S) > \frac{p_1^{2\alpha_1+1}}{p_1+1}\psi(\frac{n}{p_1^{\alpha_1}})$. 因此

$$\psi(S)-\psi(G) > \frac{(p_1^{2\alpha_1}+1)(p_k^{2\alpha_k+1}+1)-(p_1^{2\alpha_1-1}+1)(p_k^{2\alpha_k-1}+1)}{(p_1+1)(p_k+1)}\psi(\frac{n}{p_1^{\alpha_1}p_k^{\alpha_k}})-(p_1p_k)p_1^{2\alpha_1-2}$$
$$\cdots p_{k-1}^{2\alpha_{k-1}}p_k^{2\alpha_k-2}$$
$$> \frac{(p_1^{2\alpha_1}+1)(p_k^{2\alpha_k+1}+1)-(p_1^{2\alpha_1-1}+1)(p_k^{2\alpha_k-1}+1)-(p_{k-1}+1)(p_k+1)(p_1p_k-1)}{(p_1+1)(p_k+1)}\psi(\frac{n}{p_1^{\alpha_1}p_k^{\alpha_k}})^2$$
$$> \frac{p_1^{2\alpha_1-2}p_k^{2\alpha_k-2}(p_1^2p_k^3-p_1p_k-p_1p_k^3-p_1p_k^2+p_k^2+p_k)+p_1^{2\alpha_1-1}(p_1-1)+p_k^{2\alpha_k-1}(p_k-1)}{(p_1+1)(p_k+1)}\psi(\frac{n}{p_1^{\alpha_1}p_k^{\alpha_k}})^2$$
$$> 0.$$

这矛盾于我们假设的 $\psi(G)$ 是 n 阶第二大的 ψ 值. □

引理 4.42. 设 G 是 n 阶第二大 ψ 值的群. 如果 $\alpha_1 \geqslant 2$, 则 G 有一个循环正规 Sylow p_k-子群或者 G 的最大元阶是 $\frac{n}{p_k}$.

证明. 设 S 同构于 $Z_{p_1} \times Z_{\frac{n}{p_1}}$. 根据假定, 我们有 $\psi(G) \geqslant \psi(S) > \frac{n^2}{p_k+1}$, 则有 $\frac{\psi(G)}{|G|} > \frac{n}{p_k+1}$. 因为 G 的所有元阶不可能低于其平均阶, 所以存在元 $x \in G$ 其阶大于平均阶, 因此 $o(x) > \frac{n}{p_k+1}$. 这样有 $|G : \langle x\rangle| \leqslant p_k$. 如果 $|G : \langle x\rangle| < p_k$, 明显 G 的 Sylow p_k-子群是循环且正规的. 如果 $|G : \langle x\rangle| = p_k$, 则 $o(x) = \frac{n}{p_k}$. 进一步, 我们将证明如果 G 最大元阶不是 $\frac{n}{p_k}$, 则 G 的 Sylow p_k-子群是循环且正规的.

假设存在一个元 y 使得 $o(y) > \frac{n}{p_k}$, 则 $p_k^{\alpha_k}|o(y)$. 因此 G 有循环 Sylow p_k-子群, 于是 G 的所有 Sylow 子群循环. 我们能假定 G 同构于 $\langle a, b|a^m = b^l = 1, a^b = a^r\rangle$, 这里 $r^n \equiv 1(\mathrm{mod}\, m), ((r-1)l, m) = 1$ 且 $|G| = ml$ (见 e.g [16]). 如果 $p_k|m$, 因为 $\langle a\rangle \lhd G$, 则 Sylow p_k-子群在 G 中正规. 如果 $p_k|l$, 则我们有 $|C_G(a)| \geqslant \frac{ml}{p_k}$, 于是 $|N_G(\langle a\rangle)/C_G(\langle a\rangle)|$ 整除 p_k. 另一方面, 因为 $N_G(\langle a\rangle)/C_G(\langle a\rangle) \lesssim Aut(\langle a\rangle)$ 且 $|Aut(\langle a\rangle)| = \varphi(m)$, 根据假定 p_k 是 l 的最大素因子, 则有 $p_k \nmid \varphi(m)$. 因此, $C_G(\langle a\rangle) = N_G(\langle a\rangle) = G$, 则 G 是交换的, 故 G 是循环的. 这矛盾于 $\psi(G)$ 是 n 阶的第二大的 ψ 值. □

§4.5.3　$\alpha_1 \geqslant 2$ 时的 ψ 值

在这节中, 首先我们将分类 p-群中具有第二大的 ψ 值的群. 之后, 将讨论 $n = p_1^{\alpha_1}p_2^{\alpha_2}\cdots p_k^{\alpha_k}$ 阶群中具有第二大的 ψ 值的群, 其中 $\alpha_1 \geqslant 2$.

引理 4.43. ([9], 定理12.5.1) 若 p^α 阶群包含一个指数为 p 的循环子群(换句话说, 包含一个循环极大子群) 必为如下群之一:

(1) $G_1 = \langle a : a^{p^\alpha} = 1 \rangle$, $\alpha \geqslant 1$;

(2) $G_2 = \langle a, b : a^{p^{\alpha-1}} = 1, b^p = 1, ba = ab \rangle$, $\alpha \geqslant 2$;

(3) $G_3 = \langle a, b : a^{p^{\alpha-1}} = 1, b^p = 1, bab^{-1} = a^{1+p^{\alpha-2}} \rangle$, $\alpha \geqslant 3, p$ 是奇数;

(4) $G_4 = \langle a, b : a^{2^{\alpha-1}} = 1; b^2 = a^{2^{\alpha-2}}, bab^{-1} = a^{-1} \rangle$, $\alpha \geqslant 3$;

(5) $G_5 = \langle a, b : a^{2^{\alpha-1}} = 1, b^2 = 1, bab^{-1} = a^{-1} \rangle$, $\alpha \geqslant 3$;

(6) $G_6 = \langle a, b : a^{2^{\alpha-1}} = 1, b^2 = 1, bab^{-1} = a^{1+2^{\alpha-2}} \rangle$, $\alpha \geqslant 4$;

(7) $G_7 = \langle a, b : a^{2^{\alpha-1}} = 1, b^2 = 1, bab^{-1} = a^{-1+2^{\alpha-2}} \rangle$, $\alpha \geqslant 4$.

引理 4.44. 设 p 是奇素数. 符号 p^α, G_2 和 G_3 与引理4.43 相同. 如果 $\alpha \geqslant 3$, 则 $\psi(G_2) = \psi(G_3) = \frac{p^{2\alpha} + p^3 - p^2 + 1}{p+1}$.

证明. 因为循环子群 $\langle a \rangle$ 正规于 G, 我们有 $\psi(G_3) = \psi(\langle a \rangle) + \psi(\langle a \rangle b) + \psi(\langle a \rangle b^2) + \cdots + \psi(\langle a \rangle b^{p-1})$. 根据引理4.33, 我们有 $\psi(\langle a \rangle) = \frac{p^{2\alpha-1}+1}{p+1}$. 下一步, 我们将证明 $\psi(\langle a \rangle b^j) = \frac{p^{2\alpha-1}+p^2}{p+1}$, 这里 $j \in \{1, 2, \cdots, p-1\}$.

现我们考虑元 $a^i b^j$ 的阶 $(i \in \{1, 2, \cdots, p^{n-1}\}, j \in \{1, 2, \cdots, p-1\})$. 因为 $bab^{-1} = a^{1+p^{n-2}}$, 我们有 $ba = a^{1+p^{n-2}}b$. 设 $r = 1 + p^{n-2}$, 即 $ba = a^r b$, 则有 $ba^i = baa^{i-1} = a^r ba^{i-1} = a^{ir}b$, 且则 $b^j a^i = b^{j-1}ba^i = b^{j-i}a^{ir}b = a^{ir^j}b^j$. 下一步我们计算元 $a^i b^j$ 的阶. 因为对于 $k \geqslant 1$, 我们有 $(a^i b^j)^k = a^{i(1+r^j+r^{2j}+\cdots+r^{(k-1)j})}b^{kj} = a^{i(\frac{r^{kj}-1}{r^j-1})}b^{kj}$. 因此 $(a^i b^j)^p = a^{i(\frac{r^{pj}-1}{r^j-1})}b^{pj} = a^{i(\frac{r^{pj}-1}{r^j-1})}$, 则 $o((a^i b^j)^p) = \frac{o(a^i b^j)}{(o(a^i b^j), p)} = \frac{o(a^i b^j)}{p}$. 另一方面, $o(a^{i(\frac{r^{pj}-1}{r^j-1})}) = \frac{o(a)}{(o(a), i(\frac{r^{pj}-1}{r^j-1}))} = \frac{p^{n-1}}{(p^{n-1}, i(\frac{r^{pj}-1}{r^j-1}))}$, 因此 $o(a^i b^j) = \frac{p^n}{(p^{n-1}, i(\frac{r^{pj}-1}{r^j-1}))}$. 因为 $r = 1 + p^{n-2}$, 我们有

$$\frac{r^{pj}-1}{r^j-1} = 1 + r^j + r^{2j} + \cdots + r^{(p-1)j} = \sum_{t=0}^{p-1}(1+p^{n-2})^{jt} = \sum_{t=0}^{p-1}\sum_{h=0}^{jt}C_{jt}^h(p^{n-2})^h$$

$$= \sum_{t=0}^{p-1}(1 + C_{jt}^1(p^{n-2})^1 + \sum_{h=2}^{jt}C_{jt}^h(p^{n-2})^h)$$

$$= \sum_{t=0}^{p-1}1 + \sum_{t=1}^{p-1}C_{jt}^1(p^{n-2})^1 + \sum_{t=1}^{p-1}\sum_{h=2}^{jt}C_{jt}^h(p^{n-2})^h$$

$$= p + p^{n-2}(j + 2j + \cdots + (p-1)j) + \sum_{t=1}^{p-1}\sum_{h=2}^{jt}C_{jt}^h(p^{n-2})^h$$

$$= p + p^{n-1}j(\frac{p-1}{2}) + \sum_{t=1}^{p-1}\sum_{h=2}^{jt}C_{jt}^h(p^{n-2})^h.$$

因此, $(p^{n-1}, i(\frac{r^{pj}-1}{r^j-1})) = (p^{n-1}, ip)$, 则

$$o(a^i b^j) = \frac{p^n}{(p^{n-1}, ip)} = \frac{p^{n-1}}{(p^{n-2}, i)}.$$

因为 $i = 1, 2, \cdots, p^{n-1}$, 则有 $(p^{n-2}, i) = 1, p, p^2, \cdots, p^{n-2}$, 于是 $o(a^i b^j) \in \{p^{n-1}, p^{n-2}, \cdots, p\}$. 因此, $\psi(\langle a \rangle b^j) = \varphi(p^{n-1})p^{n-1} + \varphi(p^{n-2})p^{n-2} + \cdots + \varphi(p^2)p^2 + \varphi(p)p = \frac{p^{2\alpha-1}+p^2}{p+1}$, 则 $\psi(G_3) = \psi(\langle a \rangle) + (p-1)\psi(\langle a \rangle b) = \frac{p^{2n}+p^3-p^2+1}{p+1}$. $\square$

引理 4.45. 设 $p = 2$. 符号 p^α, $G_i(i = 2, 4, 5, 6, 7)$ 与引理4.43一致. 如果 $\alpha = 3$, 则四元素群 Q_8 是8阶群中 ψ 值第二大的. 如果 $\alpha \geqslant 4$, 则 $\psi(G_j) < \psi(G_2) = \psi(G_6) = \frac{2^{2\alpha}+5}{3}$ $(j = 4, 5, 7)$.

证明. 明显 $\psi(G_2) = \frac{2^{2\alpha}+5}{3}$, $\psi(G_4) = \frac{2^{2\alpha-1}+1}{3} + 2^{\alpha+1}$ 且 $\psi(G_5) = \frac{2^{2\alpha-1}+1}{3} + 2^\alpha$. 我们使用引理4.44 的方法计算 $\psi(G_6) = \frac{2^{2\alpha}+5}{3}$ 且 $\psi(G_7) = \frac{2^{2\alpha-1}+1}{3} + 2^{\alpha-1} + 2^\alpha$, 即得. $\square$

定理 4.46. 设 G 是 p^α 阶第二大 ψ 值的群. 我们有

(1) 如果 $\alpha \geqslant 4$, 或者 $\alpha = 3$ 且 p 是奇数, 则 G 同构于 $Z_p \times Z_{\frac{n}{p}}$ 或引理4.43 中的 G_3 (即模群 M_{p^α});

(2) 如果 $\alpha = 3$ 且 $p = 2$, 则 G 同构于 Q_8;

(3) 如果 $\alpha = 2$, 则 G 同构于 Z_p^2.

证明. 假设 $\alpha \geqslant 2$. 根据引理4.42, 如果 $\psi(G)$ 是 p^α 阶第二大的 ψ, 则我们有 G 的最大元阶是 $p^{\alpha-1}$. 因此我们可以根据引理4.43, 4.44 和4.45得到结论. $\square$

如下, 数 n 一直等于 $p_1^{\alpha_1} p_2^{\alpha_2} \cdots p_k^{\alpha_k}$, 这里 $p_1, p_2, \cdots, p_k$ 是素数s, $p_1 < p_2 < \cdots < p_k$ 且 $k \geqslant 1$. 下一步, 我们将考虑当 $\alpha_1 \geqslant 2$ 时 n 阶 ψ 值. 若 $H \leqslant G$ 记 $\lambda(H)$ 是子群 H 的平均阶.

引理 4.47. 设 M 是 G 的正规Hall 子群. 假设 $x \in G \backslash M$ 且 $o(x) = p^\alpha$ (p 是一个素数且 $\alpha \geqslant 1$), 则 $\psi(Mx) = p^\alpha |M| \lambda(C_M(x))$.

证明. 因为 Mx 中的元可以唯一写为 p-元 x_p 和 p'-元 $x_{p'}$ 的乘积, 且 $x_p x_{p'} = x_{p'} x_p$. 因此对于 $a \in M$, 如果 $x^a \neq x$, 则 $x^a C_M(x)^a \cap x C_M(x) = \varnothing$,

则有 $|Mx| \geqslant |M : C_M(x)| \cdot |C_M(x)| = |M|$, 且则 $Mx = \bigcup_{a \in M} x^a C_M(x^a)$. 因此, $\psi(Mx) = p^\alpha |M : C_M(x)| \sum\limits_{g \in C_M(x)} o(g) = p^\alpha |M| \frac{\psi(C_M(x))}{|C_M(x)|} = p^\alpha |M| \lambda(C_M(x))$.

$\qquad\qquad\qquad\qquad\qquad\qquad\qquad\qquad\qquad\qquad\qquad\qquad\qquad\qquad$ $\square$

引理 4.48. 设 G 是为 n 阶群且 $\psi(G)$ 是 n 阶第二大的 ψ 值. 如果 $\alpha_1 \geqslant 2$ 且 $k \geqslant 2$, 则 G 有循环的正规 Sylow p_k-子群.

证明. 假设 G 有一个非循环 Sylow p_k-子群, 根据引理 4.41 和 4.42, 则 G 的 Sylow p_1-子群循环且 G 的最大元阶是 $\frac{n}{p_k}$. 设 S 为群 $Z_{p_1} \times Z_{\frac{n}{p_1}}$, 则 $\psi(S) = \frac{p_1^{2\alpha_1} + p_1^3 - p_1^2 + 1}{p_1 + 1} \psi(\frac{n}{p_1^{\alpha_1}})$. 根据引理 4.47, 我们有 $\psi(G) = \psi(M) + (p_1 - 1) \sum\limits_{i=1}^{\alpha_1} p_1^{2i-1} |M| \frac{\psi(C_M(x_i))}{|C_M(x_i)|}$, 这里 $o(x_i) = p_1^i$. 设 $|M| = m$. 根据引理 4.35, 则有

$$\psi(G) \leqslant \psi(\tfrac{m}{p_k}) + (p_k - 1) \tfrac{m}{p_k} \cdot \tfrac{m}{p_k} + (p_1 - 1) m \cdot \tfrac{m}{p_k} \sum\limits_{i=1}^{\alpha_1} p_1^{2i-1}$$
$$= \tfrac{p_k^{2\alpha_k - 1} + 1}{p_k + 1} \psi(\tfrac{m}{p_k^{\alpha_k}}) + \tfrac{p_1^{2\alpha_1 + 1} p_k - p_1 + p_k - 1}{p_1^{2\alpha_1} p_k^2 (p_1 + 1)} n^2.$$

故我们有

$$\psi(S) - \psi(G) \geqslant \left(\tfrac{p_1^{2\alpha_1} + p_1^3 - p_1^2 + 1}{p_1 + 1} \cdot \tfrac{p_k^{2\alpha_k + 1} + 1}{p_k + 1} - \tfrac{p_k^{2\alpha_k - 1} + 1}{p_k + 1} \right) \psi(\tfrac{m}{p_k^{\alpha_k}}) - \tfrac{p_1^{2\alpha_1 + 1} p_k - p_1 + p_k - 1}{p_1^{2\alpha_1} p_k^2 (p_1 + 1)} n^2$$

$$> \tfrac{p_1^{2\alpha_1} p_k^{2\alpha_k + 1} + p_1^2 \alpha_1 - p_1}{(p_1 + 1)(p_k + 1)} \psi(\tfrac{n}{p_1^{\alpha_1} p_k^{\alpha_k}}) - \tfrac{p_1^{2\alpha_1 + 1} p_k - p_1 + p_k - 1}{p_1^{2\alpha_1} p_k^2 (p_1 + 1)} n^2$$

$$= \tfrac{p_1^{2\alpha_1} p_k^{2\alpha_k + 1} + p_1^2 \alpha_1 - p_1}{(p_1 + 1)(p_k + 1)} \tfrac{p_2^{2\alpha_2 + 1} + 1}{(p_2 + 1)} \cdots \tfrac{p_{k-1}^{2\alpha_{k-1} + 1} + 1}{(p_{k-1} + 1)} - \tfrac{p_1^{2\alpha_1 + 1} p_k - p_1 + p_k - 1}{p_1^{2\alpha_1} p_k^2 (p_1 + 1)} n^2$$

$$= \tfrac{p_1^{2\alpha_1} p_k^{2\alpha_k + 1} + p_1^{2\alpha_1} - p_1}{(p_{k-1} + 1)(p_k + 1)} \tfrac{p_2^{2\alpha_2 + 1} + 1}{(p_1 + 1)} \cdots \tfrac{p_{k-1}^{2\alpha_{k-1} + 1} + 1}{(p_{k-2} + 1)} - \tfrac{p_1^{2\alpha_1 + 1} p_k - p_1 + p_k - 1}{p_1^{2\alpha_1} p_k^2 (p_1 + 1)} n^2$$

$$= \tfrac{p_1^{2\alpha_1} p_k^{2\alpha_k + 1} + p_1^{2\alpha_1} - p_1}{(p_{k-1} + 1)(p_k + 1)} \tfrac{p_2^{2\alpha_2 + 1} + 1}{(p_1 + 1)} \cdots \tfrac{p_{k-1}^{2\alpha_{k-1} + 1} + 1}{(p_{k-2} + 1)} - \tfrac{p_1^{2\alpha_1 + 1} p_k - p_1 + p_k - 1}{p_1^{2\alpha_1} p_k^2 (p_1 + 1)} n^2$$

$$\geqslant \tfrac{p_1^{2\alpha_1} p_k^{2\alpha_k + 1} + p_1^{2\alpha_1} - p_1}{(p_{k-1} + 1)(p_k + 1)} p_2^{2\alpha_2} \cdots p_{k-1}^{2\alpha_{k-1}} - \tfrac{p_1^{2\alpha_1 + 1} p_k - p_1 + p_k - 1}{p_1^{2\alpha_1} p_k^2 (p_1 + 1)} n^2 > 0.$$

这矛盾于 $\psi(G)$ 是第二大的. 因此 G 的 Sylow p_k-子群循环且正规. $\qquad$ $\square$

定理 4.49. 设 $\psi(G)$ 是 $2^{\alpha_1} \cdot 3$ 阶第二大 ψ 值且 $\alpha_1 \geqslant 2$, 则我们有

(1) 如果 $\alpha_1 = 2$, 则 $G \cong Z_2 \times Z_6$;

(2) 如果 $\alpha_1 = 3$, 则 $G \cong Q_8 \times Z_3$;

(3) 如果 $\alpha_1 \geqslant 4$, 则 $G \cong \langle a, b | a^{2^{\alpha_1}} = b^3 = 1, b^a = b^{-1} \rangle$.

证明. 对于 $\alpha_1 = 2, 3$，根据[290] 结论成立. 设 P_2, P_3 分别是 G 的 Sylow 2 和 3-子群. 若 $\alpha_1 \geqslant 4$，由引理 4.48 和 [5] 的推论 B，则 $\psi(G) \leqslant \psi(P_3)\psi(P_2)$，等式成立当且仅当 P_3 在 G 的中心里. 如果 P_2 不是循环的，则 $\psi(G)$ 的最大值等于 $\psi(Z_6 \times Z_{2^{\alpha_1-1}}) = \frac{7(4^{\alpha_1}+5)}{3}$. 如果 P_2 是循环的，设 $P_2 = \langle a \rangle$ 且 $P_3 = \langle b \rangle$，则 $b^a = b^{-1}$ 因为 G 不是循环的. 因此 G 同构于 $\langle a, b | a^{2^{\alpha_1}} = b^3 = 1, b^a = b^{-1} \rangle$. 根据引理 4.47，我们能得到 $\psi(G)$ 等于 $\frac{1}{3}(2^{2\alpha_1+3} + 7)$，且则有 $\psi(Z_6 \times Z_{2^{\alpha_1-1}}) < \psi(\langle a, b | a^{2^{\alpha_1}} = b^3 = 1, b^a = b^{-1} \rangle)$. 因此，$G$ 同构于 $\langle a, b | a^{2^{\alpha_1}} = b^3 = 1, b^a = b^{-1} \rangle$. $\square$

引理 4.50. 设 G 是 n 阶群. 假设 $k \geqslant 2$, $\alpha_1 \geqslant 2$ 且 G 有正规循环 Sylow p_k-子群 P_k 且 G/P_k 是循环的，则 $\psi(G) < \psi(Z_{p_1} \times Z_{\frac{n}{p_1}})$ 除了 $p_1^{\alpha_1} p_2^{\alpha_2} = 2^{\alpha_1} \cdot 3$ 且 $\alpha_1 \geqslant 4$.

证明. 因为 P_k 和 G/P_k 是循环的，所以 G 的所有 Sylow 子群都是循环的. 设 $P_i = \langle x_i \rangle$ 是 G 的 Sylow p_i-子群且 $x_{ij} = x_i^{p_i^{\alpha_i-j}}$. 记 $M_0 = G$, $P_0 = 1$ 且 $p_0 = 1$. 假设 M_{i-1} 的正规 p_i-补是 M_i ($1 \leqslant i \leqslant k-1$). 因为 G 不是循环的，则存在 $t \geqslant 1$ 使得 $C_{M_t}(x_t) < M_t$ 且 G 同构于 $P_0 \times P_1 \times \cdots \times P_{t-1} \times M_t$. 根据引理 4.47，有 $\psi(G) = (\psi(M_t) + (p_t - 1) \sum_{j=1}^{\alpha_t} p_t^{2j-1} |M_t| \frac{\psi(C_{M_t}(x_{tj}))}{|C_{M_t}(x_{tj})|}) \psi(p_1^{\alpha_1} \cdots p_{t-1}^{\alpha_{t-1}})$ (这里 $o(x_{tj}) = p_t^j$). 根据引理 4.35 和引理 4.36(1)，我们有

$$\psi(G) \leqslant (\psi(|M_t|) + (p_t - 1) \sum_{j=1}^{\alpha_t} p_t^{2j-1} |M_t| \frac{\psi(|C_{M_t}(x_{tj})|)}{|C_{M_t}(x_{tj})|}) \psi(p_1^{\alpha_1} \cdots p_{t-1}^{\alpha_{t-1}})$$

$$= (\psi(|M_t|) + (p_t - 1) \sum_{j=1}^{\alpha_t} p_t^{2j-1} |M_t| \lambda(|C_{M_t}(x_{tj})|)) \psi(p_1^{\alpha_1} \cdots p_{t-1}^{\alpha_{t-1}})$$

$$\leqslant (\psi(|M_t|) + (p_t - 1) \sum_{j=1}^{\alpha_t-1} p_t^{2j-1} |M_t| \lambda(|M_t|) + (p_t - 1) p_t^{2\alpha_t-1} |M_t|$$
$$\cdot \lambda(\tfrac{n}{p_1^{\alpha_1} \cdots p_{t-1}^{\alpha_{t-1}} p_t})) \psi(p_1^{\alpha_1} \cdots p_{t-1}^{\alpha_{t-1}})$$

$$= (\psi(\tfrac{n}{p_1^{\alpha_1} \cdots p_t^{\alpha_t}}) + (p_t - 1) \sum_{j=1}^{\alpha_t-1} p_t^{2j-1} \tfrac{n}{p_1^{\alpha_1} \cdots p_t^{\alpha_t}} \lambda(\tfrac{n}{p_1^{\alpha_1} \cdots p_t^{\alpha_t}}) + (p_t - 1) p_t^{2\alpha_t-1} \tfrac{n}{p_1^{\alpha_1} \cdots p_t^{\alpha_t}}$$
$$\cdot \lambda(\tfrac{n}{p_1^{\alpha_1} \cdots p_t^{\alpha_t} p_{t+1}})) \psi(p_1^{\alpha_1} \cdots p_{t-1}^{\alpha_{t-1}})$$

$$= (\psi(\tfrac{n}{p_1^{\alpha_1} \cdots p_t^{\alpha_t}}) + (p_t-1) \sum_{j=1}^{\alpha_t-1} p_t^{2j-1} \psi(\tfrac{n}{p_1^{\alpha_1} \cdots p_t^{\alpha_t}}) + (p_t - 1) p_t^{2\alpha_t-1} p_{t+1} \psi(\tfrac{n}{p_1^{\alpha_1} \cdots p_t^{\alpha_t} p_{t+1}}))$$
$$\cdot \psi(p_1^{\alpha_1} \cdots p_{t-1}^{\alpha_{t-1}})$$

$$= (\psi(p_t^{\alpha_t-1} p_{t+1}^{\alpha_{t+1}}) + (p_t - 1) \sum_{j=1}^{\alpha_t-1} p_t^{2j-1} \psi(p_t^{\alpha_t-1} p_{t+1}^{\alpha_{t+1}}) + (p_t - 1) p_t^{2\alpha_t-1} p_{t+1}$$

$$\cdot \psi(p_{t+1}^{\alpha_{t+1}-1}))\psi(\tfrac{n}{p_t^{\alpha_t}p_{t+1}^{\alpha_{t+1}}})$$

$$=\frac{(p_t^{2\alpha_t-1}+1)(p_{t+1}^{2\alpha_{t+1}+1}+1)+(p_t+1)(p_t-1)p_t^{2\alpha_t-1}(p_{t+1}^{2\alpha_{t+1}}+p_{t+1})}{(p_t+1)(p_{t+1}+1)}\psi(\tfrac{n}{p_t^{\alpha_t}p_{t+1}^{\alpha_{t+1}}})$$

$$\leqslant\frac{(p_1^{2\alpha_1-1}+1)(p_2^{2\alpha_2+1}+1)+(p_1+1)(p_1-1)p_1^{2\alpha_1-1}(p_2^{2\alpha_2}+p_2)}{(p_1+1)(p_2+1)}\psi(\tfrac{n}{p_1^{\alpha_1}p_2^{\alpha_2}}).$$

设 $S = Z_{p_1} \times Z_{\frac{n}{p_1}}$, 则 $\psi(S) = \frac{(p_1^{2\alpha_1}+p_1^3-p_1^2+1)(p_k^{2\alpha_k+1}+1)}{(p_1+1)(p_k+1)}\psi(p_2^{\alpha_2}...p_{k-1}^{\alpha_{k-1}})$. 不难计算如果 $p_1^{\alpha_1}p_2^{\alpha_2} \neq 2^{\alpha_1}\cdot 3$, $(p_1^{2\alpha_1-1}+1)(p_2^{2\alpha_2+1}+1)+(p_1+1)(p_1-1)p_1^{2\alpha_1-1}(p_2^{2\alpha_2}+p_2) < (p_1^{2\alpha_1}+p_1^3-p_1^2+1)(p_2^{2\alpha_2+1}+1)$, 因此 $\psi(G) < \psi(Z_{p_1}\times Z_{\frac{n}{p_1}})$ 除了 $p_1^{\alpha_1}p_2^{\alpha_2} = 2^{\alpha_1}\cdot 3$ 且 $\alpha_1 \geqslant 4$. □

定理 4.51. 设 G 是 n 阶第二大 ψ 值的群. 我们有

(1) 如果 $\alpha_1 \geqslant 4$ 且 $p_1^{\alpha_1}p_2^{\alpha_2} = 2^{\alpha_1}\cdot 3$, 则 G 同构于 $\langle a,b|a^{\alpha_1}=b^3=1, b^a=b^{-1}\rangle \times Z_{\frac{n}{2^{\alpha_1}\cdot 3}}$.

(2) 如果 $\alpha_1 \geqslant 4$ 且 $p_1^{\alpha_1}p_2^{\alpha_2} \neq 2^{\alpha_1}\cdot 3$, 或者 $\alpha_1 = 3$ 且 p_1 是奇数, 则 G 同构于 $Z_{p_1}\times Z_{\frac{n}{p_1}}$ 和 $M_{p_1^{\alpha_1}}\times Z_{\frac{n}{p_1^{\alpha_1}}}$;

(3) 如果 $\alpha_1 = 3$ 且 $p_1 = 2$, 则 G 同构于 $Q_8\times Z_{\frac{n}{8}}$;

(4) 如果 $\alpha_1 = 2$, 则 G 同构于 $Z_{p_1}^2\times Z_{\frac{n}{p_1^2}}$.

证明. 如果 $k = 1, 2$, 则根据定理4.46和定理4.49结论成立. 另外根据引理4.48, 如果 $k \geqslant 3$ 且 $\alpha_1 \geqslant 2$, 则 G 的 Sylow p_k-子群 P_k 循环且正规. 设 S 是一个以上(1)-(4)的群之一且 Q_k 为 S 的 Sylow p_k-子群. 因为 $\psi(G) \geqslant \psi(S) = \psi(S/Q_k)\psi(p_k^{\alpha_k})$, 而 $\psi(G) \leqslant \psi(G/P_k)\psi(P_k)$, 根据[5]中的推论B, 这里等式成立当且仅当 P_k 在 G 的中心里. 消去 $\psi(p_k^{\alpha_k})$, 我们得到 $\psi(G/P_k) \geqslant \psi(S/Q_k)$. 故引理4.50 和归纳假设保证了 G/P_k 同构于 T, 这里 T 以上(1)-(4)中阶为 $\frac{n}{p_k^{\alpha_k}}$ 的群之一, 因此 $\psi(G/P_k) = \psi(T)$, 则有在如上不等式的链中等式是成立的, 因此 P_k 在 G 的中心里. 故我们有 $G \cong T\times P_k$, 这恰为(1)-(4)中的群. □

§4.5.4 $\alpha_1 = 1$时的 ψ值

同样, 记 $n = p_1^{\alpha_1}p_2^{\alpha_2}\cdots p_k^{\alpha_k}$, 这里 $p_1, p_2, \cdots, p_k$ 是素数, $p_1 < p_2 < \cdots < p_k$ 且 $k \geqslant 2$. 在这节中, 我们将处理 n 阶 ψ 值在 $\alpha_1 = 1$ 时的情形. 另外, 记 F_l 为一个 l 阶的 Frobenius 群.

引理 4.52. 设 G 是 n 阶限非循环群, 并且有一个 $\frac{n}{p_1}$ 阶的循环正规子群. 则 $\psi(G) \leqslant \psi(F_{p_1 p^\alpha} \times Z_{\frac{n}{p_1 p^\alpha}})$, 这里 $p^\alpha = \min\{p_i^{\alpha_i} : p_1|p_i - 1, i = 2, 3, \cdots, k\}$.

证明. 设元 x 的阶为 p_1 且 M 是 $\frac{n}{p_1}$ 阶的循环群. 因为 G 不是循环的, 存在 M 的一个 Sylow p-子群 P 使得群 $P\langle x\rangle$ 不是循环的. 根据引理 4.40, 则有 $P\langle x\rangle$ 是 Frobenius 且 p_1 整除 $p - 1$. 另外根据引理 4.47, 我们有 $\psi(G) = \psi(M) + p_1(p_1 - 1)|M|\lambda(C_M(x))$. 使用引理 4.35 和引理 4.36 (2), 则有 $\psi(G) \leqslant \psi(\frac{n}{p_1}) + n(p_1 - 1)\lambda(\frac{n}{p_1 p^\alpha}) = \psi(F_{p_1 p^\alpha} \times Z_{\frac{n}{p_1 p^\alpha}})$, 这里 $p^\alpha = \min\{p_i^{\alpha_i} : p_1|p_i - 1, i = 2, 3, \cdots, k\}$. $\qquad\square$

定理 4.53. 设 G 是 n 阶第二大 ψ 值的群. 假设 $n = p_1^{\alpha_1} p_2^{\alpha_2} \cdots p_k^{\alpha_k}$, 这里 $p_1, p_2, \cdots, p_k$ 是素数 s, $p_1 < p_2 < \cdots < p_k$ 且 $k \geqslant 2$. 如果 $\alpha_1 = 1$, 设 M 是正规 p_1-补, 则 M 是循环的或者 G 同构于 $Z_{p_1} \times M$ 使得 $\psi(M)$ 是阶 $\frac{n}{p_1}$ 的群中第二大 ψ 值.

证明. 设 $P_1 = \langle x\rangle$ 是 G 的 Sylow p_1-子群且 M_1 是 P_1 在 G 中的正规 p_1-补. 设 P_i 是 G 的一个 Sylow p_i-子群 $(i = 1, \cdots, k)$. 我们将证明如果 M_1 不是循环的, 则 $G \cong P_1 \times M_1$, 这里 $\psi(M_1)$ 是 $|M_1|$ 阶群的第二大的 ψ 值.

现如果 $C_{M_1}(x) < M_1$, 则根据引理 4.47, 引理 4.35 和引理 4.36 的 (1), 我们有 $\psi(G) = \psi(M_1) + p_1(p_1 - 1)|M_1|\lambda(C_{M_1}(x)) < \psi(M_1) + p_1(p_1 - 1)|M_1|\lambda(\frac{n}{p_1 p_2})$, 这里 $\psi(M_1)$ 是 $|M_1|$ 阶群中第二大 ψ 值. 设 $t = \min\{i : \alpha_i \geqslant 2\}$, M_i 是 M_{i-1} 中的正规 p_i-补 $(i = 2, \cdots, t-1)$. 我们分为两种情形讨论:

情形 (1): t 存在. 如果 $t = 2$, 即 $\alpha_2 \geqslant 2$, 根据定理 4.51, 选择 $M_1 \cong Z_{p_2} \times Z_{\frac{n}{p_1 p_2}}$. 因此

$$\psi(G) < \psi(Z_{p_2} \times Z_{\frac{n}{p_1 p_2}}) + p_1(p_1 - 1)|M_1|\lambda(\frac{n}{p_1 p_2})$$
$$= (\frac{p_2^{2\alpha_2} + p_2^3 - p_2^2 + 1}{p_2 + 1} + \frac{p_1 p_2(p_1 - 1)(p_2^{2\alpha_2 - 1} + 1)}{p_2 + 1})\psi(\frac{m}{p_2^{\alpha_2}}).$$

设 $S \cong Z_{p_2} \times Z_{\frac{n}{p_2}}$, 则

$$\psi(S) = (1 + (p_1 - 1)p_1)(\frac{p_2^{2\alpha_2} + p_2^3 - p_2^2 + 1}{p_1 + 1})\psi(\frac{m}{p_2^{\alpha_2}})$$
$$= (p_1^2 - p_1 + 1)(\frac{p_2^{2\alpha_2} + p_2^3 - p_2^2 + 1}{p_1 + 1})\psi(\frac{m}{p_2^{\alpha_2}}).$$

明显 $\psi(G) < \psi(S)$, 这矛盾于 $\psi(G)$ 是第二大的. 下一步, 我们对 t 进行归纳. 首先我们假设 M_2 是循环的且 $\psi(M_1)$ 达到第二大值. 根据引

理4.52, $M_1 \cong F_{p_2 p_{(2)}^{\alpha(2)}} \times Z_{\frac{n}{p_1 p_2 p_{(2)}^{\alpha(2)}}}$, 这里$p_{(2)}^{\alpha(2)} = \min\{p_i^{\alpha_i} : p_2 | p_i - 1, i = 3, \cdots, k\}$. 设$S_2 \cong F_{p_2 p_{(2)}^{\alpha(2)}} \times Z_{\frac{n}{p_2 p_{(2)}^{\alpha(2)}}}$. 不难计算$\psi(G) < \psi(S_2)$, 这矛盾于$\psi(G)$ 第二大. 以下如果当M_2 不是循环的且$\psi(M_1)$达到第二大的, 根据归纳假设, 则有$M_1 = P_2 \times M_2$, 这里$\psi(M_2)$ 是$|M_2|$阶群中第二大ψ值. 如果当M_3是循环的且$\psi(M_2)$ 达到第二大值, 根据引理4.52, $M_1 \cong P_2 \times F_{p_3 p_{(3)}^{\alpha(3)}} \times Z_{\frac{n}{p_1 p_2 p_{(3)}^{\alpha(3)}}}$, 这里$p_{(3)}^{\alpha(3)} = \min\{p_i^{\alpha_i} : p_3 | p_i - 1, i = 4, \cdots, k\}$. 设$S_3 \cong Z_{p_1} \times Z_{p_2} \times F_{p_3 p_{(3)}^{\alpha(3)}} \times Z_{\frac{n}{p_1 p_2 p_{(3)}^{\alpha(3)}}}$. 不难计算$\psi(G) < \psi(S_3)$, 这矛盾于$\psi(G)$ 是第二大的. 如果当M_3 不是循环的且$\psi(M_2)$ 达到第二大值, 根据归纳假设, $M_1 = P_2 \times P_3 \times M_3$, 这里$\psi(M_3)$ 是$|M_3|$阶第二大的ψ 值. 如法炮制, 或者导出矛盾, 或者$M = P_2 \times \cdots \times P_{t-1} \times M_{t-1}$, 这里$\psi(M_{t-1})$ 是$|M_{t-1}|$阶第二大的ψ值. 现在我们考虑后种情形. 假设当M_t是循环的且$\psi(M_{t-1})$达到第二大值, 则根据引理4.52, 我们有$M_1 \cong P_2 \times \cdots \times P_{t-2} \times F_{p_{t-1} p_{(t-1)}^{\alpha(t-1)}} \times Z_{\frac{n}{p_1 p_2 \cdots p_{t-2} p_{t-1} p_{(t-1)}^{\alpha(t-1)}}}$, 这里$p_{(t-1)}^{\alpha(t-1)} = \min\{p_i^{\alpha_i} : p_{t-1} | p_i - 1, i = t, \cdots, k\}$. 设$S_t \cong P_1 \times P_2 \times \cdots \times P_{t-2} \times F_{p_{t-1} p_{(t-1)}^{\alpha(t-1)}} \times Z_{\frac{n}{p_1 p_2 \cdots p_{t-2} p_{t-1} p_{(t-1)}^{\alpha(t-1)}}}$. 不难计算$\psi(G) < \psi(S_t)$, 这矛盾于$\psi(G)$ 是第二大的. 如果当M_t 不是循环的且$\psi(M_{t-1})$ 达到第二大, 因为$\alpha_t \geqslant 2$, 根据定理3.4.6, $M_1 = P_2 \times \cdots \times P_{t-1} \times Z_{p_t} \times Z_{p_t^{\alpha_t - 1}}$. 设$S' \cong Z_{p_t} \times Z_{\frac{n}{p_t}}$. 不难计算$\psi(G) < \psi(S')$.

情形(2): t 不存在. 因此$|G| = p_1 \cdots p_k$, 则有P_k 是循环且正规于G. 当$k = 2, 3$, 结论成立. 现对k进行归纳证明. 根据[5] 的推论B, 有$\psi(G) \leqslant \psi(P_k)\psi(G/P_k) = \psi(P_k)\psi(P_1 \cdots P_{k-1})$, 其中等式成立当且仅当$P_k$ 是包含于G 的中心. 如果子群$P_1 \cdots P_{k-1}$ 不是循环的, 则$G = P_k \times (P_1 \cdots P_{k-1})$, 这里$\psi(P_1 \cdots P_{k-1})$ 是$|P_1 \cdots P_{k-1}|$ 阶的第二大的ψ 值. 因此根据归纳假设, $P_1 \cdots P_{k-1} = P_1 \times (P_2 \cdots P_{k-1}), k \geqslant 3$ 或者$P_1 \cdots P_{k-1} = Z_{\frac{n}{p_1 p_k}} : P_1$. 在前种情形, $G = P_k \times (P_1 \times (P_2 \cdots P_{k-1})), k \geqslant 3$, 即, $G = P_1 \times (P_2 \cdots P_k)$, 这矛盾于$C_{M_1}(x) < M_1$. 在后面的情形, 我们有$G \cong P_k \times (Z_{\frac{n}{p_1 p_k}} : P_1)$ 且故$P_2 \cdots P_k$ 是循环的, 矛盾. 如果子群$P_1 \cdots P_{k-1}$ 是循环的, 且假设P_1 与P_k 交换, 我们有$C_{M_1}(x) = M_1$, 矛盾. 因此P_1 不与P_k 交换. 根据引理4.47, 则有$\psi(G) \leqslant \psi(M_1) + (p_1 - 1)p_1|M_1|\lambda(C_{M_1}(x))$. 设$K \cong F_{p_1 p_k} \times Z_{\frac{n}{p_1 p_k}}$. 不难计算$\psi(G) < \psi(K)$, 矛盾.

因此, $C_{M_1}(x) = M_1$, 我们有 G 同构于 $Z_{p_1} \times M$ 使得 $\psi(M)$ 是 $\frac{n}{p_1}$ 阶第二大的 ψ 值. $\qquad \square$

定理4.53 告诉我们必须根据递推来计算第二大的 ψ 值, 这就需要计算大量的 ψ 值来进行比较, 这相当复杂. 但是对于一些特殊的情形, 我们给出了完全分类.

定理 4.54. 设 G 是 n 阶第二大 ψ 值的群. 假设 n 等于 $p_1 p_2^{\alpha_2}$, 这里 p_1, p_2 是素数且 $p_1 < p_2$.

(1) 假设 $\alpha_2 \geqslant 2$. 如果 $p_1 \nmid p_2 - 1$, 或者 $p_1 | p_2 - 1$ 且 $p_2 - 1 < p_1(p_1 - 1)$, 则 G 同构于 $Z_{p_1} \times M$, 这里 M 是定理4.46 中群之一;

(2) 如果 $p_1 | p_2 - 1$ 且 $\alpha_2 = 1$, 或者 $\alpha_2 \geqslant 2$, $p_1 | p_2 - 1$ 且 $p_2 - 1 \geqslant p_1(p_1 - 1)$, 则 G 同构于 Frobenius 群 F_n, 其中核为 $p_2^{\alpha_2}$ 阶循环群.

证明. 假设 G 的 p_1-补是 M. 若 M 是循环的, 则 $p_1 | p_2 - 1$, 因此值 $\psi(G) = p_1(p_1 - 1)p_2^{\alpha_2} + \psi(p_2^{\alpha_2})$. 另外如果 G 同构于 $Z_{p_1} \times M$ 使得 $\psi(M)$ 是 $p_2^{\alpha_2}$ 阶第二大的 ψ 值. 根据定理4.46, 如果 $\alpha_2 \geqslant 2$, 则有 $\psi(G) = \psi(p_1)\psi(M) = p_1(p_1 - 1) \cdot \frac{p_2^{2\alpha_2} + p_2^3 - p_2^2 + 1}{p_2 + 1}$. 不难看出在循环补 M 的 ψ 值是更大的当且仅当 $p_2 - 1 \geqslant p_1(p_1 - 1)$. 若 $\alpha_2 = 1$, 明显 G 同构于 Frobenius 群 F_n. $\qquad \square$

定理 4.55. 设 G 是 n 阶第二大 ψ 值的群. 假设 $n = p_1 p_2 \cdots p_k$ 是一个平方自由的数. 设 $P_i = \{p_j : p_i | p_j - 1, 1 \leqslant j \leqslant k\}$ $(1 \leqslant i \leqslant k)$, 并设函数 $f(i) = \frac{p_i(p_i - 1)}{1 + p_i(p_i - 1)}(1 - \frac{1}{1 + \min P_i(\min P_i - 1)})$ 如果 $P_i \neq \varnothing$. 假定函数 $f(i)$ 在 $i = t$ 达到最小值, 则 G 同构于 $F_{p_t \cdot \min P_t} \times Z_{\frac{n}{p_t \cdot \min P_t}}$.

证明. 根据引理4.52 和定理4.53, 则有 G 同构于 $F_{p_i p_j} \times Z_{\frac{n}{p_i p_j}}$ (这里 $p_i | p_j - 1$), 因此值 $\psi(G)$ 等于 $(1 + p_j(p_j - 1 + p_i(p_i - 1)))\psi(\frac{n}{p_i p_j})$. 现我们选择另外一个群 $G' = F_{p_{i'} p_{j'}} \times Z_{\frac{n}{p_{i'} p_{j'}}}$ 使得 $p_{i'} | p_{j'} - 1$, 则 $\psi(G') = (1 + p_{j'}(p_{j'} - 1 + p_i(p_{i'} - 1)))\psi(\frac{n}{p_i p_j})$. 不难看出 $\psi(G) > \psi(G')$ 当且仅当 $\frac{p_i(p_i - 1)}{1 + p_i(p_i - 1)}(1 - \frac{1}{1 + p_j(p_j - 1)}) < \frac{p_{i'}(p_{i'} - 1)}{1 + p_{i'}(p_{i'} - 1)}(1 - \frac{1}{1 + p_{j'}(p_{j'} - 1)})$. 注意如果 $p_i = p_{i'}$, 则 $\psi(G) > \psi(G')$ 当且仅当 $p_j < p_{j'}$ 根据引理4.52. 设 $P_i = \{p_j : p_i | p_j - 1, 1 \leqslant j \leqslant k\}$ $(1 \leqslant i \leqslant k)$. 因此函数 $f(i) = \frac{p_i(p_i - 1)}{1 + p_i(p_i - 1)}(1 - \frac{1}{1 + \min P_i(\min P_i - 1)})$ 在 $i = t$ 达到最小值, 则 G 同构于 $F_{p_t \cdot \min P_t} \times Z_{\frac{n}{p_t \cdot \min P_t}}$. $\qquad \square$

推论 4.56. 设 n 是偶阶平方自由的数且 p 是其最小奇素数. 设 G 是 n 阶第二大 ψ 值的群. 则群 G 同构于 $D_{2p} \times Z_{\frac{n}{2p}}$, 这里 D_{2p} 是 $2p$ 阶二面体群.

§4.5.5 进一步的问题

有限群 G 的函数 ψ 是一个非常有趣的类函数, 它能够给出群结构的很多信息. 但是同阶群的 ψ 值如果相等, 它们未必具所有同阶元具有相同的个数, 例如在GAP 的32阶群中第26 和39个群具有相同的 ψ 值, 它们的PC-表示分别为 $\langle a_i, 1 \leqslant i \leqslant 5 : a_1^2 = a_5, a_2^2 = a_4, a_3^2 = a_4 a_5, a_2^{a_1} = a_2 a_4 \rangle$ 和 $\langle a_i, 1 \leqslant i \leqslant 5 : a_4^2 = a_5, a_2^{a_1} = a_2 a_4, a_4^{a_1} = a_4 a_5, a_4^{a_2} = a_4 a_5 \rangle$.

另外, Sylow 子群在文[5]和本文中的证明起到了很重要的作用, 但是 $\psi(G)$ 一般不能够被 G 不同 Sylow 子群的 ψ-值的乘积限定, 即不等式

$$\psi(G) \leqslant \psi(P_1) \cdots \psi(P_k)$$

不一直成立, 这里 P_i 是 G 的Sylow p_i-子群且 $i \in \{1, 2, \cdots, k\}$. 例如在小群96阶中, 第201个群, 其PC-表示为 G 是 $\langle a_i, 1 \leqslant i \leqslant 6 : a_1^2 = a_2^2 = a_4^2 = a_5^2 = a_6, a_3^3 = a_6^3 = 1, a_2^{a_1} = a_2 a_6, a_4^{a_3} = a_5, a_5^{a_3} = a_4 a_5, a_5^{a_4} = a_5 a_6 \rangle$. 对于此群 G, 阶和是 $\psi(G) = 735$, 但是每个Sylow 2-子群 P 是第49个32阶的群且 $\psi(P) = 87$, 而每个Sylow 3-子群 Q 是3阶循环的, 故 $\psi(Q) = 7$, 此时 $\psi(P)\psi(Q)$ 是87 乘以7, 等于609. 当然还存在其他的反例, 比如在162, 192, 288, 324, 384, 480 和486 阶中, 都存在反例. 但是似乎仅在阶能够被6 整除且为可解的群中才能找到反例. 即有如下的问题:

命题 4.57. 设 G 为有限群, $P \in Syl_p(G)$. 如果 $\psi(G) \geqslant \prod_{p \in \pi(G)} \psi(P)$, 则是否6 整除 $|G|$ 且 G 可解的?

当然对于同阶群中具有最小 ψ-值的群的分类也是一个非常有趣的问题, 此时的情况变得更加复杂. 在文[6]中, 给出了同阶幂零群的 ψ-值的一个下界, 从而得出如果 n 阶群中存在非幂零的群, 则 n 阶最小的 ψ-值不能在幂零群上取到. 我们自然考虑其他的群类, 比如可解, 超可解等等, 此时的最小的 ψ-值是什么情况. 我们运用GAP计算, 提出如下猜想:

猜想 4.58. 如果 n 阶群中存在非超可解的群, 则 n 阶最小的 ψ-值

在非超可解群上取到; 如果 n 阶群中存在非可解的群, 则 n 阶最小的 ψ-值在非可解群上取到.

§4.6 关于POS-群的结构

设 G 为有限群, $o(x)$ 记作元 x 的阶, 且 $|X|$ 表示集合 X 的元素的个数. 记 $\pi(G) = \{p|p$ 为 $|G|$ 的素因子$\}$. 正如在[100], G 的阶子集(或者, 阶类) 是由元 $x \in G$ 定义的集合 $OS(x) = \{y \in G|o(y) = o(x)\}$. 明显, 对于每个 $x \in G$, $OS(x)$ 为 G 的不同共轭类的并集. 群 G 称为完全阶子集(perfect order subsets)的群(简称 G 为POS-群) 如果对于所有 $x \in G$ 有 $|OS(x)|$ 整除 $|G|$. 在文[100], Finch 和 Jones 首先分类了交换的POS-群. 随后他们继续研究了非交换的POS-群且给出了一些非可解的POS-群(见[101],[102]). 本章首先分类阶为 $2m$ (m 为奇数) 的POS-群(见[270]), 回答了 Das 的一个猜想.

之后我们主要研究具有某些循环Sylow 子群POS-群的结构. 首先, 我们研究具有循环Sylow 2-子群的POS-群. 证明了如果POS-群 G 的Sylow 2-子群循环, 则3 整除 $|G|$ 或者 G 有自中心化的Sylow 2-子群. 在下节中我们研究具有循环Sylow 2-子群的POS-群, 最后我们考虑两个素因子的POS-群的分类. 如果 S 为 G 的子集, 记 $f_S(m)$ 集 S 中 m 阶元的个数. 设 $U(n)$ 为环 Z/nZ 的单位群; 并记 $exp_n(q)$ 为元 q 在群 $U(n)$ 中的阶. 首先, 我们考虑具有循环Sylow 2-子群的POS-群.

Frobenius 的一个著名定理是说: 如果 n 是 $|G|$ 的正因子且 $X = \{g \in G|g^n = 1\}$, 则 n 整除 $|X|$ (见引理4.2). 这个结果在以下频繁使用. 首先我们给出一些引理

引理 4.59. *(定理1, [117]).* 若有限群 G 的每个元阶都是素数幂且 G 是可解的, 则 $|\pi(G)| \leqslant 2$.

回忆称 G 为2-Frobenius 群, 如果 $G = ABC$, 这里 A 和 AB 是 G 的正规子群, AB 和 BC 是核分别为 A 和 B, 补 B 和 C 的Frobenius 群(见第3章). 另外我们称 G 为 C_{pp}-群如果每个非平凡 p-元的中心化子为 p-群. 下面的引理归功于Gruenberg 和Kegel (见[301] 的推论).

引理 4.60. 设 G 为可解的 C_{pp}-群, 则 G 为 p-群, *Frobenius* 群或者2-*Frobenius* 群.

§4.6.1 $2m$阶POS-群

本小节我们考虑阶为$2m$的POS-群, m为奇数.

定理 4.61. 如果G为$2m$ 阶POS-群, 这里$(2,m)=1$, 则G 为下列群之一:

(a) 2阶循环群Z_2.

(b) 二面体群$D_{2 \cdot 3^n}$.

(c) $Z_2 \times Z_{3^n}$.

(d) POS-群$F : Z_2$, 这里F 为核为p-群且补为循环3-群的$Frobenius$群, 并且$p = 2 \cdot 3^k + 1$ 为素数.

证明. 因为$|G| = 2m$ 且$(2,m) = 1$, 则存在m阶的正规子群M. 明显, G 是可解群. 我们可以假定$M > 1$. 设s_m 是G中m 阶元的个数. 假定$p,q \in \pi(M)$ 且$p \neq q$, 则M 没有pq阶元. 事实上, 否则$(p-1)(q-1) = \phi(pq) \mid s_{pq} \mid |G|$, 这里$\phi$ 是Euler 函数, 我们有$4 \mid |G|$, 矛盾. 因此M中的每个元都是素数幂阶的. 则根据4.59我们有$|\pi(M)| \leqslant 2$. 我们分为以下两种情形进行证明:

情形1. $|\pi(M)| = 1$. 假设$\pi(G) = \{2,p\}$ 且$|G| = 2 \cdot p^n$. 因为$p-1 = \phi(p) \mid |G| = 2 \cdot p^n$, 我们有$p-1 \mid 2$, 因此$p = 3$. 故$|G| = 2 \cdot 3^n$. 根据[79] 中的命题2.8, 我们有Sylow G 的3-子群M 循环. 因为$M \lhd G$, G中的每个2阶元u 都是M的一个自同构, 因此u 对应到M 的生成元c 或者c^{-1}. 因此我们有G 为$Z_2 \times Z_{3^n}$ 或者广义四元素群$D_{2 \cdot 3^n}$.

情形2. $|\pi(M)| = 2$. 同样, 假设$\pi(G) = \{2,q,p\}$ 且$|G| = 2 \cdot q^n \cdot p^l$. 不失一般性, 我们假定$q < p$. 如果$q > 3$, 则$q-1 \mid |G|$, 因此$q-1 \mid 2$, 即, $q = 3$, 矛盾. 所以, 我们有$q = 3$. 同样, 因为$p-1 \mid 2 \cdot 3^n$, 有$p = 2 \cdot 3^k + 1$, 这里$1 \leqslant k \leqslant n$. 因为$M$ 没有pq 阶元, 根据引理4.60, M 为Frobenius 群或者2-Frobenius 群.

（I）M 为Frobenius 群. 设$M = K : H$, 这里K 和H 分别为核和补. 如果$|K| = 3^n$ 且$|H| = p^l$, 则H 循环且任何两个p^l 阶子群的交都是平凡的. 因此M中p^l 阶循环子群的个数为$|M : N_M(H)| = 3^n$. 因为$(|M|, |G/M|) = 1$, 则G中的p^l阶循环子群的个数也是3^n. 于是G中p^l阶元的个数为$2 \cdot 3^k \cdot p^{l-1} \cdot 3^n$, 这是$|G| = 2 \cdot 3^n \cdot p^l$的一个因子. 因此$k = 0$, 这矛盾于$k \geqslant 1$. 如果$|K| = p^l$ 且$|H| = 3^n$, 明显, H 循环. 假设$\Omega = \{x \in$

$G \mid o(x) = 2\}$ 且K作用在集合Ω. 于是$|\Omega| \equiv |C_\Omega(K)|(\mathrm{mod}\ p)$. 现在因为$s_2 \mid 3^n p^l = 3^n(2 \cdot 3^k + 1)^l$, 我们有$|C_\Omega(K)| \geqslant 1$.

(II) 如果M是2-Frobenius 群. 设$M = KHK_0$, 这里KH且HK_0分别以为核为K, 补为H和核为H, 补为H_0的Frobenius 群. 假设$exp(KK_0) = p^e$. 如果$|K| = p^{l_1}, |H| = 3^n$ 且$|K_0| = p^{l_2}$, 这里$l_1 + l_2 = l$, 则根据4.3 有

$$3^n \mid s_{p^e},\ s_{p^{e-1}} + s_{p^e},\ \cdots,\ s_p + s_{p^2} + \cdots + s_{p^e},$$

因此$3^n \mid s_p$. 当$s_p = 2 \cdot 3^k \cdot c_p$, 这里$c_p$ 表示p阶子群的个数, 且$s_p \mid 2 \cdot 3^n \cdot p^l$, 因为$c_p \equiv 1(\mathrm{mod}\ p)$, 我们有$s_p = 2 \cdot 3^n$. 进一步, 因为在$HK_0$中正好存在$(p-1) \cdot 3^n$ 个p阶元, 故$s_p > (p-1) \cdot 3^n$, 矛盾. 类似, 如果$|K| = 3^{n_1}, |H| = p^l$ 且$|K_0| = 3^{n_2}$, 这里$n_1 + n_2 = n$, 则$s_3 = 2 \cdot p^l$. 但是HK_0 正好有$2 \cdot p^l$ 个3阶元, 因此$s_3 > 2 \cdot p^l$, 不可能. □

不幸的是, 如上分类中的(d) 没进行完全分类. 根据GAP 软件[289], 似乎核F 是循环的. 我们有如下的猜想.

猜想 4.62. 定理4.61(d)中的F 是循环群.

在Das 的文章[79]中, 他提出了一个猜想(见[79]的5.2). 使用定理4.61, 我们可以得出肯定回答.

推论 4.63. 如果G 是一个POS-群, $|G| = 42 \cdot m$ 且$(42, m) = 1$, 则$|G| = 42$.

§4.6.2　具有循环Sylow 2-子群的POS-群

在本节中, 我们研究具有循环Sylow 2-子群的POS-群, 将证明如果POS-群G 的Sylow 2-子群是循环的, 则3 整除$|G|$ 或者G 有一个自中心化的Sylow 2-子群. 下面我们给出本节中的主要结果:

定理 4.64. 如果POS-群G 的Sylow 2-子群循环, 则3 是$|G|$ 的因子, 或者G 有一个自中心化的Sylow 2-子群.

证明. 假设P_2 是G 的Sylow 2-子群且$|P_2| = 2^n$. 因为G 的Sylow 2-子群循环, 则G 为2-幂零. 设G的正规2-补是H. 并设$C_G(P_2) = P_2 \times N$,

这里$N \leqslant H$. 下一步我们将证明如果P_2不自中心化, 则3是$|N|$的因子. 若N有m阶元, 则$f_G(2^n m) = |H/N| \cdot 2^{n-1} \cdot f_N(m)$是$2^n \cdot |H|$的因子. 故$f_N(m)$整除$2|N|$. 注意$|N|$为奇数, 则有$4 \nmid f_N(m)$. 故$N$中每个元阶都是素数幂, 因此根据引理4.59有$|\pi(N)| \leqslant 2$.

情形 I. $\pi(N) = \{p, q\}$. 设$|N| = p^a q^b$. 根据引理4.60, 有N为Frobenius或者2-Frobenius群. 如果N是Frobenius的, 不失一般性, 我们假设N的核的阶有因子q. 因为p-子群是循环的, 则$f_N(p) = (p-1)q^b$是$2|N| = 2p^a q^b$的一个因子. 故$p - 1 = 2$, 因此$p = 3$. 如果N为2-Frobenius的, 我们设$N = ABC$, 这里A且AB是N的正规子群, AB和BC为Frobenius群其核分别为A且B, 补B和C. 现设$|A| = p^{a_1}$且$|C| = p^{a_2}$, 则$f_N(q) = (q-1)p^{a_1}$整除$2|N| = 2p^a q^b$. 根据引理4.4有$p^a \mid f_N(q)$, 则我们可以得到$q = 2p^{a_2}+1$. 明显, $q > p$. 另外, $f_N(p) = f_A(p) + (p-1)q^b |A : C_N(c)|$, 这里$c$为$C$中的$p$阶元. 因为$p - 1$和$q^b$都是$f_A(p)$的因子且$(p-1, q) = 1$, 我们有$(p-1)q^b \mid f_A(p)$, 则$p - 1 \mid 2p^a$, 因此$p = 3$.

情形 II. $\pi(N) = \{p\}$. 设$|N| = p^a$, 则根据上面我们得到$f_N(p) \mid 2p^a$. 因为$p \nmid f_N(p)$, 我们有$p = 3$. □

注意的确存在具有自中心化的循环Sylow 2-子群POS-群, 且$3 \nmid |G|$, 如下的400阶的群就是这样的群.

例 4.65. 设$G = \langle a, b \mid a^{25} = b^{16} = 1, a^b = a^{-1}, [a, b^2] = 1 \rangle$, 则$G$为循环Sylow 2-子群的POS-群.

Finch 和Jone 在文[100] 中问是否每个至少两个素因子的POS-群一定有因子3. 尽管这个问题回答是否定的, 但是似乎没有素因子3的POS-群非常稀少. 我们有如下问题:

问题 4.66. 分类没有因子3 的POS-群.

§4.6.3 具有4阶循环Sylow 2-子群的POS-群

在本节中, 我们研究具有4阶循环Sylow 2-子群的POS-群的结构. 我们完全分类了此时没有因子3的POS-群. 首先, 我们决定这类群的素因子个数.

命题 4.67. 设G为4阶循环$Sylow$ 2-子群的POS-群, 则$|\pi(G)| \leqslant 6$.

证明. 设 $\sigma(G) = \max\{|\pi(o(g))| \mid g \in G\}$, 并设 H 为 G 的正规 2-补. 明显, $\sigma(H) \leqslant 2$, 故根据[157] 中定理1.4(b)我们有$|\pi(H)| \leqslant 5$. 因此, $|\pi(G)| \leqslant 6$. $\qquad\square$

尽管这样的POS-群的素因子个数有一个上界, 但是否存在恰为6个素因子的如上POS-群, 还是个问题.

引理 4.68. ([289, Exercises 2, Chap.7]). 设G 为所有$Sylow$ 子群都循环的非循环群, 则$G \cong \langle a, b \mid a^m = b^n = 1, a^b = a^r \rangle$ 使得$r^n \equiv 1(\mathrm{mod}\ m)$, $|G| = mn$ 且$(n(r-1), m) = 1$.

引理 4.69. 设$|G| = 2^n p^m$ 且$Sylow$ p-子群P 在G 中正规. 如果G 的所有$Sylow$ 子群循环且G 无$2p^m$ 阶元, 则G为$Frobenius$ 群.

证明. 根据引理4.68 我们可以看出$G = \langle a, b \mid a^{p^m} = b^{2^n} = 1, a^b = a^r \rangle$ 使得$r^{2^n} \equiv 1(\mathrm{mod}\ p^m)$ 且$(2^n(r-1), p^m) = 1$. 根据以上条件, 则2^n 是r 在$U(p^m)$ 中的阶. 事实上, 否则若元r的阶$exp_{p^m}(r)(:= o(r))$ 小于2^n, 则

$$a^{b^{o(r)}} = a^{r^{o(r)}} = a^1 = a,$$

因此$b^{o(r)} \in C_G(P)$. 另一方面, 因为$C_G(P) = 1$, $b^{o(r)} = 1$, 这矛盾于$o(b) = 2^n$. 容易看出阶$exp_{p^i}(r)$ 也是2^n $(1 \leqslant i \leqslant n-1)$. 因此每个非平凡$p$-元的中心化子是$P$, 则$G$ 是一个Frobenius 群. $\qquad\square$

为了完成定理4.72和4.75 的证明, 我们需要素数的一些知识. 我们说$r_m(a)$ 是$a^m - 1$的一个本元素因子(primitive prime divisor)(见第1章), 如果$r_m(a) \mid a^m - 1$ 但是对于每个$i < m$ 有$r_m(a)$ 不整除$a^i - 1$. 明显, 对于本原素因子$p = r_m(a)$, 公式$m|p - 1$ 一直成立. 设$\Phi_n(x)$ 是n^{th} 分圆多项式. 众所周知$x^n - 1$ 可以分解为所有次数为n的因子的分圆多项式的乘积, 即$x^n - 1 = \prod_{d|n} \Phi_d(x)$. 本原素因子的存在性归功于Zsigmondy (见[311]), 且本原素因子与分圆多项式有着紧密的联系.

引理 4.70. 假设$q^n - 1$ 至少有一个本原素因子且$n \geqslant 3$, 则$\Phi_n(q) = gcd(P(n), \Phi_n(q)) \cdot Z_n(q)$, 这里$P(n)$ 是n 的最大素因子, $Z_n(q)$ 是其包含$q^n - 1$ 的所有本元素因子的最大因子.

证明. 根据[251]中207页及文[97]引理2.1, 我们有 $Z_n(q) \mid \Phi_n(q), \Phi_n(q) \mid Z_n(q) \cdot P(n)$, 则 $\Phi_n(q) = gcd(P(n), \Phi_n(q)) \cdot Z_n(q)$. □

引理 4.71. *([196], 引理5). 假设 p 是 $q^k - 1$ 的一个奇本原素因子, 则 $p \mid \Phi_f(q)$ 当且仅当 $f = kp^j (j \geqslant 0)$.*

我们介绍下任何整数的 p-进制分解. 设 p 是一个素数, 故任何正整数都可以写为一个关于 p 为基的表达式, 即

$$\sum_{i=0}^{n} a_i p^i,$$

这里 a_i 是 $\{0, 1, \cdots, p-1\}$ 中的整数. 进一步对于给定正整数 m, 在这种 p-进制分解的系数 a_i 由 m 唯一确定.

下一步我们给出具有4阶循环Sylow 2-子群的POS-群的结构.

定理 4.72. *设 G 是一个POS-群且有4 阶循环Sylow 2-子群, 则3 是 $|G|$ 的一个因子, 或者 G 如下群之一:*

(a) 4 阶循环群;

(b) Frobenius 群 $Z_{5^m} : Z_4$;

(c) 拟-二面体群 $\langle a, b \mid a^{5^m} = b^4 = 1, a^b = a^{-1} \rangle$.

证明. 设 H 是正规2-补. 如果对于每个 $p \in \pi(H)$ 有 $4 \nmid p-1$, 因为 $\pi(H)$ 中最小的素数是一个Fermat 素数, 则 $3 \in \pi(H)$. 以下我们假设 $\pi(H)$ 有一个素数 p 使得 $4 \mid p-1$, 则 H 是一个 C_{pp}-群, 根据引理4.60, 则 H 是Frobenius群, 2-Frobenius 群或者 p-群. 我们分为三种情形.

情形 I. H 是Frobenius 的. 设 $H = K : L$, K 为核, L 为补. 如果 L 是一个 p-群, 则 L 是循环的. 因为 $f_H(p) = (p-1)|K|$ 整除 $4|K| \cdot |L|$, 我们有 $p = 5$. 另外, 因为 K 是幂零, K 至多有2个素因子(否则若有3个素因子 p_1, p_2, p_3, 这 K 中有 $p_1 p_2 p_3$ 阶元, 且它的个数有因子8, 矛盾). 如果 $|\pi(K)| = 1$, 明显 $3 \in \pi(H)$. 以下设 $\pi(K) = \{p_1, p_2\}$. 假设 P_i 是 K 的一个Sylow p_i-子群 $(i = 1, 2)$, 则 $f_H(p_i)$ 整除 $4|P_1| \cdot |P_2| \cdot |L|$. 如果 $3 \nmid |H|$, 则我们假设 $5 < p_1 < p_2$. 注意 $p_i \nmid f_H(p_i)$, 故我们有 $p_1 = 2 \cdot 5^k + 1$ 且 $k \geqslant 1$. 设 $p_2 = 2 \cdot 5^{k_1} p_1^{k_2} + 1$. 设 u 为一个4阶元. 根据定理4.64, u 是 H 的一个固定点自由自同构. 如下我们将证明 K 是交换的. 否则, 我们假设 $H_0 =$

$K_0 : L_0$ 是极小反例. 因此 K_0 是一个 p_1-群. 设 $\Phi(K_0)$ 是 K_0 的 Frattini 子群. 明显 $\Phi(K_0) > 1$. 因为 $\Phi(K_0)$ 是 K_0 的一个特征子群, 则 $K_0/\Phi(K_0) \rtimes L_0$ 有一个 4 阶的固定点自由自同构. 故 $K_0/\Phi(K_0)$ 是交换的, 则 K_0 是交换的, 矛盾. 因此 K 是交换的. 设 $|G| = 4 \cdot 5^m p_1^a p_2^b$. 因为 K 是交换的, 我们可以假定 $f_H(p_i) = p_i^{s_i} - 1$ $(i = 1, 2)$. 另外, 因为 $f_H(p_i)$ 整除 $|G|$, 我们得到一个丢番图方程

$$p_i^{s_i} - 1 = 2^u 5^j p_1^s p_2^t \tag{4.10}$$

这里 $j, s, t \geqslant 0$ 且 $1 \leqslant u \leqslant 2$. 如下我们将证明 $s_i = 1$ $(i = 1, 2)$. 如下我们分为两种情形考虑.

    子情形 I. $i = 1$, 则明显 $s = 0$. 根据引理 4.70, $p_1^{s_1} - 1$ 有一个本原素因子除了当 p_1 是一个 Mersenne 素数且 $s_1 = 2$. 如果 $t = 0$, 因为 $\pi(p_1 - 1) = \{2, 5\}$, 我们有 $s_1 = 1$ 或者 2 根据引理 4.70. 现如果 $s_1 = 2$, 则 p_1 是一个 Mersenne 素数, 设为 $2^l - 1$. 因此 $s_1^2 - 1 = 2^{l+1}(2^{l-1} + 1) = 2^u 5^j$, 则 $l = 1$ 因为 $u \leqslant 2$, 矛盾. 当 $t > 0$, 方程 (4.10) 变为

$$p_1^{s_1} - 1 = 2^u 5^j p_2^t. \tag{4.11}$$

同样, 因为 $\pi(p_1 - 1) = \{2, 5\}$, 则根据引理 4.70 有 s_1 等于 1 或者素数. 因为 p_2 是 $p_1^{s_1} - 1$ 的一个本原素因子, $s_1 | p_2 - 1 = 2 \cdot 5^{k_1} p_1^{k_2}$. 故 $s_1 = 1, 2, 5$ 或 p_1. 如果 $s_1 = 2$, 容易看出 $8 \mid p_1^2 - 1 = f_H(p_1)$, 矛盾. 如果 $s_1 = 5$, 根据引理 2.3.5 和 2.3.6, 则 (4.11) 变为

$$\frac{p_1^5 - 1}{5(p_1 - 1)} = p_2^t. \tag{4.12}$$

如果 $k_2 > 0$, 则 (4.12) 变为

$$16 \cdot 5^{4k-1} + 8 \cdot 5^{3k} + 8 \cdot 5^{2k} + 4 \cdot 5^k + 1 = (2 \cdot 5^{k_1}(2 \cdot 5^k + 1)^{k_2} + 1)^t. \tag{4.13}$$

我们将 (4.13) 中的数分解为 5 进制的数. 左边部分的首项和第二项是 $4 \cdot 5^k + 1$, 而右边部分为 $2t \cdot 5^{k_1} + 1$. 明显, $t < 5$. 故 $k = k_1$ 且 $t = 2$. 进一步, (4.13) 左边项的 5 进制分解是 $3 \cdot 5^{4k} + 5^{4k-1} + 5^{3k-1} + 3 \cdot 5^{3k} + 5^{2k+1} + 3 \cdot 5^{2k} + 4 \cdot 5^k + 1$. 但右边最高位大于或者等于 $2k(k_2 + 1)$, 因此 $2k(k_2 + 1) \leqslant 4k$, 则 $k_2 = 1$, 则有 (4.13) 的右边项等于 $16 \cdot 5^{4k} + 16 \cdot 5^{3k} + 12 \cdot 5^{2k} + 4 \cdot 5^k + 1$, 矛盾.

如果$k_2 = 0$, 则(4.12) 变为

$$16 \cdot 5^{4k-1} + 8 \cdot 5^{3k} + 8 \cdot 5^{2k} + 4 \cdot 5^k + 1 = (2 \cdot 5^{k_1} + 1)^t. \tag{4.14}$$

同样我们将(4.14)中进行5进制分解, 则我们可以看出$k = k_1$. 比较(4.14)5-进制分解的等式两边的最高位的系数, 我们有$t \leqslant 4$. 容易验证对于每个那样的t 方程(4.14)都不成立.

如果$s_1 = p_1$, 根据引理4.70 和4.71, 则(4.11) 变为

$$\frac{p_1^{p_1} - 1}{p_1 - 1} = p_2^t. \tag{4.15}$$

如果$k_2 = 0$, 因为$p_1 < p_2$, 则p_2 是$p_1^{p_1} - 1$的一个本原素因子. 故$p_1 \mid p_2 - 1 = 2 \cdot 5^{k_1}$, 且则$p_1 = 2$ 或者5. 根据(4.15), 我们有$p_2^t = 3$ 或者781. 因为$781 = 11 \cdot 71$ 有两个素因子, 则有$p_2 = 3$, 这矛盾于$p_2 > 5$.

当$k_2 > 0$, 我们将(4.15)中的数进行p_1-进制分解, 其左边和右边的第二位和第一位分别是$p_1 + 1$ 和$l \cdot p_1^{k_2} + 1$ 且$p_1 > l \equiv 2t \cdot 5^k (\mathrm{mod}\, p_1)$. 故$k_2 = 1$ 且$2t \cdot 5^k \equiv 1 (\mathrm{mod}\, p_1)$, 则有$p_1 \mid 2t \cdot 5^k - 1 + p_1 = 2 \cdot 5^k (t + 1)$, 则$t + 1 \equiv 0 (\mathrm{mod}\, p_1)$. 另一方面, $t < p_1$, 我们有$t = p_1 - 1$. 因此(4.15) 式变为

$$\frac{p_1^{p_1} - 1}{p_1 - 1} = (2 \cdot 5^k p_1 + 1)^{p_1 - 1}. \tag{4.16}$$

不难看出根据(4.16)的p_1-进制分解, 其右边的最高位大于左边的, 矛盾. 因此$s_1 = 1$.

子情形II. $i = 2$, 则(4.10) 变为

$$p_2^{s_2} - 1 = 2^u 5^j p_1^s. \tag{4.17}$$

明显, $s_2 \neq 2$ (否则$8 \mid p_2^2 - 1$). 如果k_1 且k_2 都大于0, 因为$\pi(p_2 - 1) = \{2, 5, p_1\}$, 我们有$s_2 = 1$ 根据引理4.70. 如果$k_1 = 0$, 则5 是$p_2^{s_2} - 1$的一个本原素因子. 故$s_2 \mid 5 - 1 = 4$, 且则$s_2 = 1$ 或者4. 但是如果$s_2 = 4$, 则$8 \mid p_2^4 - 1$, 矛盾.

如果$k_2 = 0$, 则$s_2 \mid p_1 - 1 = 2 \cdot 5^k$. 故$s_2 = 5$. 下一步根据引理2.3.5 和2.3.6, 我们可以只考虑如下的丢番图方程, 即

$$\frac{p_2^5 - 1}{p_2 - 1} = 5 p_1^s. \tag{4.18}$$

使用(4.12)中的相同的证明方法, 我们能得到(4.18) 也无解. 因此s_2 也不等于1. 因此, K是循环的. 因为5^m 整除$f_H(p_i)$, 我们有$p_1 = 2 \cdot 5^m + 1$ 且$p_2 = 2 \cdot 5^m \cdot p_1^{k_2} + 1$ ($k_2 \geqslant 0$). 现注意$f_H(p_1^a p_2^b) = \phi(p_1^a p_2^b) = 4 \cdot 5^{2m} p_1^{k_2+a-1} p_2^{b-1}$ 整除$|G| = 4 \cdot 5^m p_1^a p_2^b$, 矛盾.

情形II. H 是2-Frobenius. 同样, 假定$H = ABC$, 这里A, B, C跟以上相同. 明显, 换位子群$H' = AB$. 如果$3 \nmid |H|$, 根据定理4.64, H 满足一个4 阶, 固定点自由的自同构, 则H'是幂零(见Exercises 1, Chap. 10, [289]), 矛盾.

情形III. H 是一个p-群. 当然, $p = 5$. 根据文[79]的命题2.8, 有Sylow 5-子群, 即H, 是循环的. 设$|H| = 5^m$. 根据定理4.64 我们有G 的Sylow 2-子群是自中心化的. 故G 不是循环的, 则$G = \langle a, b \mid a^{5^m} = b^4 = 1, a^b = a^r \rangle$ 使得$r^4 \equiv 1 \pmod{5^m}$ and $(r-1, 5^m) = 1$. 如果a 的中心化子为$\langle a \rangle$, 则根据引理4.68, G 是Frobenius的. 如果$|C_G(a)| = 2 \cdot 5^m$, 则$r^2 \equiv 1 \pmod{5^m}$. 因为$(r-1, 5^m) = 1$, 我们有$r \equiv -1 \pmod{5^m}$. 因此, $G = \langle a, b \mid a^{5^m} = b^4 = 1, a^b = a^{-1} \rangle$. $\qquad\square$

§4.6.4 两个素因子的POS-群

在本节中, 假定$|G| = 2^n p^m$ 且p 奇素数. 如果G 是一个POS-群, 则p 是一个Fermat 素数, 设为$2^{2^k} + 1$. 根据[79] 中命题3.1, 我们知道如果$2^n < (p-1)^3$, 即$n < 3 \cdot 2^k$, 则Sylow p-子群循环且正规. 当然存在一个POS-群且有非正规循环Sylow 子群, 例如, 24 阶群$SL_2(3)$. 在本节中, 我们给出G 具有循环Sylow p-子群的结构. 首先我们引用一些引理.

引理 4.73. ([19], 定理1). 设G 是一个阶为2^n 的2-群且$\exp(G) = 2^e > 2$, 则阶为2^i的个数是一个2^i 的倍数($2 \leqslant i \leqslant e$), 除了如下群:

(a) 循环2-群;

(b) 二面体的2-群$\langle a, b \mid a^{2^{n-1}} = b^2 = 1, a^b = a^{-1} \rangle$;

(c) 半-二面体的2-群$\langle a, b \mid a^{2^{n-1}} = b^2 = 1, a^b = a^{2^{n-2}-1} \rangle$;

(d) 广义四元素的2-群$\langle a, b \mid a^{2^{n-1}} = 1, a^{2^{n-2}} = b^2, a^b = a^{-1} \rangle$.

引理 4.74. 设G 是一个有限群且有正规子群N. 如果$x \in G \backslash N$ 有m 阶, 并且陪集Nx与陪集Ny 是G/N-共轭的, 则有$f_{Nx}(m) = f_{Ny}(m)$.

证明. 因为Ny 与Nx 是G/N-共轭的, 故存在某个$g \in G$ 使得$Ny = Ng^{-1}xg$, 则映射$\varphi : Nx \mapsto Ny$, 定义为$nx \mapsto g^{-1}nxg$, 诱导出了一个Nx 到Ny 的同阶元的一个一一对应. □

如下我们给出两个素因子POS-群且Sylow p-子群循环的结构.

定理 4.75. 设G 是POS-群, 并且$Sylow$ p-子群P 循环且$|\pi(G)| = 2$, 则G 是一个$Frobenius$ 群$Z_{p^m} : Z_{2^{2^k}}$, 这里$p = 1 + 2^{2^k}$ 为$Fermat$ 素数且$m > 0$, 或者满足如下条件之一:

(a) $p = 3$, $C_G(P) \cong P \times Z_2 \times Z_2$ 且$N_G(P) \cong P \rtimes (Z_2 \times Z_4)$;

(b) G 中2 阶元的个数为1;

(c) G 是p-幂零.

证明. 假设$P = \langle x \rangle$ 是一个Sylow p-子群且Sylow p-子群的个数是$|G : N_G(P)| = 2^t$. 根据Zassenhaus定理, 我们可以设$N = N_G(P) = P \rtimes K$ 且$C = C_G(P) = P \times U$, 这里K 且U是2-子群G. 因为$C_G(x^g) = C_G(x)^g$ 且$C_G(x) = C_G(\langle x \rangle)$, 我们有$2p^m$ 阶元的个数$f_G(2p^m)$ 是

$$2^t \phi(p^m) f_{C_{G(x)}}(2) = 2^{t+2^k} p^{m-1} f_{C_{G(x)}}(2),$$

这里ϕ 是Euler 函数. 因为$f_G(2p^m)$ 是$|G| = 2^n p^m$ 的因子且$f_{C_{G(x)}}(2)$ 为奇数或者0, 则有$f_{C_{G(x)}}(2) = 0, 1$ 或者p. 现注意

$$K/U \cong N/C \lesssim Aut(P) \cong Z_{2^{2^k} p^{m-1}},$$

故U/K是循环的. 如果$K/U = 1$, 即$N = C$, 则根据著名的Burnside定理有G 是p-幂零. 如果$K/U \neq 1$, 则$N/U \cong P \rtimes K/U$ 没有$2p^m$ 阶元. 事实上, 否则我们选择一个元$y \in K \backslash U$ 使得$xU^{yU} = xU$, 则$x^{-1}x^y \in U$. 因为$\langle x \rangle = P \lhd G$, 我们有$x^{-1}x^y \in P$. 因此$x^{-1}x^y \in U \cap P = 1$, 则$x^y = x$. 故$y \in U$, 矛盾. 因此根据引理2.3.3 有$N/U$ 是一个Frobenius 群. 如果$U \neq 1$, 即$f_U(2) \neq 0$, 根据引理2.4.2 我们有

$$f_G(2) = f_U(2) + f_{N \backslash U}(2) + f_{G \backslash N}(2) = f_U(2) + p^m f_{yU}(2) + f_{G \backslash N}(2),$$

这里$o(yU) = 2$. 如果$f_{yU}(2) \neq 0$, 则$f_G(2) > p^m$, 这矛盾于$f_G(2) \mid p^m$. 故$f_G(2) = f_U(2) + f_{G \backslash N}(2) = f_{\bigcup_{g \in G} U^g}(2) + f_{G \backslash \bigcup_{g \in G} K^g}(2)$. 如果$f_U(2) = 1$,

记 z 是 U 中唯一的 2 阶元, 则 $f_{\bigcup_{g \in G} U^g}(2) = |G : C_G(z)|$. 故我们可以假定 $f_{\bigcup_{g \in G} U^g}(2) = 2^s$. 现我们在 $G \backslash \bigcup_{g \in G} K^g$ 中任意选择一个 2 阶元 a, 则有 $p^m \nmid |C_G(a)|$, 因此 $p \mid f_{G \backslash \bigcup_{g \in G} K^g}(2)$. 我们设 $f_{G \backslash \bigcup_{g \in G} K^g}(2) = p \cdot l$. 现根据 G 的类方程, 我们能够得到 $f_G(2) = 2^s + p \cdot l \mid p^m$. 故 $s = l = 0$, 则 $f_G(2) = 1$. 下一步, 我们考虑 $f_U(2) = p$ 的情形. 现假定 $|U| = 2^u$.

如果 $f_U(4) = 0$, 则 U 是一个初等交换 2-群. 因此 $f_U(2) = 2^u - 1 = p$. 则有 $u = 2$ 且 $k = 0$. 根据引理 2.3, 我们有 $2^n \mid f_G(p^m) + f_G(2p^m) = 2^{t+2^k} p^{m-1}(1+p) = 2^{t+3} p^{m-1}$, 则 $n \leqslant t + 3$. 故 $|K| = 2^{n-t} \leqslant 2^3$. 容易看出 K 是 $Z_2 \times Z_4$.

若 $f_U(4) \neq 0$, 则 $f_G(4p^m) = 2^{t+2^k} p^m f_U(4) \mid 2^n p^m$. 因此 $f_U(4) \mid 2^{n-t-2^k} p$. 另一方面, 因为

$$4 \mid 1 + f_U(2) + f_U(4) = 2 + 2^{2^k} + f_U(4),$$

且 $f_U(4) \mid 2p$. 根据引理 4.75, 我们有 U 是一个二面体的或者半-二面体的 2-群. 如果 U 是一个半-二面体的, 则 $f_U(2) = 1 + 2^{u-2}$ 和 $f_U(4) = 2 + 2^{u-2}$, 这矛盾于 $f_U(2) = p$ 和 $f_U(4) \mid 2p$. 如果 U 是一个二面体的, 则 $f_U(2) = 2^{u-1} + 1 = p$ 且 $f_U(2^i) = \phi(2^i) = 2^{i-1}$ $(1 \leqslant i \leqslant u - 1)$. 当然, $u = 1 + 2^k$ 因为 $2^{u-1} + 1 = p$, 因此

$$|U| = 2^{2^k+1}. \tag{4.1}$$

进一步, 因为 K/U 是一个循环的 2-群, 则存在 $L \triangleleft K$ 使得 $L/U \cong Z_2$. 根据如上的讨论, 我们可以看出 L 没有 2 阶元. 另外, $L \backslash U$ 有 4 阶元. 事实上, 否则 $f_L(4) = 2$, 根据引理 4.73, L 是一个循环的、二面体的、半-二面体的或者广义四元素 2-群, 它中有一 4 阶元在 $L \backslash U$ 中, 矛盾. 故 $f_G(4) > 2$. 如下我们讨论 G 中 4 阶元的个数. 明显,

$$f_G(4) = f_{\bigcup_{g \in G} U^g}(4) + f_{G \backslash \bigcup_{g \in G} U^g}(4).$$

注意 U 中的两个 4 阶元是共轭的, 故 $\bigcup_{g \in G} U^g$ 中的 4 阶元在 G 中构成一个共轭类. 因此

$$f_{\bigcup_{g \in G} U^g}(4) = |G : C_G(w)|,$$

这里 w 是 U 中的 4 阶元. 因为 $p^m \mid |C_G(w)|$, 我们可以设 $f_{\bigcup_{g \in G} U^g}(4) = 2^s$. 另外, 明显 $p \mid f_{G \backslash \bigcup_{g \in G} K^g}(4)$. 假定 $f_{G \backslash \bigcup_{g \in G} K^g}(4) = p \cdot l$, 则我们有 $f_G(4) =$

$2^s + p \cdot l \mid 2^n p^m$, 因此$f_G(4) = 2^j$ $(1 \leqslant j \leqslant n)$. 因为$f_G(2) \mid p^m$, 我们可以设$f_G(2) = p^i$. 根据Frobenius 定理, 我们有

$$4 \mid 1 + f_G(2) + f_G(4) = 1 + 2^j + p^i.$$

因为$f_G(4) > 2$, 我们有$4 \mid 1 + p^i$, 因此$k = 0$ 且i 是奇数. 根据引理4.4 我们有

$$2^n \mid f_G(p^m) + f_G(2p^m) + \cdots + f_G(2^{u-1}p^m)$$
$$= 2^{t+1}p^{m-1}(1 + p + f_U(4)) + \cdots + f_U(2^{u-1}))$$
$$= 2^{t+2}p^{m-1}(1 + 2^{u-2}),$$

故$n \leqslant t + 2$, 则有

$$|K| = 2^{n-t} \leqslant 2^2. \tag{4.2}$$

根据(4.1) 我们可以得到$U = K$, 这矛盾于$U \neq K$.

如果$U = 1$, 则$N = P \rtimes K$ 是一个Frobenius 群且K是循环的, 则N中2 阶元的个数$f_N(2)$ 等于$p^m f_K(2)$. 因为$f_K(2) \geqslant 1$, 我们有$f_G(2) \geqslant f_N(2) \geqslant p^m$. 另一方面, $f_G(2) \mid p^m$. 因此$f_G(2) = p^m$. 根据引理4.4, 我们有$2^m \mid f_G(p^m)$, 且$f_G(p^m) = 2^t \cdot \phi(p^m)$. 故$t = m - 2^k$. 下一步我们使用归纳来证明对于$1 \leqslant i \leqslant 2^k$ 有$f_G(2^i) = 2^{i-1}p^m$. 明显当$i = 1$ 成立. 假定对于$i = j - 1$ 时成立. 现我们讨论$i = j$ 的情形. 因为

$$2^j \mid 1 + f_G(2) + \cdots + f_G(2^j) = 1 + p^m + \cdots + 2^{j-2}p^m + 2^{j-1}p^m + f_{G \backslash N}(2^j)$$

且$p^m \equiv 1(\bmod 2^j)$, 我们有$2^j \mid f_{G \backslash N}(2^j)$. 另一方面, 因为$f_G(2^j) = 2^{j-1}p^m + f_{G \backslash N}(2^j) \mid 2^n p^m$, 我们有$2^j \nmid f_G(2^j)$. 因此$f_G(2^j) = 2^{j-1}p^m$. 因为$G$ 的每个Sylow 2-子群至多有N 的一个2 阶子群(否则由N 中的两个二阶元生成的子群是一个Frobenius 群, 但是这不是一个2-群, 矛盾), 我们有Sylow 2-子群个数是p^m, 则任何两个Sylow 2-子群的交是平凡的. 因此G 是一个Frobenius 群. 这样有$t = 0$, 因此$G \cong Z_{p^m} : Z_{2^{2k}}$ 是一个Frobenius 群. $\square$

注意存在满足上面定理4.75 条件(a) 的群. 我们给出如下的一个例子.

例 4.76. 群$\langle a, b, c \mid a^{3^m} = b^2 = c^4 = 1, a^b = a, a^{c^2} = a, a^c = a^{-1}, [b, c] = 1 \rangle$ 是一个阶为$8 \cdot 3^m$ 的POS-群且有循环$Sylow$ 3-子群.

使用计算软件GAP [289], 除了如上的例4.76的群, 似乎满足条件理4.75中(a) 的群没有被发现. 于是我们提出如下猜想.

猜想 4.77. 满足定理4.75 的条件(a) 的POS-群为例4.76中的群.

不难决定定理4.75满足条件(b) 群. 因为G中2 阶元的个数为1, 故G中Sylow 2-子群P_2中2 阶元的个数也为1. 因此P_2 为循环或者广义四元素的群. 这些群由Zassenhaus (见[306])给出完全分类. 以下的表4.5列举了具有两个素因子的群.

表4.5: Sylow p-子群循环且有唯一2阶元的群的分类

型	阶	生成子	生成关系	条件
I	$2^n p^m$		循环群	
II	$2^n p^m$	a, b	$a^{p^m} = b^{2^n} = 1,$ $a^b = a^r$	$(r-1, p^m) = 1,$ $r^{2^n} \equiv 1 (\bmod\, p^m)$
III	$2^{n+1} p^m$	a, b, c	同 II; 且 $b^{2^{n-1}} = c^2,$ $a^c = a^s, b^c = b^{-1}$	同 II; 且 $n \geqslant 2,$ $s^2 \equiv 1 (\bmod\, p^m)$

现在我们有如下的结果, 注意$p = 2^{2^k} + 1$ 是一个Fermat 素数.

定理 4.78. 设G 是一个具有循环Sylow p-子群的POS-群且$|\pi(G)| = 2$. 如果G 的2 阶元的个数是1, 则G 为如下群之一:

(a) 循环群$Z_{2^n 3^m}$;

(b) 群$\langle a, b \mid a^{p^m} = b^{2^n} = 1, a^b = a^r \rangle$, 这里$exp_{p^m}(r) \geqslant 2^k$;

(c) 群$\langle a, b \mid a^{p^m} = b^{2^{2^k}+1} = 1, b^{2^{2^k}} = c^2, a^b = a^r, a^c = a^{-1}, b^c = b^{-1} \rangle$, 这里$exp_{p^m}(r) \geqslant 2^k$.

证明. 明显如果G是循环的, 则$G \cong Z_{2^n 3^m}$. 设$exp_{p^m}(r) = o(r)$. 假定G 是型 II. 因为$a^b = a^r$ 且$o(r) = exp_{p^t}(r)$ $(1 \leqslant t \leqslant m)$, 我们有$(a^{p^i})^{b^{o(r)}} = (a^{p^i})^{r^{o(r)}} = a^{p^i}$ $(1 \leqslant i \leqslant m-1)$. 故$G$ 有$2^{n-o(r)} p^{m-i}$ 阶元且这些元的数目为$\phi(2^{n-o(r)} p^{m-i}) = 2^{2^k + n - o(r) - 1} p^{m-i-1}$, 则$2^k + n - o(r) - 1 \leqslant n$, 即$o(r) \geqslant$

$2^k - 1$. 明显$o(r)|2^{2^k}$, 因此$o(r) \geqslant 2^k$. 对于其他的2^i 阶元$x_i \in G$ $(1 \leqslant i \leqslant n)$ 的个数是$\phi(2^i) \cdot |G : N_G(\langle x_i \rangle)|$, 这不是$|G|$ 的因子.

假定G 是型III. 如果$s \equiv 1 (\bmod\, p^m)$, 则$f_G(4) = 2|\langle a, b \rangle : N_{\langle a,b \rangle}(\langle x \rangle)| + (2^n p^m - p^m + 1)$, 这里$x \in \langle a, b \rangle$ 是4阶的. 我们可以假定$|\langle a, b \rangle : N_{\langle a,b \rangle}(\langle x \rangle)| = p^t$, 则$f_G(4) = 2p^t + (2^n - 1)p^m + 1$ 是$2^{n+1} p^m$ 的因子. 故$t = 0$ 且$p = 3$, 我们可以得到丢番图方程

$$1 + (2^n - 1) \cdot 3^{m-1} = 2^i. \tag{4.3}$$

明显, $n|i$. 故

$$\frac{2^i - 1}{2^n - 1} = 3^{m-1}. \tag{4.4}$$

由引理4.70, 我们有3 是$2^2 - 1$ 一个本原素因子, 则有$i = 2$ 或者6. 因此$n = 1$ 且$m = 2$, 或者$n = 3$ 且$m = 3$. 因为$n \geqslant 2$, 我们有$n = 3$ 且$m = 3$, 即$G = \langle a, b, c | a^{27} = b^8 = 1, a^b = a^r, b^4 = c^2, a^c = a, b^c = b^{-1} \rangle$. 使用GAP [289], 我们验证$r = 1$ 或者-1, G 不是一个POS-群.

如果$s \equiv -1 (\bmod\, p^m)$, 则所有$G \backslash \langle a, b \rangle$ 中的元是4 阶. 故$f_G(4) = 2p^t + 2^n p^m$, 这里$2p^t$ 是$\langle a, b \rangle$中4 阶元的个数, 则我们能得到如下的一个方程, 即

$$2p^t + 2^n p^m = 2^i p^j. \tag{4.5}$$

明显, $i = 1$, 则(4.5) 变为$p^t + 2^{n-1} p^m = p^j$. 故$j > t$. 因此(4.5) 为

$$1 + 2^{n-1} p^{m-t} = p^{j-t}. \tag{4.6}$$

因为$j - t > 0$, 我们有$m = t$. 故(4.6) 变为

$$2^{n-1} = p^{j-t} - 1. \tag{4.7}$$

因为2 是$p - 1$ 的一个本原素因子, 根据引理4.70 则在(4.7)中$j - t = 1$, 则$n = 2^k + 1$. 因为$\langle a, b \rangle$ 和型II 中的群一样, 所以$f_G(2^{n-o(r)} p^{m-i}) = \phi(2^{n-o(r)} p^{m-i}) = 2^{2^k + n - o(r) - 1} p^{m-i-1}$. 故$2^k + n - o(r) - 1 \leqslant n + 1$, 则$o(r) \geqslant 2^k$. 因此$G = \langle a, b \mid a^{p^m} = b^{2^{2^k+1}} = 1, a^b = a^r, b^{2^{2^k}} = c^2, a^c = a^{-1}, b^c = b^{-1} \rangle$. $\quad\square$

对于定理4.75 的剩下的部分(c), 我们可以得到如下的结果.

定理 4.79. 设 G 是一个 POS-群具有循环 $Sylow$ p-子群 P 且 $|\pi(G)| = 2$. 如果 G 是 p-幂零, 则 $G \cong D_8 \times Z_{5^m}$, $Q_{2^{2k}+2} \times Z_{p^m}$, 这里 $p = 2^{2^k} + 1$ 为 Fermat 素数, 或者满足条件 $p = 3$ 且 $N_G(P) = C_G(P) \cong Z_2 \times Z_2 \times P$.

证明. 根据定理 4.75 的证明我们可以看出 $N_G(P) = C_G(P)$. 设 $N = N_G(P) = P \times U$, $|G : N| = 2^t$ 且 P_2 为 Sylow 2-子群, 则

$$f_G(2p^m) = 2^{t+2^k} p^{m-1} f_U(2),$$

因此 $f_U(2) = 1$ 或 p. 我们分为两种情形.

情形 (a). $f_U(2) = 1$.

则 U 循环或广义四元素群. 若 U 为循环, 则

$$f_G(2^{n-t} p^m) = 2^{t+2^k} p^{m-1} 2^{n-t-1} = 2^{2^k+n-1} \mid 2^n p^m,$$

因此 $2^k \leqslant 1$, 则 $p = 3$. 我们假定 $f_{\bigcup_{g \in G} U^g}(4) = 2^i$. 另外

$$f_G(4) = f_{\bigcup_{g \in G} U^g}(4) + f_{P_2 \backslash \bigcup_{g \in G} U^g}(4).$$

因为 $3 \mid f_{P_2 \backslash \bigcup_{g \in G} U^g}(4)$, 有 $f_G(4)$ 是 2 的幂, 设为 2^j. 令 $f_G(2) = 3^h$ $(h \geqslant 0)$. 现假设 P 作用在 G 中所有 2 阶元集合 Ω, 我们有

$$f_G(2) = 3^h \equiv |C_\Omega(P)| = 1 (\text{mod} 3).$$

因此 $h = 0$, 即 $f_G(2) = 1$. 另一方面, 根据 Frobenius 的定理我们能够得到 $4 \mid 1 + f_G(2) + f_G(4) = 2 + 2^j$, 于是 $f_G(4) = 2$. 根据引理 4.73, 有 P_2 也循环. 因此, G 为 2-幂零, 即 $G \cong Z_{2^n 3^m}$.

如果 U 是广义四元素群, 则 $f_U(4) = 2^{n-t-1} + 2$. 因此

$$f_G(4p^m) = 2^{t+2^k+1} p^{m-1} (2^{n-t-2} + 1) \mid 2^n p^m,$$

于是 $p = 2^{n-t-2} + 1$. 因此 $n - t = 2^k + 2$. 设 $f_G(2) = p^h$ $(h \geqslant 0)$. 同样, 假定 P 作用在 G 中所有 2 阶元集合 Ω, 有

$$f_G(2) = p^h \equiv |C_\Omega(P)| = 1 (\text{mod} p).$$

因此 $h = 0$, 即 $f_G(2) = 1$. 根据引理 4.73, P_2 也为广义四元素群. 选择阶为 2^{n-1} 的元 x, 则 $\langle x \rangle$ 是 P_2 的特征子群. 因此 $\langle x \rangle$ 正规于 G. 运用 N/C-定

理, 我们有 $N_G(\langle x \rangle)/C_G(x) \lesssim Aut(\langle x \rangle)$, 于是 $C_G(x) = \langle x \rangle \times P$. 这样有 $x \in U$, 因此 $P_2 = U$. 故 $G \cong Q_{2^{2^k+2}} \times Z_{p^m}$, 这里 $p = 2^{2^k} + 1$.

情形 (b). $f_U(2) = p$.

同样, 如果 $f_U(4) \neq 0$, 则 $f_U(4) \mid 2^n p$. 另一方面, 因为 $4 \mid 1 + f_U(2) + f_U(4)$, 则有 $f_U(4) = 2$ 或者 $2p$. 根据引理4.73, U 为二面体或者半-二面体群. 如果 U 为二面体, 则 $f_U(2) = 1 + 2^{n-t-1}$ 且 $f_U(4) = 2$. 因此 $n - t = 2^k + 1$. 另外 U 有阶为 2^{n-t-1} 的元, 因此 $f_G(2^{n-t-1} p^m) = 2^{t+2^k+n-t-2} p^{m-1} = 2^{n+2^k-2} p^{m-1}$, 则 $n + 2^k - 2 \leqslant n$, 即 $k = 1$. 因此 $p = 5$ 且 $U \cong D_8$. 因为 U 中的两个4阶元是共轭的, 则有 $f_{\bigcup_{g \in G} U^g}(4)$ 是2-幂, 设为 2^i. 另外明显

$$f_G(4) = f_{\bigcup_{g \in G} U^g}(4) + f_{P_2 \backslash \bigcup_{g \in G} U^g}(4).$$

但是 $5 \mid f_{P_2 \backslash \bigcup_{g \in G} U^g}(4)$ 且 $f_G(4) \mid 2^n 5^m$, 因此 $5 \nmid f_G(4)$. 设 $f_G(4) = 2^h$ $(h \geqslant 1)$. 令 $f_G(2) = 5^j$ $(j \geqslant 1)$. 根据Frobenius的定理我们有 $4 \mid 1 + 2^i + 5^j$, 故 $h = 1$, 即 $f_G(4) = 2$. 根据引理4.73, 容易看出 P_2 也为二面体. 明显, 对于所有 $x \in P$, 元 x 是 P_2 的一个自同构. 另外, 二面体2-群的自同构群的阶仍为2-群, 因此 P 平凡作用在 P_2 上. 导致 $G = P \times P_2$, 即, $G \cong Z_{5^m} \times D_{2^n}$. 进一步, $f_G(2) = 1 + 2^{n-1}$. 因此我们能够得到一个丢潘图方程 $1 + 2^{n-1} = 5^j$. 根据引理4.70, 解为 $n = 3$ 和 $j = 1$. 因此 $G \cong D_8 \times Z_{5^m}$.

如果 U 是半二面体的, 则 $f_U(2) = 1 + 2^{n-t-2}$ 且 $f_U(4) = 2 + 2^{n-t-2}$. 因为 $f_U(4) > 2$, $f_U(4) = 2 f_U(2)$, 这不可能.

下面假定 $f_U(4) = 0$, 则 U 是阶为 2^{n-t} 初等交换2-群. 我们可以假设 $U > 1$ (否则 $f_G(p^m) = 2^{n+2^k} p^{m-1} \mid 2^n p^m$, 矛盾). 根据引理4.4, 有 $2^n \mid f_G(p^m) + f_G(2p^m) = 2^{t+2^k} p^{m-1} + 2^{t+2^k} p^m$, 因此 $n - t \leqslant 2^k + 1$. 另外, 设 P 作用在 G 中所有的2阶元中, 因此我们有

$$f_G(2) \equiv f_U(2) = 2^{n-t} - 1 (\bmod\, p). \tag{4.8}$$

我们把(4.8) 分为两种情况.

情形 I. $f_G(2) = f_U(2) = 2^{n-t} - 1$, 则 $2^{n-t} - 1 \mid p^m$, 因此 $n - t = 2$ and $p = 3$.

情形 II. $f_G(2) > f_U(2)$, 则 $n - t > 2^k$, 因此 $n - t = 2^k + 1$. 因为 $f_G(2) \mid p^m$, 我们 $p \mid f_U(2) = 2^{2^k+1} - 1$. 因此 $p = 3$ 且 $n - t = 2$. □

使用GAP软件, 我们验证阶比较小的POS-群G ($|G| \leqslant 2000$), 这些群中对于每个素因子$p \in \pi(G)$, G 有循环Sylow p-子群或者广义四元素Sylow 2-群或者正规p-补或者正规Sylow p-子群. 因此我们提出如下猜想.

猜想 4.80. 设G 是POS-群, $p \in \pi(G)$. 则G 满足如下条件之一:

(a) G 有循环Sylow p-子群或者广义四元素Sylow 2-群;

(b) G 有正规p-补;

(c) G 有正规Sylow p-子群.

最近R. Foote 和B. Reist 的文章[105] 研究了如下猜想:

猜想 4.81. *(POS猜想)* 每个有限非交换单群都不是POS-群.

他们证明了如果单群不为$O_{2n}^+(q)$ (n 为偶数, $n \geqslant 4$) 时, 如上猜想成立. 并且提出了另一个猜想:

猜想 4.82. *(POSI猜想)* 任何有限非交换单群S 中如果2 阶元不是一个共轭类, 如果2 阶元的个数是$|S|$ 的因子, 则S 同构于8 次交错单群.

对于POSI猜想, 本质上是数论的问题, 非交换单群的2 阶元的个数不难计算出来, 例如单群$A_n(n \geqslant 5)$, 此时可以根据共轭类算出2 阶元的个数为: $s_2 = \sum_{i=1}^{[n/4]} \frac{n!}{4^i (n-4i)!(2i)!}$, 这里$[n/4]$ 表示不超过$n/4$ 的最大整数. 我们要证明当$n > 8$ 时, s_2 不能整除$n!/2$. 但是此问题似乎很困难. 当然对于其他类型的Lie型单群, 也可以根据共轭类给出2 阶元的公式, 但是共轭类一般比较多, 公式就相对更复杂, 涉及的数论问题就更难.

第 5 章　群的不可约特征标次数型

本章考虑有限群的不可约特征标次数型, 即所有不可约特征标次数的集合, 记为 Irr(G). 设 G 是有限群. V 是域 F 上的一个 n 维向量空间. 群 G 在向量空间 V 上的一个作用, 也就是 G 到 GL(V) 的一个同态 $\mathbb{X}$: $G \to GL(n, F)$, 称为 G 的一个 F-表示. G 的相应于表示 $\mathbb{X}$ 的 F-特征标定义为函数 χ: $\chi(g) = tr\mathbb{X}(g)$, 即对应的线性变换的迹. 向量空间 V 的维数称为该表示的次数, 也可称为特征标 χ 的次数. 当 V 只有平凡的 G-不变子空间时这个表示就叫作不可约表示. 对应的特征标 χ 叫作不可约特征标, 否则叫作可约的表示和可约的特征标.

若 $H \leqslant G$, 表示 $\mathbb{X}$ 限制到 H 上记为 $\mathbb{X}_H$, 是 H 的一个表示. 且特征标 χ 限制到 H 上得到的特征标 χ_H 也是 H 的特征标.

令 $N \trianglelefteq G$, $\theta \in \text{Irr}(N)$, 若存在不可约特征标 χ 使得 $\chi_N = \theta$, 则 θ 叫作是可扩充的. 记 $\text{Irr}(G|\theta) = \{\chi \in \text{Irr}(G)|[\chi_N, \theta] \neq 0\}$. $\text{Irr}(G|N) = \text{Irr}(G) - \text{Irr}(G/N)$ 也即对所有 $1_N \neq \theta \in \text{Irr}(N)$, $\text{Irr}(G|\theta)$ 的并. $\text{cd}(G|N) = \{\chi(1)|\chi \in \text{Irr}(G|N)\}$. $\text{cd}(G|\theta) = \{\chi(1)|\chi \in \text{Irr}(G|\theta)\}$.

记 $\rho(G) = \{p|p$ 是 $\chi(1)$ 的素因子, $\chi(1) \in \text{cd}(G)\}$. $\Delta(G)$ 表示 G 的由不可约特征标次数决定的素图, 其顶点即 $\rho(G)$ 中的元素, 若存在 $\chi \in \text{Irr}(G)$, 使 $pq|\chi(1)$, 则 p 和 q 之间有边相连. $n(\Delta(G))$ 表示 $\Delta(G)$ 的连通分支的个数.

定义图 $\Delta(G - m)$, 其顶点集合是 $\rho(G - m) = \{p \mid p|a, m \neq a \in \text{cd}(G)\}$, 即是由整除 $\text{cd}(G)\backslash\{m\}$ 中的元的素数组成. 对于图中两个不同的顶点 p 和 q, 若 pq 整除某个次数 $a \in \text{cd}(G)\backslash\{m\}$, 则定义为 p 和 q 之间有一条边. $n(\Delta(G-m))$ 表示图 $\Delta(G-m)$ 的连通分支的个数. 若 G 交换, 或者 $\text{cd}(G) = \{1, a\}$ 且 $m = a$, 则有 $\text{cd}(G)\backslash\{m\} = \infty$, 此时我们定义 $n(\Delta(G - m)) = 0$.

§5.1　特征标次数

设 G 是一个有限群, 不可约特征标表的第一列的数称为特征标次数. 令 $\text{cd}(G) = \{\chi(1)|\chi \in \text{Irr}(G)\}$ 是 G 的所有不可约特征标次数的集合, 称为 G 的特征标次数型. 利用次数型 $\text{cd}(G)$ 来刻划有限群的结构是有限群表示论的经典课题. 注意特征标次数为 1 的特征标称为线性特征标, 否则称为非线性特征标.

关于特征标次数的第一个基本的算术性质是: 任意不可约特征标 χ 的次数 $\chi(1)$ 都是 $|G|$ 的因子, 即:

命题 5.1. $\chi(1) \mid |G|$.

更进一步地有如下推广形式.

命题 5.2. 对 G 的任意交换正规子群 A 都有 $\chi(1)$ 整除 $|G : A|$.

命题 5.3. $|G| = \sum_{\chi \in Irr(G)} \chi(1)^2$.

引起大家极大兴趣的是这种算术性质反过来决定了群的某些结构. Itô-Michler 定理指出:

命题 5.4. 对有限群 G, 如果对任意 $\chi \in Irr(G)$ 有 $p \nmid \chi(1)$, 则 G 有正规的交换 Sylow p-子群.

对偶地, J. G. Thompson 证明了:

命题 5.5. 如果对任意的非线性 $\chi \in Irr(G)$ 有 $p \mid \chi(1)$, 则 G 有正规 p-补.

后来, Y. G. Berkovich 和 I. M. Isaacs 在文献[147]中推广了这一结论, 特别指出了 G 的可解性. 此定理是这样叙述的:

命题 5.6. 令 $N \trianglelefteq G$, 若 $cd(G|N')$ 中的每个元素都能被 p 整除, 其中 p 是一个素数, 则 N 是可解的且它有正规 p-补.

令 $cd^*(G) = cd(G) - \{1\}$. 对可解群 G, O. Manz 证明了 (见文[205]及[203, §18]):

命题 5.7. 若每个 $m \in cd^*(G)$ (即大于 1 的不可约特征标次数) 或者是 p'- 数或者是 p 的方幂, 则 G 的 p-长 $l_p(G) \leqslant 2$.

进一步, M. L. Lewis 在文献[173]中考虑了满足这种条件的可解群: 对任意的 $m, n \in cd(G)$, 其中 $m \neq n$, 满足 $gcd(m, n) = 1$ 或 $gcd(m, n)$ 是一个素数. 得到如下结果: 假设 G 是满足上面条件的可解群, 则 $|cd(G)| \leqslant 14$.

而且, 早在 1998 年 B. Huppert 和 O. Manz 在文献[130]中就讨论了不可约特征标次数都是平方自由的有限群. 得到如下结果:

命题 5.8. 若G是可解群且G的不可约特征标次数都是平方自由的, 则下列断言成立:

(1) $F(G)$是亚交换群, 且对所有p, 有$|O_p(G)/Z(O_p(G))| = p^3$ 或$O_p(G)$中存在指数至多是p的正规交换子群;

(2) $|F_{i+1}/F_i|$是平方自由的, 特别地F_{i+1}/F_i是循环的;

(3) $F_3 = G$, 特别地, $n(G) \leqslant 3$, 且$dl(G) \leqslant 4$. 若G是非可解群且G的不可约特征标次数都是平方自由的, 则存在正规子群R使得$G/R \cong A_7$.

§5.2 不可约特征标次数为Hall数

在本节中我们考虑这样的有限群G: 不可约特征标次数都是G的Hall 数, 即对任意$m \in \text{cd}(G)$都有$\gcd(|G|/m, m) = 1$. 本节参考梁登峰的博士论文或者参考[184], [194], 从而完全刻画出这种群的结构, 并得到下面两定理:

定理 5.9. 令G是有限可解群, 则G的不可约特征标次数都是G的Hall 数的充要条件是G是下列群之一:

(1) G是交换群;

(2) $G = F \rtimes M$ 是循环Hall子群$M \neq 1$作用在正规交换Hall子群F上的半直积, 且对每个$P \in Syl_p(M)$, 当$[F, P] > 1$时, P 无不动点地作用在$[F, P]$上;

(3) $G = H \rtimes L$是无平方因子阶的循环Hall子群L作用在正规Hall子群H上的半直积, 且这里的H是满足(2)中性质的群.

§5.2.1 不可约特征标次数都是Hall数的可解群

本小节我们考虑不可约特征标次数都是Hall数的可解群, 将证明定理5.9, 为此先给出两个相关的引理:

引理 5.10. ([233]) 令G是有限群. V, N是G的两个非平凡的正规子群且$V < N$. G/V是Frobenius群, 其核是阶为b的循环群N/V, 补是阶为a的循环群. 若N也是Frobenius群, 其核为初等交换群V, 则$\text{cd}(G) \cup \{ab\} = \{1, a\} \cup \{ib | 1 \neq i\,整除\,a\}$.

引理 5.11. 令 N 是有限群 G 的一个正规子群. 若 $cd(G)$ 中的每个元素都是 G 的 $Hall$ 数, 则有 $cd(N)$, $cd(G/N)$ 中的每个元素也分别是 N, G/N 的 $Hall$ 数.

证明. 由 [144, 定理 6.2] 和 [144, 定理 11.29], 我们容易得出此引理. □

引理 5.12. ([203, Lemma 18.1]) 假设 $G/F(G)$ 是交换的, 则存在不可约特征标 $\chi \in \mathrm{Irr}(G)$, 使得 $\chi(1) = |G : F(G)|$.

定理 5.13. 令 G 是有限可解群, 则 G 的不可约特征标次数都是 G 的 $Hall$ 数的充要条件是 G 是下列群之一:

(1) G 是交换群;

(2) $G = M[F]$ 是循环 $Hall$ 子群 $M \neq 1$ 作用在正规交换 $Hall$ 子群 F 上的半直积, 且对每个 $P \in Syl_p(M)$, 当 $[F, P] > 1$ 时, P 无不动点地作用在 $[F, P]$ 上;

(3) $G = L[H]$ 是无平方因子阶的循环 $Hall$ 子群 L 作用在正规 $Hall$ 子群 H 上的半直积, 且这里的 H 是满足 (2) 中性质的群.

证明. 先证明定理的充分性.

假设 G 是 (1) 中的群, 由 $cd(G) = \{1\}$ 知 G 的不可约特征标次数都是 G 的 Hall 数.

设 G 是 (2) 中的群, 我们对 $|G|$ 归纳, 证明每个 $m \in cd(G)$ 都是 G 的 Hall 数. 事实上, 任取 $\chi \in \mathrm{Irr}(G)$ 使得 $\chi(1) = m$, 令 $M = P \times Q$ 是 Sylow p-子群 $P > 1$ 与 Hall p'-子群 Q 的直积. 若 $P < M$, 令 θ_1, θ_2 分别是 χ 限制到 PF 与 QF 上的某个不可约成分, 由归纳可得 $\gcd(\theta_1(1), |PF|/\theta_1(1)) = 1 = \gcd(\theta_2(1), |QF|/\theta_2(1))$, 从而易得 $\gcd(\chi(1), |G|/\chi(1)) = 1$, 结论成立. 因此下面我们可以假设 $P = M$ 是 G 的 Sylow p-子群. 此时有 $G = P[F]$, 即 P 互素地作用在交换群 F 上. 所以有 $F = C_F(P) \times [P, F]$. 所以 $C_F(P) \cap [P, F] = 1$. 又因为 $\gcd(|P|, |F|) = 1$, 所以 $[P, F] \cap PC_F(P) = 1$. 即 G 是 $[P, F]$ 的分裂扩张. 此时易知 $[F, P] = G'$ 是 G 的分裂的正规交换子群, 因此 $[F, P]$ 的每个不可约特征标都能扩充到它在 G 的稳定子群上. 设 λ 是 χ 限制到 $[F, P]$ 上的一不可约成分. 若 $\lambda = 1_{[F,P]}$, 则 λ 可扩充到 G, 结合 [144, 定理 6.17] 得 $\chi(1) = 1$ 是 Hall 数. 若 $\lambda \neq 1_{[F,P]}$, 因为 P 无不动点地作用在 $[F, P]$ 上, P 也无不动点地作用在 $\mathrm{Irr}([F, P])$ 上, 从而 λ 在 G 中的

稳定子群$I_G(\lambda)$为F, 此时由标准的Clliford定理[144, 定理6.2]知, $\chi(1) = |P|$是Hall数.

设G是(3)中的群, 令 $\chi \in \mathrm{Irr}(G)$, θ是χ限制到H上的一个不可约成分. 令 $M = I_G(\theta)$ 是 θ在G中的稳定子. 因为H是G的一个Hall子群, 所以θ可扩充到M, 于是$\chi(1)/\theta(1) = |G : M|$. 且由于$H$是满足(2)中性质的群, 由上面对(2)的讨论知$\theta(1)$是$H$的Hall数. 又由于$H$是$G$的Hall子群, 所以$\theta(1)$是$G$的Hall数. 因为$|L|$是$G$的无平方因子的Hall数, 且$M \geqslant H$, 所以$|G : M|$是$G$的Hall数. 所以$\chi(1) = \theta(1)\frac{\chi(1)}{\theta(1)} = \theta(1)|G : M|$是$G$的Hall数.

下证定理的必要性.

由引理5.11知, 若G的不可约特征标次数都是G的Hall数, 则G的任意截断M/N的所有不可约特征标次数都是M/N的Hall数. 这里截断的意思是指: M是G的次正规子群, 且N是M的正规子群.

第一步. 我们证明G的任意幂零的截断M/N都是交换群.

由归纳, 我们可设$G = M/N$. 对G的每个非线性不可约特征标χ, 由$\chi(1)^2$ 整除$|G : Z(G)|$, 知非线性不可约特征标χ, 其次数$\chi(1)$不可能是G的Hall数, 所以幂零群G必是交换群.

第二步. 令$F = F_1$是G的Fitting子群, 再定义$F_i \lhd G$ 使得$F_{i+1}/F_i = Fit(G/F_i)$, $i \geqslant 1$. 我们断言对任意$i \geqslant 1$, F_{i+1}/F_i是循环群且都同构于G的某个Hall子群.

不妨设$F_m = G$但$F_{m-1} < G$. 由引理5.11通过归纳知我们仅需证明: G/F_{m-1}是循环群且同构于G的某个Hall子群.

由第一步知G/F_{m-1}是交换群, 因为$F(G/F_{m-2}) = F_{m-1}/F_{m-2}$, 所以$G/F_{m-1} = (G/F_{m-2})/(F(G/F_{m-2}))$. 将引理2.2.3应用在$G/F_{m-2}$上, 则存在不可约特征标$\chi \in \mathrm{Irr}(G/F_{m-2})$, 使得$\chi(1) = |G : F_{m-1}|$. 这样$|G : F_{m-1}| \in \mathrm{cd}(G)$. 由$|G : F_{m-1}|$是$G$的Hall数, 这就推出$G/F_{m-1}$ 同构于G的某个Hall子群.

下面证明G/F_{m-1}是循环群, 由归纳我们可以假设G/F_{m-1}是一个p-群, 这里p是某一素数. 令Φ是G/F_{m-2}的Frattini子群在G中的原象. 熟知此时F_{m-1}/Φ是忠实且完全可约的G/F_{m-1}-摸, 从而有G的主因子F_{m-1}/E使得G/F_{m-1}非平凡作用在F_{m-1}/E上. 分析商群G/E, 易知G/E是非交换群且F_{m-1}/E是G/E的正规交换Sylow q-子群(素数$q \neq p$). 再考虑G/E的

极小非交换商群 G/B, 结合 [144, 定理 12.3] 及第一步结论我们可以得 G/B 是 Frobenius 群, 其核记为 A/B, G/A 是循环群, 且 $|G/A| \in \mathrm{cd}(G/B) \subseteq \mathrm{cd}(G)$. 注意到 G/E 是 $\{p, q\}$-群且有正规交换的 Sylow q-子群, 我们看到 A/B 是 q-群, G/A 是循环 p-群. 由定理的假设条件知 $|G/A|$ 是 G 的 Sylow p-子群的阶, 因此 G/A 同构于 G 的循环 Sylow p-子群, 这样就证明了 p-群 G/F_{m-1} 的循环性.

第三步. 定理的最后证明.

由第二步的结论, F_2/F 是循环群, 因此我们有 G/F_2 是交换群, 从而得到 $F_3(G) = G$.

现在假设 $F_2 = G$. 令 P 是 G 的 Sylow p-子群且 $P \nleq F$, 下面我们来说明 P 无不动点地作用在 $[F, P]$ 上, 由归纳我们可以设 $G = P[F]$. 注意到 F 是 G 的交换的 Hall 子群, 我们有 $F = C_F(P) \times [F, P]$, 从而 $G = P[F] = (P[F, P]) \times C_F(P)$. 再由归纳我们可设 $C_F(P) = 1$, 从而 $F = [F, P] = G'$. 此时令 $\lambda \in \mathrm{Irr}(F)$ 是 F 的任意一个非主不可约特征标, 则有 λ^G 的所有不可约成分都是非线性的. (否则, $C_{\mathrm{Irr}(F)}(P) > 1$, 从而 $C_F(P) > 1$, 矛盾于 $C_F(P) = 1$), 因此对 λ^G 的每个不可约成分 χ, 我们有 $\chi(1) > 1$ 且 $\chi(1)$ 是 G 的 Hall 数, 从而 $\chi(1) = |P|$. 这就说明对 F 的每个非主不可约特征标 $\lambda \in \mathrm{Irr}(F)$, λ^G 是不可约的, 从而 P 无不动点地作用在 $\mathrm{Irr}(F)$ 上, 因此 P 也无不动点地作用在 F 上. 此时 G 满足 (2) 的要求.

最后再设 $F_2 < G$, 且 $F_3 = G$. 我们来证明 $|G/F_2|$ 是无平方因子的. 由归纳我们可设 G/F_2 是 p-群, 且由第二步我们可设 $G = P[F_2]$ 是 P 作用在 F_2 上的半直积, 其中 P 是 G 的一个 Sylow p-子群. 令 $A \cong G/F$ 是 G 的 Hall 子群且 $P \leqslant A$, B 是 A 的 Hall p'-子群, 则 $A = P[B]$, $G = (PB)F$, 其中 $B \cong F_2/F$. 由上段证明知 $A = P[B, P] \times C_B(P)$, 注意到 $P[B, P]F \lhd G$, 由归纳我们可设 $G = P[B, P]F$, 即 $B = [B, P]$. 注意到 $[B, P] = B > 1$, 由上段证明结论知 $P[B]$ 是以 B 为核的 Frobenius 群. 因为 B 非平凡作用在 F 上, B 就非平凡作用在 G 的某个主因子 F/E 上. 考察商群 G/E. 因为 B 非平凡作用在 F/E 上且 F/E 是 G 的主因子, 我们有 $BF = F_2$, $(BF/E)' = F/E$. 因为 F_2/E 的不可约特征标次数都是 F_2/E 的 Hall 数, 所以容易推知 F_2/E 是以 F/E 为核的 Frobenius 群. 此时 G/E 是 (所谓的) 2-Frobenius 群, 应用引理 5.14, 我们有对每 $i \geqslant 0$, 当 $p^i < |P|$ 时, 都有 $p^i|B| \in \mathrm{cd}(G/E)$, 所以 $p^i||P|$. 因此由假设条件 $\mathrm{cd}(G)$ 中的不可约特征标次数都 Hall 数可推出 $|P| = p$,

从而$|G/F_2|$无平方因子, G满足(3)的要求. □

§5.2.2 不可约特征标次数都是Hall数的非可解群

首先, 我们考虑单群的情况. 令G是一个非交换单群. 由有限单群分类定理知G是下列之一：散在单群, n大于等于5的交错单群A_n, 和Lie型单群.

下面考虑G是交错单群的情况. 我们参考文献[150], [128]和[195]给出划分(partition)、Young图、钩(hook)的定义.

对于某个整数n, 称$\lambda = (\lambda_1, \lambda_2, \cdots, \lambda_m)$是$n$的一个划分(partition), 若$\lambda_1 > \lambda_2 > \cdots \lambda_m > 0$且$\lambda_1 + \lambda_2 + \cdots + \lambda_m = n$. 此时称$\lambda_i$为$\lambda$的部分(part), m为λ的长. 而且对$i \geqslant 1$, $m_i = m_i(\lambda)$表示在λ中等于i的那些部分(part)的个数. 则$m = \sum_{i \geqslant 1} m_i$. λ的Yong图是由n个结点(nodes or boxes)组成, 即在第i行有λ_i个结点. 我们用矩阵中的符号表示结点, 即(i, j)结点是图中第i行的第j个结点. 定义(i, j)-钩(hook)为Yong图中(i, j)此结点右边和下面的结点(包含它自己) 构成的图. (i, j)-钩中结点的个数叫这个钩的钩长, 记作: h_{ij}. 例如下面的图5.1是$(5^2, 4, 1) = (5, 5, 4, 1)$的Yong图, 其中$(2, 3)$-钩是Yong图中$(2, 3)$ 此结点右边和下面的结点(包含它自己)构成的图, 即图中黑点组成的图. 钩长(hook length) h_{23}是4.

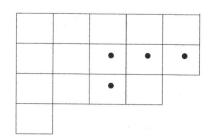

图5.1: Yong图$(5^2, 4, 1) = (5, 5, 4, 1)$

我们把第一列的钩(hook)长度记作$h_i = h_{i1} = \lambda_i + (m - i)$, 简记为fch, 其中$1 \leqslant i \leqslant m$.

记另一个划分$\lambda^0 = (\lambda_1^0, \lambda_2^0, \cdots, \lambda_m^0)$, 其中$\lambda_i^0 = \sum_{j, \lambda_j \geqslant i} 1$, 则称$\lambda^0$为$\lambda$的共轭划分也叫作和$\lambda$相关的划分(the partition associated with λ). 若$\lambda = \lambda^0$, 则说λ是自共轭的(self-associated). 若$\lambda \neq \lambda^0$, 则说λ是非自共轭的(nonself-associated). λ的次数f_λ是

$$f_\lambda = \frac{n!}{\prod_{i,j} h_{ij}}.$$

由文献[128]和[195]中内容知f_λ就是对称群S_n的复不可约表示的次数.

S_n的相应于λ的不可约表示限制到A_n上是不可约的当且仅当$\lambda \neq \lambda^0$时, 其中λ^0是λ的共轭划分(和λ相关的划分). 若$\lambda = \lambda^0$, 则S_n的相应于λ的不可约表示限制到A_n上是两个相同次数的不可约表示的和. 我们采用文献[128]中2.5节的符号的定义有:

令λ是n的一个划分, 则A_n的不可约特征标次数为

$$\tilde{f}_\lambda = \begin{cases} f_\lambda, & \text{若}\lambda \neq \lambda^0 \\ \frac{1}{2}f_\lambda, & \text{若}\lambda = \lambda^0. \end{cases}$$

其中f_λ是S_n的相应于λ的不可约特征标的次数.

引理 5.14. 假设G是一个交错单群且G的不可约特征标次数都是G的Hall数, 则有$G \cong A_5$.

证明. 若$G \cong A_5$, 我们知道此时$cd(G) = \{1, 3, 4, 5\}$, 易知A_5的不可约特征标的次数都是A_5的Hall数.

对于$n > 5$, 选n的非自共轭划分$\lambda = (n-2, 1, 1)$, 考虑λ对应的特征标. 则由上面的讨论有

$$f_\lambda = (n-1)(n-2)/2$$

是A_n的一个不可约特征标的次数, 此时

$$|A_n|/f_\lambda = n!/(n-1)(n-2) = n(n-3)! \, .$$

若$n \geqslant 7$是奇数, 有

$$\gcd\left(n(n-3)!, (n-1)(n-2)/2\right) > 1.$$

若$n \geqslant 6$是偶数, 也有

$$\gcd\left(n(n-3)!, (n-1)(n-2)/2\right) > 1.$$

所以当$n > 5$时, 有$\gcd(|A_n|/f_\lambda, f_\lambda) > 1$, 矛盾于$G$的不可约特征标次数都是$G$的Hall数. $\qquad\square$

下面我们考虑Lie型单群的情况. 对于Lie型有限群的记号和基本性质参考文献[74]. 假设L是q个元素的域上的一有限Lie型单群, 其中$q = p^f$, p是素数. S表示一伴随型的单线性代数群. σ是S的一个自同态, 不动点集合S_σ是有限的, S_σ的导群同构于L. L的外自同构的阶是d(对角自同构)与f(域自同构) 与g(图自同构)的乘积. 又因为S_σ与L的幂单特征标(unipotent character) 的次数相同, 且$|L| = |S_\sigma|/d$. 所以若ψ是L的一幂单特征标, 则对$\psi^{Aut(L)}$的任意不可约成分χ, 都有$\chi(1)$整除$gf\psi(1)$. 由Clifford定理[144, 定理6.2]知$\psi(1)|\chi(1)$.

引理 5.15. 假设G是一个Lie型单群, 且G的不可约特征标次数都是G的Hall数, 则有$G \cong L_2(2^f)$, 其中$f \geqslant 2$.

证明. 我们知道G是下列类型之一: $A_n(q), (n \geqslant 1)$ 型; $^2A_n(q^2), (n \geqslant 2)$ 型; $B_n(q), (n \geqslant 2)$ 型; $C_n(q), (n \geqslant 3)$ 型; $D_n(q), (n \geqslant 4)$ 型; $^2D_n(q^2), (n \geqslant 4)$ 型; 以及例外型(例外型: $G_2(q)$, $F_4(q)$, $E_6(q)$, $^2E_6(q^2)$, $E_7(q)$, $E_8(q)$, $^2B_2(q^2)$, $^2G_2(q^2)$, $^2F_4(q^2)$).

下面对这些类型分别证明:

型 $\mathbf{A_n(q)}, \mathbf{n} \geqslant \mathbf{1}$.

若$n \geqslant 2$, 取G的幂单的特征标$\psi^{(1,n)}$, 其次数是$m = q(q^n - 1)/(q - 1)$, 此处$q = p^f$, 其中p是一素数. 且G的阶为

$$|G| = q^{n(n+1)/2}\Pi_{i=1}^n(q^{i+1} - 1)/gcd(n + 1, q - 1).$$

因此易知对$n \geqslant 2$, 有$gcd(|G|/m, m) > 1$, 矛盾于G的不可约特征标次数都是G的Hall数.

若$n = 1$且q是奇数. 当$q \equiv 3(\bmod\ 4)$时, 令$m = q - 1$. 且当$q \equiv 1(\bmod\ 4)$时, 令$m = q+1$. 由[126, Chapter XI], 我们知$m \in cd(G)$且$gcd(|G|/m, m) > 1$, 矛盾于G的不可约特征标次数都是G的Hall数. 因此$n = 1$, q是偶数, 即$G \cong L_2(2^f)$.

型 $^2\mathbf{A_n(q^2)}, \mathbf{n} \geqslant \mathbf{2}$.

取G的幂单的特征标$\psi^{(1,n)}$, 其次数是$m = q(q^n - (-1)^n)/(q + 1)$. 此处$q = p^f$, 其中$p$是一素数. 且$G$的阶为

$$|G| = q^{n(n+1)/2}\Pi_{i=1}^n(q^{i+1} - (-1)^{i+1})/gcd(n + 1, q + 1).$$

因此对$n \geqslant 2$, 有$gcd(|G|/m, m) > 1$, 矛盾于G的不可约特征标次数都

是 G 的 Hall 数.

型 $\mathbf{B_n(q)},(\mathbf{n} \geqslant \mathbf{2})$ or $\mathbf{C_n(q)},(\mathbf{n} \geqslant \mathbf{3})$.

取 G 的幂单的特征标 ψ^α, 其次数是 $m = (q^n - q)(q^n + 1)/2(q-1)$, 其中符号 $\alpha = \binom{1\ n}{0}$. 且 G 的阶为 $|G| = q^{n^2}\Pi_{i=1}^n(q^{2i} - 1)/gcd(2, q-1)$. 因此若 $n \geqslant 2$ 且 G 不同构于 $B_2(2)$ 时, 都有 $gcd(|G|/m, m) > 1$. 矛盾于 G 的不可约特征标次数都是 G 的 Hall 数. 当 G 同构于 $B_2(2)$ 时, 由于 $B_2(2) \cong S_6$ 不是单群. 所以我们不用考虑这种情况.

型 $\mathbf{D_n(q)}$.

取 G 的幂单的特征标 ψ^{α_1}, 其次数是 $m_1 = q^2(q^n - 1)/(q^2 - 1)$, 其中符号 $\alpha_1 = \binom{1\ n}{0\ 1}$. 且 G 的阶为

$$|G| = q^{n(n-1)}(q^n - 1)\Pi_{i=1}^{n-1}(q^{2i} - 1)/gcd(4, q^n - 1).$$

因此对 $n \geqslant 4$, 都有 $gcd(|G|/m_1, m_1) > 1$, 矛盾于 G 的不可约特征标次数都是 G 的 Hall 数.

型 $^2\mathbf{D_n(q^2)},\ (\mathbf{n} \geqslant \mathbf{4})$.

取 G 的幂单的特征标 ψ^{α_2}, 其次数是 $m_2 = q(q^{n-2} - 1)(q^n + 1)/(q^2 - 1)$, 其中符号 $\alpha_2 = \binom{1\ n-1}{-1}$. 且 G 的阶为

$$|G| = q^{n(n-1)}(q^n + 1)\Pi_{i=1}^{n-1}(q^{2i} - 1)/gcd(4, q^n + 1).$$

因此对 $n \geqslant 4$, 都有 $gcd(|G|/m_2, m_2) > 1$, 矛盾于 G 的不可约特征标次数都是 G 的 Hall 数.

下面我们假设 G 是例外型的单群, 由表5.1和表5.2知对这些例外型的单群都存在某个幂单特征标 ψ^α 使得 $gcd(|G|/\psi^\alpha(1), \psi^\alpha(1)) > 1$, 矛盾于 G 的不可约特征标次数都是 G 的 Hall 数. $\square$

下面参考文献[74, 第13.9节], 为方便我们规定在表5.1和表5.2中以下符号的意义:

$\phi_1 = q - 1$, $\phi_2 = q + 1$, $\phi_3 = q^2 + q + 1$, $\phi_4 = q^2 + 1$, $\phi_5 = q^4 + q^3 + q^2 + q + 1$, $\phi_6 = q^2 - q + 1$, $\phi_7 = q^6 + q^5 + q^4 + q^3 + q^2 + q + 1$, $\phi_8 = q^4 + 1$, $\phi_9 = q^6 + q^3 + 1$, $\phi_{10} = q^4 - q^3 + q^2 - q + 1$, $\phi_{12} = q^4 - q^2 + 1$, $\phi_{14} = q^6 - q^5 + q^4 - q^3 + q^2 - q + 1$, $\phi_{15} = q^8 - q^7 + q^5 - q^4 + q^3 - q + 1$, $\phi_{18} = q^6 - q^3 + 1$, $\phi_{20} = q^8 - q^6 + q^4 - q^2 + 1$, $\phi_{24} = q^8 - q^4 + 1$, $\phi_{30} = q^8 + q^7 - q^5 - q^4 - q^3 + q + 1$.

表5.1: 例外Lie型单群的阶

G	$\|G\|$
$G_2(q)$	$q^6\phi_1^2\phi_2^2\phi_3\phi_6$
$F_4(q)$	$q^{24}\phi_1^4\phi_2^4\phi_3^2\phi_4^2\phi_6^2\phi_8\phi_{12}$
$E_6(q)$	$q^{36}\phi_1^6\phi_2^4\phi_3^3\phi_4^2\phi_5\phi_6^2\phi_8\phi_9\phi_{12}$
$^2E_6(q^2)$	$q^{36}\phi_1^4\phi_2^6\phi_3^2\phi_4^2\phi_6^3\phi_8\phi_{10}\phi_{12}\phi_{18}$
$E_7(q)$	$q^{63}\phi_1^7\phi_2^7\phi_3^3\phi_4^2\phi_5\phi_6^3\phi_7\phi_8\phi_9\phi_{10}\phi_{12}\phi_{14}\phi_{18}$
$E_8(q)$	$q^{120}\phi_1^8\phi_2^8\phi_3^4\phi_4^4\phi_5^2\phi_6^4\phi_7\phi_8^2\phi_9\phi_{10}^2\phi_{12}^2\phi_{14}\phi_{15}\phi_{18}\phi_{20}\phi_{24}\phi_{30}$
$^2B_2(q^2)$	$q^4\phi_1\phi_2\phi_8$
$^2G_2(q^2)$	$q^6\phi_1\phi_2\phi_4\phi_{12}$
$^2F_4(q^2)$	$q^{24}\phi_1^2\phi_2^2\phi_4^2\phi_8^2\phi_{12}\phi_{24}$
$^3D_4(q^3)$	$q^{12}\phi_1^2\phi_2^2\phi_3^2\phi_6^2\phi_{12}$

表5.2: 例外Lie型单群的不可约特征标次数

G	符号	和符号相应的不可约特征标的次数
$G_2(q)$	$\phi_{2,1}$	$\frac{1}{6}q\phi_2^2\phi_3$
$F_4(q)$	$\phi_{9,2}$	$q^2\phi_3^2\phi_6^2\phi_{12}$
$E_6(q)$	$\phi_{6,1}$	$q\phi_8\phi_9$
$^2E_6(q^2)$	$\phi_{4,1}$	$q^2\phi_4\phi_8\phi_{10}\phi_{12}$
$E_7(q)$	$\phi_{7,1}$	$q\phi_7\phi_{12}\phi_{14}$
$E_8(q)$	$\phi_{8,1}$	$q\phi_4^2\phi_8\phi_{12}\phi_{20}\phi_{24}$
$^2B_2(q^2)$	$^2B_2[a]$	$\frac{1}{\sqrt{2}}q\phi_1\phi_2$
$^2G_2(q^2)$	$cuspidal$	$\frac{1}{\sqrt{3}}q\phi_1\phi_2\phi_4$
$^2F_4(q^2)$	ε'	$q^2\phi_{12}\phi_{24}$
$^3D_4(q^3)$	χ_8	$\phi_1\phi_2\phi_3\phi_6^2\phi_{12}$

根据上面的定义和文献[74, 第2.9节]中例外型的单群的阶, 我们表示出表5.1-例外型的单群的阶. 再参考文献[74, 第13.9节], 对这些例外型的单群我们在表5.2中都给出一个我们证明中需要的不可约特征标及其对应的特征标次数.

引理 5.16. *假设G是一个非交换单群, 且G的不可约特征标次数都是G的Hall数, 则有$G \cong L_2(2^f)$, 其中$f \geqslant 2$.*

证明. *若G是散在单群之一, 则由文献[78]知一定存在$m \in \mathrm{cd}(G)$使得$\gcd(|G|/m, m) > 1$, 矛盾于G的不可约特征标次数都是G的Hall数. 再由引理5.14和引理5.15, 我们可得$G \cong L_2(2^f)$, 其中$f \geqslant 2$.* □

下面介绍一点关于域自同构的内容. 令$q = p^n$, 则$\mathrm{Gal}(F_q/F_p) = \langle \varphi \rangle$, 其中$\varphi$是$F_q$到$F_q$的映射: $\varphi(x) = x^p$, φ的阶是n. $SL(2, q)$的域自同构是由$\mathrm{Gal}(F_q/F_p)$的元素φ^k诱导出的, 其中$k = 1, \cdots, n-1$.

$$\begin{pmatrix} a & b \\ c & d \end{pmatrix} \in SL(2, q) \longrightarrow \begin{pmatrix} \varphi^k(a) & \varphi^k(b) \\ \varphi^k(c) & \varphi^k(d) \end{pmatrix} = \begin{pmatrix} a^{p^k} & b^{p^k} \\ c^{p^k} & d^{p^k} \end{pmatrix}$$

因此我们将用φ^k表示$SL(2, q)$的域自同构.

下面我们介绍一个引理.

引理 5.17. *假设$S = L_2(2^f)$, 且$S \leqslant G \leqslant \mathrm{Aut}(S)$. 若$p$是$|G : S|$的一个奇素数因子, 则存在一个不可约特征标$\chi \in \mathrm{Irr}(S)$使得$\chi(1) = 2^f + 1$, 且$\chi$在$G$中的稳定子$H$满足$|H : S| = p$.*

证明. *假设F是有2^f个元素的域, ν是F中阶为$2^f - 1$的一个元素. 由[88]我们知道可以将次数是$2^f + 1$的特征标χ_i与$\{\nu^i, \nu^{-i}\}$联系起来看, 其中$1 \leqslant i \leqslant 2^{f-1} - 1$. 我们将$S$的外自同构与$F$的Galois自同构等同看待. 令$\varphi$是$F$的一个Frobenius自同构, 则$S$的外自同构是被$\varphi$生成的. 因此, 我们可以看作是$\varphi$作用在$\chi_i$'s上, 这时$\chi_i$被映射到$\chi_{2i^*}$, 其中$2i^*$是1和$2^{f-1} - 1$之间模$2^f - 1$同余于$\pm 2i$的唯一的一个正整数. 因此$H$是被$S$和元素$h$生成的, 此处$h \in H$在$S$上的作用对应于$\varphi^{f/p}$在$S$上的作用. 取$j = (2^f - 1)(2^{f/p} - 1)$, 则$\nu^j$生成$F$的一个子域, 且这个子域是在$\varphi^{f/p}$作用下不变的. 因此可以证明$H$是$\chi_j$在$G$中的稳定子.* □

定理 5.18. 假设 G 是一非可解群, 则 G 的不可约特征标次数都是 G 的Hall数的充要条件是G有正规Hall子群M和L满足如下条件:

(1) $|G:M|$是平方自由的;

(2) $L \cong L_2(2^f)$, 其中$f \geqslant 2$;

(3) $M = N \times L$, 其中$N = C_G(L)$;

(4) $\mathrm{cd}(N)$中的元素都是N的Hall数.

进一步, 若G是这样的群, 则M有一补群D, D同构于L的外自同构群的一个子群. 特别地, $D \cong G/M$是循环的, 且$|D| = |G:M|$整除f.

证明. ($\Longleftarrow$) 令$m \in \mathrm{cd}(G)$, $\chi \in \mathrm{Irr}(G)$使得$\chi(1) = m$. θ 是 χ_M 的一个不可约成分. 由引理5.11, 我们知道$\mathrm{cd}(L)$中的不可约特征标次数都是L的Hall数. 结合$\mathrm{cd}(N)$ 中的不可约特征标次数都是N的Hall数这个事实, 以及$\gcd(|N|,|L|) = 1$. 我们可知$\mathrm{cd}(M)$中的不可约特征标次数都是M的Hall数, 特别地, $\theta(1)$是M的Hall数. 令T是θ在G中的稳定化子. 因为M是G的一个Hall子群, 所以θ可扩充到T. 因为G/M是循环群, 所以有$\chi(1) = |G:T|\theta(1)$, 又因为$|G:M|$ 是平方自由的, 所以有$m = \chi(1)$是G的Hall数.

($\Longrightarrow$) 反过来, 假设G是一个非可解群且$\mathrm{cd}(G)$中的不可约特征标次数都是G的Hall数. 在 G 中取极大地使得 G/N 是非可解群的正规子群N, 那么G/N具有唯一的极小正规子群M/N. 由引理5.11知$\mathrm{cd}(N)$中的不可约特征标次数都是N的Hall数.

第一步: $M/N \cong L_2(2^f)$, 其中$f \geqslant 2$.

令$M/N = M_1/N \times \cdots \times M_s/N$, 其中所有的子群$M_i/N$都同构于非交换单群$S$. 由引理5.11知$\mathrm{cd}(M/N)$中的不可约特征标次数都是$M/N$的Hall 数. 再次应用引理5.11知, $\mathrm{cd}(M_i/N) = \mathrm{cd}(S)$ 中的每个不可约特征标次数都是S的Hall数, 且由引理5.11知$S \cong L_2(2^f)$, 其中$f \geqslant 2$. 若$s > 1$且$\varphi \in \mathrm{Irr}(M_1/N)$是$M_1/N$的任意一个非主不可约特征标, 则$\varphi \times 1_{M_2/N} \times \cdots \times 1_{M_s/N} \in \mathrm{Irr}(M/N)$且$\varphi \times 1_{M_2/N} \times \cdots \times 1_{M_s/N}(1) = \varphi(1)$不是$M/N$的Hall数. 因此, 一定有$s = 1$且$M/N \cong S \cong L_2(2^f)$.

第二步: 假设A和B是G的两正规子群, 且有$A/B \cong L_2(2^f)$, 则$|B|$和$|L_2(2^f)|$ 的最大公因子是1, 即$\gcd(|B|,|L_2(2^f)|) = 1$.

由引理5.11, 我们知道$\mathrm{cd}(A)$的不可约特征标次数都是A的Hall数.

因为$\mathrm{cd}(L_2(2^f)) = \{1, 2^f + 1, 2^f, 2^f - 1\}$且$|A : B| = |L_2(2^f)| = (2^f + 1)2^f(2^f - 1)$, $\mathrm{cd}(A/B) \subseteq \mathrm{cd}(A)$. 所以$|B|$和$|L_2(2^f)|$是互素的.

第三步：若A和B是G的正规子群且$A/B \cong L_2(2^f)$, 则$A = B \times L$, 其中$L \cong L_2(2^f)$.

注意由第二步知B是A的正规Hall子群, 因此由Schur-Zassenhaus定理知B在A中有一补群L. 下面我们通过对$|B|$归纳去证明L是A的正规子群. 若$B = 1$, 则结果显然成立. 那么, 我们可假设$B > 1$.

现在假设B是G的一个极小正规子群. 令P是A的一个$Sylow$ 2-子群. 我们知道2不整除$|B|$, 所以P同构于$A/B \cong L_2(2^f)$的一个$Sylow$ 2-子群. 所以P是一阶为2^f的初等交换2-群. 因为B是可解极小正规子群, 所以B是交换的. 现在P互素地作用在B上, 因此由Fitting的引理, 我们有$B = C_B(P) \times [B, P]$.

假设$B > C_B(P)$. 现在由于$f \geqslant 2$我们知P是非循环的. 因此$[B, P]P$不是Frobenius群. 那么就存在不可约特征标$\lambda \in \mathrm{Irr}([B, P])$使得$C_P(\lambda) > 1$. 令$\nu = \lambda \times 1_{C_B(P)}$, 此时$\nu \in \mathrm{Irr}(B)$, $\nu(1) = 1$. 记T是ν在A中的稳定化子. 注意$C_P(\lambda)B \leqslant T$. 因为$B$是$T$的一个Hall子群, 我们知$\nu$可扩张到$\psi \in \mathrm{Irr}(T)$, 且$\psi^A \in \mathrm{Irr}(A)$. 所以有$\psi^A(1) = |A : T|\nu(1) = |A : T|$. 因为$\psi^A(1)$是一个Hall数, 所以$T$是$A$的一个Hall子群.

因为$C_P(\lambda) \leqslant T$, 所以有2整除$|T|$, 所以T包含A的一个$Sylow$ 2-子群P_1使得$C_P(\lambda) \leqslant P_1$. 这意味着$(P_1B/B) \cap (PB/B) > 1$, 所以由[125, Satz III.定理8.2]有$PB = P_1B$. 因此$P \leqslant T$, 那么λ是在T中不变的. 这意味着$C_{[B,P]}(P) > 1$, 矛盾于Fitting的引理.

现在我们有$B = C_B(P)$. 这意味着$BP \leqslant C_A(B)$, 那么$B < C_A(B)$. 因为A/B是单群且$C_A(B)$在A中正规, 我们可推出$A = C_A(B)$. 因为B在A中中心化, 这就证明了在这种情况下L是正规的.

下面我们假设B不是G的极小正规子群. 令E是包含在B中的G的一个极小正规子群. 注意G/E满足定理的假设条件. 因此, 我们可应用归纳假设得到$A/E \cong B/E \times LE/E$. 现在$LE$和$E$是$G$的正规子群, E是G的极小正规子群, 且$LE/E \cong L \cong L_2(2^f)$. 那么我们由前面的讨论可得$LE = L \times E$. 因为$L$是$LE$的一个Hall-子群, 这意味着$L$是$A$的正规子群, 因此$A = B \times L$.

第四步：最后一步.

将第二步和第三步应用到M和N上, 我们可推出$M = N \times L$, 其中$L \cong L_2(2^f)$且$\gcd(|N|, |L|) = 1$. 这意味着L是G的一正规子群. 令$C = C_G(L)$, 则有$C \cap L = 1$且$N \leqslant C$. 另一方面, $CL/C \cong L$, 因此G/C是非可解群. 由N的极大性知$N = C$. 所以有G/N同构于M/N的自同构群的一个子群. 因为L的外自同构群是阶为f的循环群, 所以有G/M是循环的, 且$|G : M|$整除f.

由文献[182, 定理2.7, Remark 2.8], 我们知道在$\mathrm{Irr}(M/N)$中可找到一个次数是$2^f - 1$的不可约特征标, 使得它诱导到G上仍然不可约. 这就说明$|G : M|(2^f - 1)$是$\mathrm{cd}(G)$中的一个元素, 那么$|G : M|(2^f - 1)$是G的一个Hall数. 所以$|G : M|$是和$|N|$, 2^f, $2^f + 1$互素的. 特别地, $|G : M|$是奇数. 若$f = 2$, 则有$G = M$, 这种情况下我们已完成. 那么下面我们可假设$f \geqslant 3$. 此时由[182, Theorem 2.7]知在$\mathrm{Irr}(M/N)$中可找到一个次数是$2^f + 1$的不可约特征标, 使得它诱导到G/N上是不可约的. 那么有$|G : M|(2^f + 1)$是G的一个Hall数. 所以$|G : M|$是和$2^f - 1$互素的. 所以M是G的一个Hall子群.

下面我们证明$|G : M|$是平方自由的. 令p是$|G : M|$的一个素数因子(注意由前面的讨论知p一定是一个奇素数). 存在一子群$K > M$使得$|K : M| = p$. 取一不可约特征标$\theta \in \mathrm{Irr}(M/N)$ (使得$\theta(1) = 2^f - 1$或$\theta(1) = 2^f + 1$) 使得K是θ在G中的稳定化子(见引理3.3.4). 因为M是一个Hall子群, θ可扩充到K上, 所以$|G : K|\theta(1) \in \mathrm{Irr}(G)$. 所以$|G : K|\theta(1)$是$G$的一个Hall数. 因为$p$整除$|K|$, 所以有$p$不整除$|G : K|$, 因此$p^2$不整除$|G : M|$. 所以$|G : M|$是平方自由的. $\qquad\Box$

§5.3 特征标次数型为等差数列

本节主要参考陈生安的文[75]. Huppert在文[127]证明了:

定理 5.19. 设$\mathrm{cd}(G) = \{1, 2, 3, \ldots, k - 1, k\}$, 则

(1) G可解当且仅当$k \leqslant 4$.

(2) 如果$k \geqslant 4$, 则$k = 6$且$G = HZ(G)$, 其中$H \cong SL(2, 5)$.

钱国华研究了更一般的情况, 即非线性不可约特征标次数连续的有限群, 以下称为CCD-群.

定理 5.20. 如果 G 为可解的 CCD-群, 则下列情形之一成立:

(1) $|cd(G)| \leqslant 2$.

(2) $cd(G) = \{1, p^m - 1, p^m\}$ 或者 $cd(G) = \{1, p^m, p^m + 1\}$.

(3) $cd(G) = \{1, 2, 3, 4\}$.

如果 G 为非可解的 CCD-群, 则 $G/Z(G) \cong PGL(2, q)$, 其中 $q \geqslant 4$ 为某个素数幂.

本节中考虑一般的情形, 即特征标次数为等差数列的群. 主要结果如下:

定理 5.21. 设 G 是可解群, $cd(G) = \{1, 1+d, 1+2d, \dots, 1+kd\}$, 则 $k \leqslant 2$ 或者 $cd(G) = \{1, 2, 3, 4\}$.

注意当 $|cd(G)| = 2$ 时, G' 交换, 群 G 的结构很清楚(见[144]). 当 $cd(G) = \{1, 1+d, 1+2d\}$ 时, 因 $(1+d, 1+2d) = 1$, Noritzsch 也给出了满足此条件的群结构[233, 定理3.5], 因此我们感兴趣的只是 $|cd(G)| \geqslant 4$ 的情形.

如果群 G 的所有非线性不可约特征标的次数为等差数列, 则我们有

定理 5.22. 设 G 是可解群, $cd(G) = \{1, a, a+d, a+2d, \cdots, a+kd\}$, $|cd(G)| \geqslant 4, (a, d) = 1$, 则 $a = 2, |cd(G)| = 4$ 且以下两情形之一成立:

(1) $d = 1$ 且 $cd(G) = \{1, 2, 3, 4\}$.

(2) $d > 1, cd(G) = \{1, 2, 2^e + 1, 2^{e+1}\}$. G 的 *Fitting* 高为3且

　(a) $G/F_2(G)$ 和 $F_2(G)/F(G)$ 分别为2阶和 $2^e + 1$ 阶循环群.

　(b) G 有正规非交换2-群 Q 和交换2-补 K, 满足 $|G : KQ| = 2$.

　(c) $F_2(G) = QK, F(G) = Q \times Z$, 其中 $Z = C_K(Q)$.

　(d) $Z \leqslant Z(G)$.

在定理的证明过程中, 我们会反复用到[144]中几个结果, 为方便我们以引理的形式给出来.

引理 5.23. *[144, 引理12.3]* 设 G 是可解群, 假设 G' 是 G 的唯一极小正规子群, 则 G 的所有非线性不可约特征标的次数为 f, 且下列情形之一成立:

(a) G是p-群, $Z(G)$循环且$G/Z(G)$是阶为f^2的初等交换群.

(b) G是Frobenius群, 补是阶为f的交换群且G'为核是初等交换p-群.

引理 5.24. *[144, 定理12.4]* 设$K \lhd G$使得G/K是以初等交换p-群N/K为核的Frobenius群. 令$\psi \in Irr(N)$, 则下列情形之一成立

(a) $|G : N|\psi(1) \in cd(G)$.

(b) ψ零化$N - K$且$|N : K|$整除$\psi(1)^2$.

引理 5.25. *[144, 引理18.1]* 假设G是可解群且$G/F(G)$交换, 则存在$\chi \in Irr(G)$使得$\chi(1) = |G : F(G)|$.

引理 5.26. 设D是G的正规交换子群. 如D的每个线性特征标都可以扩充为G的线性特征标, 则$cd(G/D)=cd(G)$.

证明. 注意到当λ跑遍$Irr(D)$时, λ^G的不可约成分跑遍$Irr(G)$. 因此对任意$\chi \in Irr(G)$, 必存在某个$\lambda \in Irr(D)$使得χ为λ^G的一个不可约成分. 设$\lambda_0 \in Irr(G)$为λ的扩充, 由Gallagher定理$\{\lambda_0\psi|\psi \in Irr(G/D)\}$为$\lambda^G$的全部不可约成分. 于是对某个$\psi_0 \in Irr(G/D)$, $\chi(1) = (\lambda_0\psi_0)(1) = \psi_0(1) \in cd(G/D)$. 由$\chi$的任意性$cd(G) \subseteq cd(G/D)$, 于是$cd(G)=cd(G/D)$. $\qquad\square$

用$\Gamma(G)$表示群G的特征标次数图, 如果素数p整除某个$m \in cd(G)$, 称p为$\Gamma(G)$的顶点; 两个顶点p, q相连当且仅当pq整除某个$m \in cd(G)$.

设$F(G)$是G的Fitting子群. 令$F_0(G) = 1$, 定义$F_i(G)/F_{i-1}(G) = F(G/F_{i-1}(G))$. 如果$G$可解, 则$G$有Fitting列 $1 = F_0(G) < F_1(G) = F(G) < F_2(G) < \cdots < F_{n-1}(G) < F_n(G) = G$. 我们称$n$为$G$的Fitting高. 下面我们给出群 G 的有关特征标次数图的一些结果.

引理 5.27. 设G为可解群. 若G的特征标次数图$\Gamma(G)$不连通, 则

(1) $\Gamma(G)$的连通分支为2, $\Gamma(G)$的顶点集$\rho(G) = \pi_1 \cup \pi_2$, 其中$\pi_1$和$\pi_2$分别为两个连通分支的顶点集;

(2) 当G的Fitting高$nl(G) \geqslant 3$时, $\pi(|G : F_{n-1}(G)|) \subseteq \pi_1, \pi(|F_{n-1}(G) \rtimes F_{n-2}(G)|) \subseteq \pi_2$. 对正整数$m > 1$, $\pi(m)$表示m的所有素因子的集合;

(3) *[207, 定理19.6, 引理3.3]* G的Fitting高$nl(G)$至多为4. 进一步, 如果$nl(G) = 4$, 则$G/Z(G)$ 同构于$GL(2,3)$作用在$Z_3 \times Z_3$上的半直积, 并且$cd(G) = \{1,2,3,4,8,16\}$.

引理 5.28. *假设 G 是特征标次数图不连通的可解群. 设 $L \lhd G$, 如果 G/L 幂零, 则 G/L 交换.*

证明. 假设 G/L 幂零但非交换, 则存在 $Q \lhd G$ 使得 $L \leqslant Q$ 且 G/Q 为非交换 p 群, 于是 p 必为 $\Gamma(G)$ 的某个连通分支的顶点, 不妨设 $p \in \pi$. 因为 $\Gamma(G)$ 不连通, 故存在 π'-次数特征标 $\phi \in \mathrm{Irr}(G)$. 设 θ 是 ϕ_Q 的一个不可约成分, 则由 [144, 推论 11.29] 知 $\phi(1)/\theta(1) \mid |G : Q|$ 为 p-数, 故 $\phi_Q = \theta$, 由 Gallagher 定理 [144, 推论 6.17] 存在非线性特征标 $\beta \in \mathrm{Irr}(G/Q)$ 使得 $\phi\beta \in \mathrm{Irr}(G)$. 而 $(\phi\beta)(1) \in \mathrm{cd}(G)$ 为 π'-数和 p 幂的乘积, 这与不连通的假设矛盾, 故 G/L 交换. $\qquad\square$

下面的引理在定理的证明过程中会经常用到.

引理 5.29. *假设 G 是次数图不连通的可解群, 顶点集分别为 π 和 σ 两部分. 设 $E \lhd N$, $N \lhd G$ 且 G/N 为 π-群. 如果 $\lambda \in \mathrm{Irr}(E)$ 是 N-不变的且诱导到 N 有大于 1 的 σ-次数的不可约成分. 则 λ 是 G-不变的.*

进一步如果 $\lambda(\lambda(1) > 1$ 为 σ-数) 可以扩充到 N, 则 λ 可以扩充到 G. 特别地当 $E = N$ 时, N 的所有大于 1 的 σ-次数不可约特征标都是 G-不变的且可以扩充到 G.

证明. 设 ψ 为 λ^N 的一个不可约成分且 $\psi(1) > 1$ 为 σ-数. $I_G(\lambda)$ 为 λ 在 G 中的惯性子群, 则 $I_G(\lambda) \geqslant N$. 于是存在 $\lambda^{I_G(\lambda)}$ 的不可约成分 τ 使得 τ 为 $\psi^{I_G(\lambda)}$ 的一个不可约成分. 因 $\psi(1) \mid \tau(1)$, 故可设 $\tau(1) = k\psi(1)$. 由 Clifford 对应

$$\tau^G(1) = |G : I_G(\lambda)|\tau(1) = k\psi(1)|G : I_G(\lambda)| \in cd(G)$$

注意到 $\psi(1)$ 和 $|G : I_G(\lambda)|$ 分别为 σ-数和 π-数, 而 σ 和 π 不连通, 故 $I_G(\lambda) = G$. 即 λ 是 G-不变的.

进一步, 若 $\lambda(\lambda(1) > 1)$ 可以扩充为 $\psi \in \mathrm{Irr}(N)$. 设 χ 为 ψ^G 的一个不可约成分, 则 $\chi(1) = k\psi(1)$, 其中 k 整除 $|G : N|$ 为 π-数. 而 $\psi(1) = \lambda(1)$ 为 σ-数, 由不连通性可得 $k = 1$, 这表明 χ 为 ψ 的扩充, 从而为 λ 的扩充. $\qquad\square$

在证明定理之前, 我们将给出一个非常重要的命题, 本文的两个定理都是建立在此基础之上. 此命题是 [243, 命题 2.1] 的推广, 证明方法非常类似, 但是涉及更多细节.

命题 5.30. 设G是可解群, $cd(G) = \{1, m, m+d, m+2d, \cdots, m+kd\}$, 其中$|cd(G)| \geqslant 4$, $m \geqslant 2$ 且$(m,d) = 1$, 则$|cd(G)| = 4$, $m = 2$.

证明. 注意当$(m,d) = 1$时, 对任意正整数k, 始终有$(m+kd, d) = 1$. 现在设$cd(G)$中最大的三个数依次为$a, a+d, a+2d$, 满足$(a,d) = 1$, 即$cd(G) = \{1, \cdots, a, a+d, a+2d\}$. 反设$a > 2$.

取$\chi_0, \chi_1, \chi_2 \in \mathrm{Irr}(G)$使得$\chi_0(1) = a, \chi_1(1) = a+d, \chi_2(1) = a+2d$. 令$N$为$G$的极大正规子群使得$G/N$为非交换群. 由引理5.23知$G/N$为$p$-群或者为Frobenius群. 若$G/N$为$p$-群, 因$(a, a+d) = 1 = (a+d, a+2d)$, 故可取$\psi \in \{\chi_1, \chi_2\}$使得$(\psi(1), p) = 1$. 由[144, 推论11. 29]$\psi_N$不可约, 根据Gallagher定理[144, 推论6.17], 对非线性$\xi \in \mathrm{Irr}(G/N)$有$\psi\xi \in \mathrm{Irr}(G)$, 于是$(a+d)\xi(1) \in cd(G)$或者$(a+2d)\xi(1) \in cd(G)$. 因$\xi(1) \geqslant 2$, 后一种情形显然不可能;对于前一种情形, 我们有$(a+d)\xi(1) \geqslant 2(a+d) > a+2d = \chi_2(1)$, 这与$a+2d$为$cd(G)$的极大元矛盾, 故$G/N$不可能为$p$-群. 下面我们设$G/N = H/N \ltimes F/N$为Frobenius群, 其中$H/N$为Frobenius补是循环群, F/N为Frobenius核是初等交换p-群. 设$|H/N| = h, |F/N| = p^r, \delta_0, \delta_1, \delta_2$分别为$\chi_0, \chi_1, \chi_2$限制在正规子群$F$上的某个不可约成分. 现在分两种情况讨论.

情形1 $p^r \nmid (a+2d)^2$.

由引理5.24可得$\delta_2(1)h \in cd(G)$. 因$\chi_2(1) | \delta_2(1)h$且$\chi_2(1) \in cd(G)$最大, 故$\delta_2(1)h = a+2d$. 令$\chi_3 \in \{\chi_0, \chi_1\}$使得$(\chi_3(1), p) = 1, \delta_3 \in \{\delta_0, \delta_1\}$为$(\chi_3)_F$的一个不可约成分. 同样由引理5.24 可得$\delta_3(1)h \in cd(G)$. 若$\delta_3(1)h = a+d$, 则$h | (a+2d, a+d)$ 可得$h = 1$, 矛盾. 故$\delta_3(1)h = a+2d$ 或a. 若$\delta_3(1)h = a+2d$, 则$\chi_3(1)|a+2d$. 由χ_3的选取知$\chi_3(1) = a$ 且$a = (a, a+2d) = (a,2)$, 从而得到$a = 1$或$a = 2$, 与假设$a > 2$矛盾. 因此$\delta_3(1)h = a$. 从而$1 \neq h|(a, a+2d)$, 这可推得$h = 2$, $\chi_3 = \chi_0, \delta_3 = \delta_0$. 由[144, 推论11. 29], $\chi_1(1) | \delta_1(1)h$. 又$(\chi_1(1), \chi_0(1)) = 1$, 故$\delta_1(1) = \chi_1(1)$. 于是

$$\delta_0(1) = \frac{a}{2}, \delta_1(1) = a+d, \delta_2(1) = \frac{a+2d}{2}$$

且它们两两互素. 这表明对任意$\beta \in \mathrm{Irr}(G)$及$\beta_F$的任意不可约成分$\tau$, 当$\beta(1) = a$或$a+2d$时, $\tau(1) = \frac{\beta(1)}{2}$;当$\beta(1) = a+d$时, $\tau(1) = \beta(1)$. 总之有$a, a+2d \notin cd(F)$且$cd(F)$的最大元为$a+d$.

令E是F的极大正规子群使得商群F/E为非交换群, 则F/E为q-群或者Frobenius 群.

若F/E是一个q-群, 其中q是某个素数, 这时可选择$\delta_4 \in \{\delta_1, \delta_2\}$使得$(\delta_4(1), q) = 1$, 则$(\delta_4)_E$ 不可约. 由[144, 推论6.17], 对任意非线性$\xi \in$ Irr(F/E), $\delta_4\xi \in$ Irr(F). 因为$(\delta_4\xi)(1) \geqslant a + 2d$, 这与cd$(F)$的最大元为$a + d$矛盾.

若$F/E = L/E \ltimes K/E$为Frobenius群, 其中L/E为Frobenius补是循环群, K/E为Frobenius 核是初等交换q群. 设$|L/E| = f, |K/E| = q^s$. 现选择不同的$\delta_i, \delta_j \in \{\delta_0, \delta_1, \delta_2\}$使得$(\delta_i(1)\delta_j(1), q) = 1$. 令$\theta_t$为$(\delta_t)_K$的一个不可约成分, 其中$t = i, j$. 则由引理5.24可得$\theta_i(1)f, \theta_j(1)f \in$ cd(F). 又由[144, 推论11.29], $\delta_i(1)|\theta_i(1)f, \delta_j(1)|\theta_j(1)f$. 但$(\delta_i(1), \delta_j(1)) = 1$, 故可设$\theta_i(1)f > \delta_i(1)$且$\theta_i(1)f$是$\delta_i(1)$的$k(k \geqslant 2$为整数$)$倍. 注意到$\delta_i(1) \in \{\frac{a}{2}, a + d, \frac{a+2d}{2}\}$, 显然$\theta_i(1)f$不可能是$a + d$或$\frac{a+2d}{2}$的$k$倍, 故$\delta_i(1) = \frac{a}{2}, \theta_i(1)f = \frac{a}{2} \cdot k \geqslant a$. 从而$\frac{k}{2}a = a + d$或$\frac{k}{2}a = \frac{a+2d}{2}$. 若$\frac{k}{2}a = a + d$, 则$(k - 2)a = 2d$, 由$(a, d) = 1$可推得$a = 1$或$a = 2$; 对于另外一种情况也可以得到同样的结果, 这与假设$a > 2$矛盾.

情形2 $p^r \mid (a + 2d)^2$.

此时$(\chi_1(1), p) = 1$, 由引理5.24得$\delta_1(1)h \in$ cd(G). 由于$\chi_1(1)|\delta_1(1)h$, 故$\delta_1(1)h = a+d$. 我们断言δ_0在$F - N$上值为0. 否则由引理5.24得$\delta_0(1)h \in$ cd(G). 但$\chi_0(1)|\delta_0(1)h$, 于是$\delta_0(1)h = a$或$a + 2d$, 进而$h|(a, a + d)$或$h|(a + 2d, a+d)$, 这不可能. 因此δ_0在$F - N$上取值为0. 由引理5.24得$p^r|(\delta_0(1))^2$, 从而$p^r \mid a^2$. 这样有$p^r|(a^2, (a + 2d)^2)$, 即$p^r|(a^2, 4d)|4$. 因为G/N为Frobenius群, 故$p^r = 4, h = 3$. 这还说明$p = 2, G/N$的非线性不可约特征标的次数只能是3.

现在对任意$\beta \in$ Irr(G)和β_N的任意不可约成分τ, 当$\beta(1) = a + d$时, 我们断言$\tau(1) = \frac{a+d}{3}$. 这是因为首先β_N必可约, 否则应用[144, 推论6.17] 可得到矛盾; 又$p = 2$与$\chi_1(1) = a + d$互素且$\chi_1(1)/\tau(1)||G/N| = 12$ [144, 推论11. 29], 故$\chi_1(1)$只能被3整除. 因此$\tau(1) = \frac{a+d}{3}$. 当$\beta(1) = a$时, β_N必可约. 否则由[144, 推论6.17], 对任意非线性不可约特征标$\xi \in$ Irr(G/N)有$\beta\xi \in$ Irr(G), 于是$\beta(1)\xi(1) = 3a \in$ cd(G), 从而$3a = a + d$或$a + 2d$, 利用$(a, d) = 1$可得$a = 1$. 这与$a > 2$的假设矛盾. 因此$\tau(1) < a$, $\tau(1) = \frac{\beta(1)}{2}$或$\frac{\beta(1)}{4}$(因为$|G/N|$的因子只有$2$和$3$). 同样由[137, 推论6.17]知

当$\beta(1) = a + 2d$时, $\tau(1) = \frac{\beta(1)}{2}$或$\frac{\beta(1)}{4}$. 特别地cd($N$)的最大元小于$a + d$.

令$\eta_0, \eta_1, \eta_2 \in \mathrm{Irr}(N)$有极大次数, 分别满足$a|4\eta_0(1)$, $a + d|3\eta_1(1)$, $a + 2d|4\eta_2(1)$. 下面对$\eta_i(1)$可能出现的情况进行讨论, 过程会有些繁琐.

如果$\eta_1(1) = \frac{2(a+d)}{3}(> \frac{a}{2})$, 则$\eta_1(1)$只可能为$\frac{a-kd}{n}(k \geqslant 1), \frac{a+2d}{2}$这两种情况. 若$\eta_1(1) = \frac{a-kd}{n}$, 则$(3 - 2n)a = (3k + 2n)d$. 又$(a, d) = 1$, a, d, k, n为正整数, 故$n = 1, a = 3k + 2 \geqslant 5, d = 1$, 这与引理5.27的结果矛盾; 若$\eta_1(1) = \frac{a+2d}{2}$, 则$a = 2, d = 1$与假设矛盾. 注意到cd($N$)的最大元小于$a + d$, 故$\eta_1(1) = \frac{a+d}{3}$. 如果$\eta_2(1) = \frac{3(a+2d)}{4}(> \frac{a}{2}, \frac{a+d}{3})$, 则$\eta_2(1)$只可能为$\frac{a-kd}{n}(k \geqslant 1)$, 从而有$(4 - 3n)a = (6n + 4k)d$, 这导致$n = 1, a = 6 + 4k \geqslant 10, d = 1$, 与定理5.20的结果矛盾. 故$\eta_2(1) = \frac{a+2d}{2}$或$\frac{a+2d}{4}$; 现在令$\eta_0(1) = k\frac{a}{4}(k \geqslant 3$为整数), 则$k\frac{a}{4}$可能为$\frac{a-td}{n}(t \geqslant 1), \frac{a+d}{3}, \frac{a+2d}{2}, \frac{a+2d}{4}$这四种情况. 若$k\frac{a}{4} = \frac{a-td}{n}$, 则$(4 - kn)a = 4td$. 注意到$k \geqslant 3$, k, n, a, t, d都是正整数. 故$k = 3, n = 1, a = 4t \geqslant 4, d = 1$. 同样与定理5.20的结果矛盾; 若$k\frac{a}{4} = \frac{a+d}{3}$, 则$a \mid 4d$. 又$a > 2$, 故$a = 4, d = 3k - 4 > 1$. 但$G/N$是以3阶循环群为补的Frobenius群, 故$G$必有3次不可约特征标, 这与$d > 1$矛盾; 若$k\frac{a}{4} = \frac{a+2d}{2}$, 则$a = 4, d = k - 2$, 但$\frac{a+d}{3}$必须为整数, 故$d > 1$, 矛盾; 若$k\frac{a}{4} = \frac{a+2d}{4}$, 则$a \leqslant 2$, 矛盾; 因此$\eta_0(1) = k\frac{a}{4} = \frac{a}{2}$或$\frac{a}{4}$. 综上可得:

$$\eta_0(1) = \frac{a}{2}\text{或}\frac{a}{4}, \quad \eta_1(1) = \frac{a+d}{3}, \quad \eta_2(1) = \frac{a+2d}{2}\text{或}\frac{a+2d}{4}.$$

易知它们两两互素, 记$\Delta = \{\eta_0, \eta_1, \eta_2\}$. 取$E$为$N$的极大正规子群使得$N/E$非交换. 由引理5.23知$N/E$为$q$-群或为Frobenius群.

若N/E为q-群. 可选取$\eta_3 \in \Delta$满足$(\eta_3(1), q) = 1$, 由[144, 推论6.17]存在$1 \neq m \in \mathrm{cd}(N/E)$使得$\eta_3(1)m \in \mathrm{cd}(N)$. 这与$\eta_i \in \mathrm{Irr}(N)$的选取极大性矛盾.

若$N/E = A/E \ltimes B/E$是Frobenius群. 设$|A/E| = f, |B/E| = q^s$. 选取$\eta_i, \eta_j \in \Delta$使得$(\eta_i(1)\eta_j(1), q) = 1$. 令$\theta_i, \theta_j$分别为$\eta_i, \eta_j$限制在正规子群$B$的某个不可约成分, 由引理5.24, $\theta_i(1)f, \theta_j(1)f \in \mathrm{cd}(N)$且$\eta_i(1)|\theta_i(1)f$, $\eta_j(1)|\theta_j(1)f$. 由η_i, η_j的极大性可得$\eta_i(1) = \theta_i(1)f$, $\eta_j(1) = \theta_j(1)f$, 这与$(\eta_i(1), \eta_j(1)) = 1$矛盾.

故$a = 2$, $\mathrm{cd}(G) = \{1, 2, 2 + d, 2 + 2d\}$. □

定理5.21的证明: 已知$\mathrm{cd}(G) = \{1, 1 + d, 1 + 2d, 1 + 3d, \cdots, 1 + kd\}$.

当$|\mathrm{cd}(G)| \leqslant 3$, 即$k \leqslant 2$时, 知群的结构已经确定. 当$|\mathrm{cd}(G)| \geqslant 4$时, 令$1 + d = m$, 此时满足命题5.30的条件, 故$1 + d = 2$, $d = 1$, $\mathrm{cd}(G) = \{1, 2, 3, 4\}$.

定理5.22的证明: 由命题3.1知$\mathrm{cd}(G) = \{1, 2, 2+d, 2+2d\}$. 由于$(2, d) = 1$, 故$d$为奇数. $(2, 2+d) = (2+d, 2+2d) = 1$, $\Gamma(G)$有两个连通分支, 顶点集分别为$\pi = \pi(2+2d)$和$\sigma = \pi(2+d)$. 下面分几种情况讨论.

若G的Fitting高$nl(G) \geqslant 4$, 由引理5.27(3)知$nl(G) = 4$, 满足定理条件的群不存在. 若$nl(G) = 1$, 则G幂零, G只有一个连通分支, 矛盾. 故我们只需要考虑$nl(G) = 2, 3$的情形.

情形1 $nl(G) = n = 3$或2且$G/F_{n-1}(G)$是σ-群.

在此情形下, 我们将证明$d = 1$, 从而$\mathrm{cd}(G) = \{1, 2, 3, 4\}$.

令$\Phi/F_{n-2}(G)$是$G/F_{n-2}(G)$的Frattini子群$\Phi(G/F_{n-2}(G))$, 则$F(G/\Phi) = F_{n-1}(G)/\Phi$. 由引理5.28知$G/F_{n-1}(G)$交换. 再由引理5.25

$$|G/\Phi : F_{n-1}(G)/\Phi| = |G : F_{n-1}(G)| \in \mathrm{cd}(G)$$

为σ-数, 而$\mathrm{cd}(G)$中的σ-数只有$2+d$, 故$|G : F_{n-1}(G)| = 2+d$. 又$F_{n-1}(G)/\Phi$是G/Φ的正规交换子群, G/Φ的不可约特征标次数都整除$|G/\Phi : F_{n-1}(G)/\Phi| = 2+d$, 这表明$\mathrm{cd}(G/\Phi) = \{1, 2+d\}$.

现在令G/N是G/Φ的极小非交换商群, 由引理5.23及引理5.28知G/N只能是Frobenius群. 设K/N为核, 则K/N为初等交换p-群且$G/K \cong Z_{2+d}$. 对$\chi \in \mathrm{Irr}(G)$且$\chi(1) = 2$, 易知χ_K不可约. 设$\theta = \chi_K \in \mathrm{Irr}(K)$, 则$\theta$必零化$K - N$(否则由引理5.24有$\theta(1)|G : K| = 2(2+d) \in \mathrm{cd}(G)$, 矛盾). 于是$|K : N| \mid \theta(1)^2 = 4$, 这导致$|K/N| = 4$, $2+d \mid |K/N| - 1$. 因此我们有$2+d = 3$, $d = 1$, $\mathrm{cd}(G) = \{1, 2, 3, 4\}$.

情形2 $nl(G) = 2$且$G/F(G)$是π-群.

在此情形下, 我们将证明满足定理条件的群不存在. 设G是极小阶反例.

步骤1: G有正规Sylow p-子群P, $2+d$为p幂且$\mathrm{cd}(P) = \{1, 2+d\}$. 同样由引理5.28和引理5.25可得$|G : F(G)| = 2$或$2+2d$. 令$F(G) = T \times D$, 其中$T = O_\sigma(F(G))$, $D = O_{\sigma'}(F(G))$. 因$2+d \in \mathrm{cd}(G)$且$2+d \nmid |G : F(G)|$, 故$F(G)$非交换, 从而T非交换(否则$2+d \mid |G : T| = |G : F||D| = \pi$-数和$\sigma'$-数的乘积, 矛盾). 于是存在素数$p \in \sigma$使得$T$的Sylow p-子群P非交换.

令$T = P \times O$, 则$F(G) = P \times O \times D$.

令$\xi \in \mathrm{Irr}(P)$且$\xi(1) > 1$, 则ξ可扩充为$\xi \times 1 \in \mathrm{Irr}(F(G))$, 其中1为$O \times D$的平凡特征标. 由引理5.29, ξ可扩充到G (从而ξ是G-不变的). 于是存在$\chi \in \mathrm{Irr}(G)$使得$\chi(1) = \xi(1)$为p幂. 注意到$\mathrm{cd}(G)$中的σ-数只有$2 + d$, 这导致$\chi(1) = 2 + d$为p幂, $\sigma = \{p\}$, $O = 1$, $F(G) = P \times D$, P为G的正规Sylow p-子群, $\mathrm{cd}(P) = \{1, 2 + d\}$.

步骤2: $F(G) = P$, $|G : P| = 2 + 2d$, $\mathrm{cd}(G/P') = \{1, 2, 2 + 2d\}$. 首先$G/P$必交换. 对$\xi \in \mathrm{Irr}(P)$且$\xi(1) = 2 + d$, ξ可以扩充到G. 若G/P非交换, 由Gallagher定理存在非线性$\psi \in \mathrm{Irr}(G/P)$使$\xi(1)\psi(1) \in \mathrm{cd}(G)$, 矛盾. 设$H$为$G$的Hall p'-子群, 则$H \cong G/P$交换. 因$D \leqslant H$且D和P可交换, 故$D \leqslant Z(G)$. 又$G' \leqslant P$, 于是$D \cap G' \leqslant D \cap P = 1$. 从而由[123, 命题19.12], D的每个线性特征标都可以扩充为G的线性特征标. 由引理5.26, $\mathrm{cd}(G/D) = \mathrm{cd}(G)$. 从而由归纳可设$D = 1$, $F(G) = P$为G的Sylow p-子群.

由步骤1知$|G : F(G)| = 2$或$2 + 2d$. 若$|G : F(G)| = 2$, 则$|G| = 2p^s$. 这与$4 | 2 + 2d \mid |G|$矛盾. 故$|G : F(G)| = |G : P| = 2 + 2d$.

对任意$\chi \in \mathrm{Irr}(G)$, 若$\chi(1) \neq 2 + d$, 则$\chi(1) = 1, 2, 2 + 2d$. 若χ_P有非线性的不可约成分θ, 则$\theta(1)$为p幂且$\theta(1) | \chi(1)$, 这与$(p, \chi(1)) = 1$矛盾. 故χ_P的不可约成分都是线性的. 设$\chi_P = \lambda_1 + \cdots + \lambda_t$, 则$\ker\chi \supseteq \bigcap_{i=1}^{t} \ker\lambda_i \supseteq P'$, $\chi \in \mathrm{Irr}(G/P')$. 于是$\{1, 2, 2 + 2d\} \subseteq \mathrm{cd}(G/P')$; 另一方面$P/P'$为$G/P'$的正规交换子群, 所以$G/P'$的每个不可约特征标次数都整除$|G : P| = 2 + 2d$. 显然$2 + d \nmid 2 + 2d$, 故$\mathrm{cd}(G/P') = \{1, 2, 2 + 2d\}$.

步骤3: P'是P的唯一极小正规子群. 若P'不是P的极小正规子群, 则存在$D \triangleleft P$使得$1 < D < P'$. 注意到$D = \bigcap \ker\varphi$, 其中$\varphi \in \mathrm{Irr}(P)$, $\varphi(1) > 1$且$\ker\varphi \geqslant D$. 因为每个φ都是G-不变的, 故$\ker\varphi \triangleleft G$, 从而$D \triangleleft G$. 因$P/D$非交换, $\mathrm{cd}(P) = \{1, 2 + d\}$, 故$2 + d \in \mathrm{cd}(P/D)$. 又$P/D \triangleleft G/D$, 所以$2 + d \in \mathrm{cd}(G/D)$. 显然$\mathrm{cd}(G/P') \subseteq \mathrm{cd}(G/D)$, 于是$\mathrm{cd}(G/D) = \mathrm{cd}(G)$, 由归纳假设$D = 1$, 矛盾.

若P'不是P的唯一极小正规子群, 则存在$1 < N \triangleleft P$使得P/N是极小非交换商群. 由$P' \nleqslant N$及P'为P的极小正规子群可得$P' \cap N = 1$. 再由引理5.23, 存在非线性特征标$\theta \in \mathrm{Irr}(P/N)$使得$\ker\theta = N$. 由于$\theta$是$G$-不

变的, 故$N=\ker\theta \lhd G$. 从而存在G的极小正规子群$D \lhd G$使得$1 < D \leqslant N$且$D \cap P' \leqslant N \cap P' = 1$. 又$D \cap Z(P) > 1$且$(D \cap Z(P)) \lhd G$, 由$D$的极小性推得$D \leqslant Z(P)$. 应用[123, 命题19.12], D的所有线性特征标都可以扩充为P的线性特征标. 设$\lambda \in \text{Irr}(D)$, $\lambda_0 \in \text{Irr}(P)$为$\lambda$的扩充, 显然$\lambda$的惯性子群$I_G(\lambda) \geqslant P$. 因$P/D$非交换, 所以$\text{cd}(P/D) = \text{cd}(P) = \{1, 2+d\}$. 由Gallagher定理存在非线性$\psi \in \text{Irr}(P/D)$使得$\lambda_0\psi$为$\lambda^P$的一个不可约成分且$(\lambda_0\psi)(1) = 2+d$. 于是由引理5.29知$\lambda$是$G$-不变的. 即任给$\lambda \in \text{Irr}(D)$, λ都是G-不变的. 从而G可作用在

$$\Delta = \{\lambda_0\psi \mid \psi \in Irr(P/D), \psi(1) = 1\}$$

上, H的Sylow 2-子群R也可以作用在Δ上. 考虑$\lambda_0\psi$的轨道长知一定存在元素$\lambda_0\psi_0 \in \Delta$, 它的轨道长为1. 即$\lambda_0\psi_0$是$R$-不变的, 它可以扩充为$PR$的不可约特征标. 由Clifford对应, 存在$(\lambda_0\psi_0)^G$的不可约成分$\chi$. 于是$\chi(1) \mid |G : PR|$为$1 + d$的因子且为$2'$-数, 这导致$\chi(1) = 1$. 注意到$\lambda_0\psi_0$是$\lambda$在$P$上的扩充. 这表明对任意$\lambda \in \text{Irr}(D)$, λ可扩充为G的线性特征标. 由引理5.26, $\text{cd}(G/D) = \text{cd}(G)$. 由归纳$D = 1$, 矛盾. 故$P'$是$P$的唯一极小正规子群.

步骤4: $Z(P) \leqslant Z(G)$, $\text{cd}(G/Z(P)) = \{1, 2, 2+2d\}$.
因P'是P的唯一极小正规子群, 由引理5.23, $Z(P)$循环. 从而存在忠实不可约特征标$\lambda \in \text{Irr}(Z(P))$且$\lambda$诱导到$P$有非线性的不可约成分. 由引理5.29, λ是G-不变的, 从而由Brauer定理[144, 定理6.32]可得$Z(P) \leqslant Z(G)$.

令$\chi \in \text{Irr}(G)$且$\chi(1) = 2$, 则$\chi_P = \lambda_1 + \lambda_2$, 其中$\lambda_1(1) = \lambda_2(1) = 1$. 因$(|I_G(\lambda_1) : P|, |P|) = 1$, λ_1可扩充为$\lambda_0 \in \text{Irr}(I_G(\lambda_1))$, 这样$\chi = \lambda_0^G$, $|G : I_G(\lambda_1)| = 2$. 这表明存在$T \lhd G$, $|G : T| = 2$, $\chi = \lambda^G$对某个$\lambda \in \text{Irr}(T)$. 从而$\ker\chi \geqslant T'$, $G/\ker\chi$有指数为2的正规交换子群$T/\ker\chi$. 又由于$\chi \in \text{Irr}(G/\ker\chi)$, 故$\text{cd}(G/\ker\chi) = \{1, 2\}$.

现在令$N \geqslant \ker\chi$, $N \lhd G$使得G/N为$G/\ker\chi$的极小非交换商群. 由引理5.23, $G/N = Z_2 \ltimes M/N$为Frobenius群, 其中M/N为核. 断言$N \geqslant Z(P)$. 否则$N \not\geqslant Z(P)$, $NZ(P) > N$. 但M/N是G/N的唯一极小正规子群, 所以$M/N \leqslant NZ(P)/N$. 又$Z(P) \leqslant Z(G)$, 故$M/N \leqslant NZ(P)/N \leqslant Z(G/N) = 1$, 矛盾. 故$N \geqslant Z(P)$. 一方面$2 \in \text{cd}(G/N) \subseteq \text{cd}(G/Z(P))$;另一方面由$Z(P) \leqslant Z(G)$得$F(G/Z(P)) = F(G)/Z(P) = P/Z(P)$. 因$G/P$交换, 由引

理5.25有

$$2 + 2d = |G/Z(P) : P/Z(P)| \in cd(G/Z(P)).$$

于是

$$cd(G/Z(P)) \supseteq cd(G/P') = \{1, 2, 2+2d\}.$$

从而$cd(G/Z(P)) = \{1, 2, 2+2d\}$.

步骤5: 最后的矛盾.

因为P'是P的唯一极小正规子群且$cd(P) = \{1, 2+d\}$, 故由引理5.23, $P/Z(P)$为$(2+d)^2$阶的初等交换p-群. 为方便, 将$G/Z(P)$记作$\widetilde{G}$, $P/Z(P)$记作$\widetilde{P}$, 则$F(\widetilde{G}) = \widetilde{P}$为$\widetilde{G}$的Sylow p-子群, $\widetilde{P}$为$(2+d)^2$阶的初等交换p-群, $\widetilde{G}/\widetilde{P} \cong G/P \cong H$为$2+2d$阶的交换群, $cd(\widetilde{G}) = \{1, 2, 2+2d\}$.

由步骤4知存在$\widetilde{G}$的非交换商群$G/N \cong Z_2 \ltimes M/N$. 记$M/Z(P)$为$\widetilde{M}$, $N/Z(P)$为$\widetilde{N}$. 任给$\varphi \in \mathrm{Irr}(\widetilde{G})$. 若$\varphi(1) = 2$, 令$\lambda$为$\varphi_{\widetilde{M}}$的一个不可约成分, 由引理5.24, λ不能零化$M - N$, 于是$2 \cdot \lambda(1) \in cd(\widetilde{G})$, $\lambda(1) = 1$. 再由Frobenius互反律, $\varphi = \lambda^{\widetilde{G}}$, $\ker\varphi \geqslant \bigcap_{\widetilde{x} \in \widetilde{G}} \ker\lambda^{\widetilde{x}} \geqslant \widetilde{M}'$, 于是$\varphi \in \mathrm{Irr}(\widetilde{G}/\widetilde{M}')$. 对任意$\sigma \in \mathrm{Irr}(\widetilde{M}') - 1_{\widetilde{M}'}$, $\sigma^{\widetilde{G}}$的不可约成分τ的次数只能是$1, 2$或$2+2d$且$\tau_{\widetilde{M}'} \neq \tau(1) \cdot 1_{\widetilde{M}'}$. 若$\tau(1) = 1$, 则$\ker\tau \geqslant \widetilde{G}' \geqslant \widetilde{M}'$, $\tau_{\widetilde{M}'} = \tau(1) \cdot 1_{\widetilde{M}'}$, 矛盾; 若$\tau(1) = 2$, 则$\ker\tau \geqslant \widetilde{M}'$, $\tau_{\widetilde{M}'} = 2 \cdot 1_{\widetilde{M}'}$, 矛盾. 这表明对任意$\sigma \in \mathrm{Irr}(\widetilde{M}') - 1_{\widetilde{M}'}$, $\sigma^{\widetilde{G}}$的不可约成分的次数全是$2+2d$.

因$\widetilde{P}$初等交换, $\widetilde{M}/\widetilde{P}$交换推得$\widetilde{M}' \leqslant \widetilde{P}$交换, 故$\sigma$可以扩充为$\sigma_0 \in \mathrm{Irr}(\widetilde{P})$, $\sigma_0(1) = 1$. 于是$\sigma_0^{\widetilde{G}} \in \mathrm{Irr}(\widetilde{G})$(这是因为$\sigma^{\widetilde{G}}$的不可约成分的次数全是$2+2d$), $I_{\widetilde{G}}(\sigma) = \widetilde{P}$. 又$\widetilde{G} = H \ltimes \widetilde{P}$, 故$H$无不动点作用在$\mathrm{Irr}(\widetilde{M}') - 1_{\widetilde{M}'}$上. 注意到$\mathrm{Irr}(\widetilde{M}') - 1_{\widetilde{M}'}$中任意元素$\sigma$的轨道长为

$$|\widetilde{G} : I_{\widetilde{G}}(\sigma)| = |\widetilde{G} : \widetilde{P}| = 2 + 2d$$

且$2 + 2d$整除$|\mathrm{Irr}(\widetilde{M}') - 1_{\widetilde{M}'}| = |\mathrm{Irr}(\widetilde{M}')| - 1 = |\widetilde{M}'| - 1$.

设$|\widetilde{M}'| = p^f$, $|\widetilde{P}| = (2+d)^2 = p^{2e}$. 则$f \leqslant 2e$. 另一方面, $2 + 2d = 2(d+1) = 2(p^e - 1)$整除$|\widetilde{M}'| - 1 = p^f - 1$, 于是$p^e - 1 \mid p^f - 1$, $e \mid f$. 故$e < f \leqslant 2e$, $f = 2e$. 这表明$\widetilde{M}' = \widetilde{P}$, 从而$\widetilde{G}/\widetilde{M}'$中的2次不可约特征标$\varphi \in \mathrm{Irr}(\widetilde{G}/\widetilde{M}') = \mathrm{Irr}(\widetilde{G}/\widetilde{P})$, 但$\widetilde{G}/\widetilde{P}$交换, 得矛盾.

故这样的极小阶反例不存在.

情形3 $nl(G) = 3$且$G/F_2(G)$是π-群.

在此情形下, 我们将证明 $\mathrm{cd}(G) = \{1, 2, 2^e + 1, 2^{e+1}\}$ 并有定理5.22中的群结构.

由引理5.28和引理5.25, 我们有 $|G : F_2(G)| = 2$ 或 $2 + 2d$. 现在考察 $F_2(G)/\Phi(G)$. 对任意 $1 \neq m \in \mathrm{cd}(F_2(G)/\Phi(G))$, 因为商群 $F'(G)/\Phi(G)$ 是 $F_2(G)/\Phi(G)$ 的正规交换子群, 故 $m \mid |F_2(G) : F(G)|$ 为 σ-数 (引理5.27(2)). 设 $\psi \in \mathrm{Irr}(F_2(G)/\Phi(G))$, $\psi(1) = m$, 则由引理5.29知 ψ 可以扩充到 G. 于是 $\psi(1) = m = 2 + d$, $\mathrm{cd}(F_2(G)/\Phi(G)) = \{1, 2 + d\}$. 从而由[233, 引理1.6], $F_2(G)/F(G)$ 是 $2 + d$ 阶的循环群. 若 $|G : F_2(G)| = 2 + 2d$, 由引理5.25, $|G : F_2(G)| \in \mathrm{cd}(G/F(G))$. 于是

$$(2 + 2d)(2 + d) = |G : F(G)| > |G : F_2(G)|^2 = (2 + 2d)^2.$$

矛盾. 故 $|G : F_2(G)| = 2$, $G/F_2(G)$ 为2阶循环群.

考虑 G 的 $2 + 2d$ 次特征标 χ, 则 $\chi_{F(G)}$ 必可约 (否则由Gallagher定理可得矛盾) 且 $\chi_{F(G)}$ 的不可约成分全是 $1 + d$ 次的, 即 $1 + d \in \mathrm{cd}(F(G))$. 令素数 $q \in \pi(1 + d)$, 则幂零群 $F(G)$ 有非交换的Sylow q-子群 Q. 取 $\xi \in \mathrm{Irr}(Q)$, $\xi(1) \neq 1$ 为 q-幂. 对 ξ^G 的任意不可约成分 τ, 则 $\tau(1)$ 为 π-数 (因 $q \in \pi(1 + d)$ 为 π-数). 从而 $\tau(1) = 2$ 或 $2 + 2d$. 若 $\tau(1) = 2$, 则 $\xi(1) = 2$, 即 ξ 可以扩充到 G. 由Gallagher定理知, $2 \cdot 2 = 4 \in \mathrm{cd}(G)$, 这样 $d = 1$, $\mathrm{cd}(G) = \{1, 2, 3, 4\}$.

若 $d > 1$, 则 $\tau(1) \neq 2$, $\tau(1) = 2 + 2d$. 由引理5.29, ξ 可以扩充为 $\theta \in \mathrm{Irr}(F_2(G))$, 于是 $\xi(1) = \theta(1)$. 但 τ 在 θ 之上, 故 $\tau(1)/\theta(1) \mid |G : F_2(G)| = 2$. 易见 $\tau(1) \neq \theta(1)$ (否则 τ 为 ξ 的扩充, 矛盾), 故 $\tau(1) = 2\theta(1) = 2\xi(1)$. 从而 $\xi(1) = 1 + d$ 为 q-幂, 这导致 $q = 2$. 令 $1 + d = 2^e$, 则 $\mathrm{cd}(G) = \{1, 2, 2^e + 1, 2^{e+1}\}$.

由上还有 $O_{2'}(F(G))$ 交换, Q 是 G 的非交换正规2-子群, G/Q 非交换. 因 Q 是 $F_2(G)$ 的Sylow 2-子群, 它在 $F_2(G)$ 中有补, 设为 K. 即 $F_2(G) = QK$. 注意到 $|G : F_2(G)| = 2$, 故 K 也是 G 的2-补. 对任意 $\xi \in \mathrm{Irr}(Q)$, $\xi(1) = 1 + d$, ξ 可以扩充到 $F_2(G)$. 若 $K \cong F_2(G)/Q$ 非交换, 由Gallagher定理存在非线性 $\psi \in \mathrm{Irr}(F_2(G)/Q)$ 使得 $\psi(1)\xi(1) \in \mathrm{cd}(F_2(G))$, 矛盾. 故 K 交换.

令 $Z = C_K(Q)$. 因 K 交换, 故 $Z \leqslant Z(F_2(G))$, 从而 $Z \leqslant F(G) \cap K$; 另一方面 $F(G) = Q \times (F(G) \cap K)$, $F(G) \cap K$ 中心化 Q, 故 $Z = F(G) \cap K$, $F(G) = Q \times Z$. 在 $F_2(G)$ 中, 因 $Z \cap (F_2(G))' \leqslant Z \cap Q = 1$ 且 $Z \leqslant Z(F_2(G))$, 故由[3, 命题19.12], Z 的每个线性特征标都可以扩充为 $F_2(G)$ 的线性特征标. 设 $\lambda \in \mathrm{Irr}(Z)$, $\lambda_0 \in \mathrm{Irr}(F_2(G))$ 为 λ 的扩充, 则 $\mathrm{I}_G(\lambda) \geqslant F_2(G)$. 因

为$F_2(G)/Z$的Fitting子群为$F(G)/Z$且$F_2(G)/F(G)$ 交换, 由引理5.25, $2 + d = |F_2(G) : F(G)| \in \mathrm{cd}(F_2(G)/Z)$. 应用Gallagher 定理, $\lambda^{F_2(G)}$中有$2 + d$次不可约成分$\lambda_0\psi$, 其中$\psi \in \mathrm{Irr}(F_2(G)/Z)$. 再由引理5.29可得$\lambda$是$G$-不变的. 由$\lambda$的任意性及Brauer定理[144, 定理6.32]就有$Z \leqslant Z(G)$. $\qquad\square$

有限群的不可约特征标次数型是群的一个非常好的数量, 有待进一步去深入地研究.

附录: 数量相关问题

本附录摘录了Marzuov和Khukhro的书[217]中的未解决的群论问题, 其序号与[217]相同.

1.10. *An automorphism φ of a group G is called splitting if $gg^{\varphi}g^{\varphi^2}\dots g^{\varphi^{n-1}} = 1$ for any element $g \in G$, where n is the order of φ. Is a soluble group admitting a regular splitting automorphism of prime order necessarily nilpotent?*
—Yu. M. Gorchakov

Yes, it is (E. I. Khukhro, Algebra and Logic, 17 (1978), 402-406) and even without the regularity condition on the automorphism (E. I. Khukhro, Algebra and Logic, 19 (1980), 77-84).

1.34. *Has every orderable polycyclic group a faithful representation by matrices over the integers?* —M. I. Kargapolov

Yes, it has (L. Auslander, Ann. Math. (2), 86 (1967), 112-117; R. G. Swan, Proc. Amer. Math. Soc., 18 (1967), 573-574).

1.80. *Does there exist a finite simple group whose Sylow 2-subgroup is a direct product of quaternion groups?* — A. I. Starostin

No (G. Glauberman, J. Algebra, 4 (1966), 403-420).

1.81. *The width of a group G is, by definition, the smallest cardinal $m = m(G)$ with the property that any subgroup of G generated by a finite set S ? G is generated by a subset of S of cardinality at most m.*

(a) Does a group of finite width satisfy the minimum condition for subgroups?

(b) Does a group with the minimum condition for subgroups have finite width?

(c) The same questions under the additional condition of local finiteness. In particular, is a locally finite group of finite width a Chernikov group?
— L. N. Shevrin

(a) Not always (S. V. Ivanov, Geometric methods in the study of groups with given subgroup properties, Cand. Diss., Moscow Univ., Moscow, 1988 (Russian)).

(b) Not always (G. S. Deryabina, Math. USSR-Sb., 52 (1985), 481-490). (c) Yes, it is (V. P. Shunkov, Algebra and Logic, 9 (1970), 137-151; 10 (1971), 127-142).

2.1. *Classify the finite groups having a Sylow p-subgroup as a maximal subgroup.* — V. A. Belonogov, A. I. Starostin

A description can be extracted from (B. Baumann, J. Algebra, 38 (1976), 119-135) and (L. A. Shemetkov, Math. USSR-Izv., 2 (1968), 487-513).

2.13. (Well-known problem). *Let G be a periodic group in which every π-element commutes with every π'-element. Does G decompose into the direct product of a maximal π-subgroup and a maximal π'-subgroup?* — S. G. Ivanov

Not always. S. I. Adian (Math. USSR-Izv., 5 (1971), 475-484) has constructed a group $A = A(m,n)$ which is torsion-free and has a central element d such that $A(m,n)/\langle d \rangle \cong B(m,n)$, the free m-generator Burnside group of odd exponent $n > 4381$. Given a prime p coprime to n, a counterexample with $\pi = \{p\}$ can be found in the form $G = A/\langle d^{p^k} \rangle$ for some positive integer k. Indeed, $\langle d \rangle / \langle d^{p^k} \rangle$ is a maximal p-subgroup of G. Suppose that $A/\langle d^{p^k} \rangle = \langle d \rangle / \langle d^{p^k} \rangle \times H_k / \langle d^{p^k} \rangle$ for every k. Then $\langle d \rangle \cap H_k = \langle d^{p^k} \rangle$ for all k and therefore $\langle d \rangle \cap H = 1$, where $H = \cap_k H_k$. Since H is torsion-free and is isomorphic to a subgroup of $A/\langle d \rangle \cong B(m,n)$, we obtain $H = 1$. This implies that A is isomorphic to a subgroup of the Cartesian product of the abelian groups A/H_k, a contradiction. (Yu. I. Merzlyakov, 1973.)

2.37. *Describe the finite simple groups whose Sylow p-subgroups are cyclic for all odd p.* — V. D. Mazurov

This was done (M. Aschbacher, J. Algebra, 54 (1978), 50-152).

2.55. *Does $SL_n(Z), n > 2$, have maximal subgroups of infinite index?* — V. P. Platonov

Yes, it does (G. A. Margulis, G. A. Soifer, Soviet Math. Dokl., 18(1)(1977), 847-851).

2.73. (Well-known problem). *Does there exist an infinite group all of whose proper subgroups have prime order?* — A. I. Starostin

Yes, there does (A. Yu. Ol'shanski, Algebra and Logic, 21 (1982), 369-418).

2.82. *Can the class of groups with the nth Engel condition* $[x, \underbrace{y, \ldots, y}_{n}] = 1$ *be defined by identical relations of the form* $u = v$, *where* u *and* v *are words without negative powers of variables?* This can be done for $n = 1, 2, 3$ (A. I. Shirshov, Algebra i Logika, 2, no. 5 (1963), 5-18 (Russian)). — A. I. Shirshov

3.6. *Describe the insoluble finite groups in which every soluble subgroup is either 2-closed, 2'-closed, or isomorphic to* S_4. — V. A. Vedernikov

This follows from (D. Gorenstein, J. H. Walter, Illinois J. Math., 6 (1962) 553-593; V. D. Mazurov, Soviet Math. Dokl., 7 (1966), 681-682; V. D. Mazurov, V. M. Sitnikov, S. A. Syskin, Algebra and Logic, 9 (1970), 187-204).

3.26. (F. Gross). *Is it true that finite groups of exponent* $p^\alpha q^\beta$ *have nilpotent length* $6\alpha + \beta$? — V. D. Mazurov

No (E. I. Khukhro, Algebra and Logic, 17 (1978), 473-482).

3.27. (J. G. Thompson). *Is every finite simple group with a nilpotent maximal subgroup isomorphic to some* $PSL_2(q)$? — V. D. Mazurov

Yes, it is (B. Baumann, J. Algebra, 38 (1976), 119-135).

3.39. *Describe the finite groups with a self-centralizing subgroup of prime order.* — V. T. Nagrebetski

They are described. Self-centralizing subgroups of prime order are CC-subgroups. Finite groups with a CC-subgroup were fully classified in (Z. Arad, W. Herfort, Commun. in Algebra, 32 (2004), 2087-2098).

3.50. *Let* G *be a group of order* $p^\alpha \cdot m$, *where* p *is a prime,* p *and* m *are coprime, and let* k *be an algebraically closed field of characteristic* p. *Is it true that if the indecomposable projective module corresponding to the 1-representation of*

G has k-dimension p^α , then G has a Hall p'-subgroup? The converse is trivially true. — A. I. Saksonov

3.64. *Describe the finite simple groups with a Sylow 2-subgroup of the following type:* $\langle a, t | a^{2n} = t^2 = 1, tat = a^{2^{n-1}-1} \rangle$, $n > 2$. — V. P. Shunkov

This was done (J. L. Alperin, R. Brauer, D. Gorenstein, Trans. Amer. Math. Soc., 151 (1970), 1-261).

4.23. *Let G be a finite simple group, τ some element of prime order, and α an automorphism of G whose order is coprime to $|G|$. Suppose α centralizes $C_G(\tau)$. Is $\alpha = 1$?* — G. Glauberman

Not always; for example, $G = Sz(8), |\tau| = 5, |\alpha| = 3$ (N. D. Podufalov, Letter of September, 3, 1975).

4.44. (Well-known problem). *Describe the groups whose automorphism groups are abelian.* — V. T. Nagrebetski

4.60. (P. Hall). *What is the cardinality of the set of simple groups generated by two elements, one of order 2 and the other of order 3?* — D. M. Smirnov

The cardinality of the continuum. Every 2-generated group G is embeddable into a simple group H with two generators of orders 2 and 3 (P. E. Schupp, J. London Math. Soc., 13, no. 1 (1976), 90-94). Such a group H has at most countably many 2-generator subgroups, while there are continuum of groups G. (Yu. I. Merzlyakov, 1976.)

4.69. Let G be a finite p-group, and suppose that $|G'| > p^{n(n-1)}/2$ for some nonnegative integer n. Prove that G is generated by the elements of breadths being more than n. The breadth of an element x of G is $b(x)$ where $|G : C_G(x)| = p^{b(x)}$. — J. Wiegold

6.21. *G. Higman proved that, for any prime number p, there exists a nat-*

ural number $\chi(p)$ such that the nilpotency class of any finite group G having an automorphism of order p without non-trivial fixed points does not exceed $\chi(p)$. At the same time he showed that $\chi(p) > (p^2 - 1)/4$ for any such Higman's function χ. Find the best possible Higman' s function. Is it the function defined by equalities $\chi(p) = (p^2 - 1)/4$ for $p > 2$ and $\chi(2) = 1$? This is known to be true for $p \leqslant 7$. — V. D. Mazurov

6.26. *Let D be a normal set of involutions in a finite group G and let $\Gamma(D)$ be the graph with vertex set D and edge set $\{(a, b)|a, b \in D, ab = ba \neq 1\}$. Describe the finite groups G with non-connected graph $\Gamma(D)$.* — A. A. Makhnëv

7.17. *Is the number of maximal subgroups of the finite group G at most $|G| - 1$?* — R. Griess

Editors' remarks: This is proved for G soluble (G. E. Wall, J. Austral. Math. Soc., 2 (1961-62), 35-59) and for symmetric groups S_n for sufficiently large n (M. Liebeck, A. Shalev, J. Combin. Theory, Ser. A, 75 (1996), 341-352); it is also proved (M. W. Liebeck, L. Pyber, A. Shalev, J. Algebra, 317 (2007), 184-197) that any finite group G has at most $2C|G|^{3/2}$ maximal subgroups, where C is an absolute constant.

No, not always (R. Guralnick, F. Lubeck, L. Scott, T. Sprowl; see arxiv.org/pdf/1303.2752).

7.30. *Which finite simple groups can be generated by three involutions, two of which commute?* — V. D. Mazurov

The answer is known mod CFSG. For the alternating groups and groups of Lie type see (Ya. N. Nuzhin, Algebra and Logic, 36, no. 4 (1997), 245-256). For sporadic groups B. L. Abasheev, A. V. Ershov, N. S. Nevmerzhitskaya, S. Norton, Ya. N. Nuzhin, A. V. Timofeenko have shown that the groups M_{11}, M_{22}, M_{23}, and McL cannot be generated as required, while the others can; see more details in (V. D. Mazurov, Siberian Math. J., 44, no. 1 (2003), 160-164).

7.48. (Well-known problem). *Suppose that, in a finite group G, each two elements of the same order are conjugate. Is then $|G| \leqslant 6$?* — S. A. Syskin

Yes, it is, mod CFSG (P. Fitzpatrick, Proc. Roy. Irish Acad. Sect. A, 85, no. 1

(1985), 53-58); see also (W. Feit, G. Seitz, Illinois J. Math., 33, no. 1 (1988), 103-131) and (R. W. van der Waall, A. Bensaïd, Simon Stevin, 65 (1991), 361-374).

8.31. *Is it true that $PSL_2(7)$ is the only finite simple group in which every proper subgroup has a complement in some larger subgroup?* — V. M. Levchuk

11.11. *The well-known Baer-Suzuki theorem states that if every two conjugates of an element a of a finite group G generate a finite p-subgroup, then a is contained in a normal p-subgroup. Does such a theorem hold in the class of binary finite groups?* — A. V. Borovik

Yes, such a theorem does hold for binary finite groups. By the Baer-Suzuki theorem $\langle a_1, b \rangle$ is a finite p-group for any element $a_1 \in a^G = \{a^g | g \in G\}$ and for any p element $b \in G$. Now induction on n yields that the product $a_1 \cdots a_n$ is a p-element for any $a_1, \cdots, a_n \in a^G$. (A. I. Sozutov, Siberian Math. J. 41, no. 3 (2000), 561-562.)

11.98. (R. Brauer). *Find the best-possible estimate of the form $|G| \leqslant f(r)$ where r is the number of conjugacy classes of elements in a finite (simple) group G.* — S. P. Strunkov

12.37. (J. G. Thompson). *For a finite group G and natural number n, set $G(n) = \{x \in G | x^n = 1\}$ and define the type of G to be the function whose value at n is the order of $G(n)$. Is it true that a group is soluble if its type is the same as that of a soluble one?* — A. S. Kondratiev

12.39. (W. J. Shi). *Must a finite group and a finite simple group be isomorphic if they have equal orders and the same set of orders of elements?* — A. S. Kondratiev

Yes, they must (M. C. Xu, W. J. Shi, Algebra Colloq., 10 (2003), 427-443; A. V. Vasil'ev, M. A. Grechkoseeva, V. D. Mazurov, Algebra Logic, 48 (2009), 385-409).

13.64. *Let $\pi_e(G)$ denote the set of orders of elements of a group G. A group G is said to be an OC_n-group if $\pi_e(G) = 1, 2, \cdots, n$. Is every OC_n-group*

locally finite? Do there exist infinite OC_n-groups for $n > 7$?　　— W. J. Shi

13.65. *A finite simple group is called a K_n-group if its order is divisible by exactly n different primes. The number of K_3-groups is known to be 8. The K_4-groups are classified mod CFSG (W. J. Shi, in: Group Theory in China (Math. Appl., 365), Kluwer, 1996, 163-181) and some significant further results are obtained in (Yann Bugeaud, Zhenfu Cao, M. Mignotte, J. Algebra, 241 (2001), 658-668). But the question remains: is the number of K_4-groups finite or infinite?*　　— W. J. Shi

14.62. *Suppose that H is a non-soluble normal subgroup of a finite group G. Does there always exist a maximal soluble subgroup S of H such that $G = H \cdot N_G(S)$?*　　— V. S. Monakhov

Yes, it always exists mod CFSG (V. I. Zenkov, V. S. Monakhov, D. O. Revin, Algebra and Logic, 43, no. 2 (2004), 102-108).

14.74. *Let k(G) denote the number of conjugacy classes of a finite group G. Is it true that $k(G) \leqslant k(P_1) \cdots k(P_s)$, where $P_1, \cdots, P_s$ are Sylow subgroups of G such that $|G| = |P_1| \cdots |P_s|$?*　　— L. Pyber

14.92. *(I. D. Macdonald). Every finite p-group has at least $p - 1$ conjugacy classes of maximum size. I. D. Macdonald (Proc. Edinburgh Math. Soc., 26 (1983), 233-239) constructed groups of order 2^n for any $n > 7$ with just one conjugacy class of maximum size. Are there any examples with exactly $p-1$ conjugacy classes of maximum size for odd p?*　　— G. Fern'andez-Alcober

Yes, there are, for $p = 3$ (A. Jaikin-Zapirain, M. F. Newman, E. A. O'Brien, *Israel J. Math.*, 172, no. 1 (2009), 119-123).

15.71. *(B. Huppert). Let G be a finite solvable group, and let $\rho(G)$ denote the set of prime divisors of the degrees of irreducible characters of G. Is it true that there always exists an irreducible character of G whose degree is divisible by at least $|\rho(G)|/2$ different primes?*　　— P. P. P'alfy

15.99. *Let $f(n)$ be the number of isomorphism classes of finite groups of order n. Is it true that the equation $f(n) = k$ has a solution for any positive integer k?* The answer is affirmative for all $k \leqslant 1000$ (G. M. Wei, Southeast Asian Bull. Math., 22, no. 1 (1998), 93-102). — W. J. Shi

16.3. *Is it true that if G is a finite group with all conjugacy classes of distinct sizes, then $G \cong S_3$?* This is true if G is solvable (J. Zhang, J. Algebra, 170 (1994), 608 - 624); it is also known that F (G) is nontrivial (Z. Arad, M. Muzychuk, A. Oliver, J. Algebra, 280 (2004), 537-576). —Z. Arad

16.4. *Let G be a finite group with C, D two nontrivial conjugacy classes such that CD is also a conjugacy class. Can G be a non-abelian simple group?* —Z. Arad

16.24. *The spectrum of a finite group is the set of orders of its elements. Does there exist a finite group G whose spectrum coincides with the spectrum of a finite simple exceptional group L of Lie type, but G is not isomorphic to L?* — A. V. Vasil'ev

16.36. (Well-known problem). *We call a finite group rational if all of its ordinary characters are rational-valued. Is every Sylow 2-subgroup of a rational group also a rational group?* — M. R. Darafsheh

No, not always (I. M. Isaacs, G. Navarro, Math. Z., 272 (2012), 937-945).

16.57. Suppose that $\omega(G) = \omega(L_2(7)) = \{1, 2, 3, 4, 7\}$. Is $G \cong L_2(7)$? This is true for finite G. — V. D. Mazurov

Yes, it is (D. V. Lytkina, A. A. Kuznetsov, Siberian Electr. Math. Rep., 4 (2007), 136-140; http: //semr.math.nsc.ru).

16.67. *Conjecture: Given any integer k, there exists an integer $n_0 = n_0(k)$ such that if $n > n_0$ then the symmetric group of degree n has at least k different ordinary irreducible characters of equal degrees.* — A. Moret'o

This is proved (D. Craven, Proc. London Math. Soc., 96 (2008), 26-50).

16.78. *Do there exist linear non-abelian simple groups without involutions?*
— B. Poizat

17.76. *Does there exist a finite group G, with $|G| > 2$, such that there is exactly one element in G which is not a commutator?* — D. MacHale

17.100. *Conjecture: A finite group is not simple if it has an irreducible complex character of odd degree vanishing on a class of odd length.*

If true, this implies the solvability of groups of odd order, so a proof independent of CFSG is of special interest. — V. Pannone

17.116. Let $n(G)$ be the maximum of positive integers n such that the n-th direct power of a finite simple group G is 2-generated. Is it true that $n(G) > \sqrt{|G|}$? — A. Erfanian, J. Wiegold

Yes, it is, even with $n(G) > 2\sqrt{|G|}$ (A. Mar'oti, M. C. Tamburini, Commun. Algebra, 41, no. 1 (2013), 34-49).

18.64. (K. Harada). *Conjecture: Let G be a finite group, p a prime, and B a p-block of G. If J is a non-empty subset of $Irr(B)$ such that $\sum_{\chi \in J} \chi(1)\chi(g) = 0$ for every p-singular element $g \in G$, then $J = Irr(B)$.* — V. D. Mazurov

18.65. (R. Guralnick, G. Malle). *Conjecture: Let p be a prime different from 5, and C a class of conjugate p-elements in a finite group G. If CC^{-1} consists of p-elements, then $C \subset O_p(G)$.* — V. D. Mazurov

18.112. *Is it true that the orders of all elements of a finite group G are powers of primes if, for every divisor d $(d > 1)$ of $|G|$ and for every subgroup H of G of order coprime to d, the order $|H|$ divides the number of elements of G of order d? The converse is true (W. J. Shi, Math. Forum (Vladikavkaz), 6 (2012), 152-154).* — W. J. Shi

参考文献

[1] Alemany E., Beltran A., Felipe M., Finite groups with two p-regular conjugacy class lengths II, *Bull. Aust. Math. Soc.*, 2009, 79(3), 419-425.

[2] Alfandary G., On graphs related to conjugacy classes of groups, *Israel J. Math.*, 1994, 86(1-3), 211-220.

[3] Alfandary G., A graph related to conjugacy classes of solvable groups, *J. Algebra*, 1995, 176(2), 528-533.

[4] Alvis D. L., Barry M. J., Character degrees of simple groups, *J. Algebra*, 1991(140), 116-123.

[5] Amiri H., Amiri S. M., Isaacs I. M., Sums of element orders in finite groups, *Comm. Algebra*, 2009, 37(9), 2978-2980.

[6] Amiri H., Amiri S. M., Sum of element orders on finite groups of the same order, *J. Algebra Appl.*, 2011, 10(2), 187-190.

[7] Amiri S. M., Second maximum sum of element orders of finite nilpotent groups, *Comm. Algebra*, 2013, 41(6), 2055-2059.

[8] Amiri S. M., Amiri M., Second maximum sum of element orders on finite groups, *J. Pure Appl. Algebra*, 2014, 218(3), 531-539.

[9] Amiri H., Amiri S. M., Sum of element orders of maximal subgroups of the symmetric group, *Comm. Algebra*, 2012, 40(1), 770-778.

[10] An J., Shi W., The characterization of finite simple groups with no elements of order six by their element orders, *Comm. Algebra*, 2000, 28(7), 3351-3358.

[11] Arad Z., Muzychuk M., Oliver A., On groups with conjugacy classes of distinct sizes, *J. Algebra*, 2004, 280(2), 537-576.

[12] Aschbacher M., A characterization of Chevalley groups over fields of odd characteristic, *Annals Math.*, 1977 (106), 353-468.

[13] Aschbacher M., Seitz G. M., Involutions in Chevalley groups over finite fields of even order, *Nagoya Math. J.*, 1976(63), 1-91.

[14] Azad H., Barry M., Seitz G., On the structure of parabolic subgroups, *Comm. Algebra*, 1990, 18(2), 551-562.

[15] Baer R., Group elements of prime power index, Trans. *Amer. Math. Soc.*, 1953(75), 20-47.

[16] Basmaji B. G., On the isomorphisms of two metacyclic groups, *Proc. Amer. Math. Soc.*, 1969(22), 175-182.

[17] Beltrán A., The invariant degree graph of solvable group, *Arch. der Math.*, 2001(77), 369-372.

[18] Berger T. R., Characters and derived length in groups of odd order, *J. Algebra*, 1976(39), 199-207.

[19] Berkovich Ya. G., On p-groups of finite order, *Siberian Math. J.*, 1968 (9), 963-978.

[20] Bianchi M., Chillag D., Mauri A. G, Herzog M., Scoppola C. M., Applications of a graph related to conjugacy classes in finite groups, *Arch. Math. (Basel)*, 1992, 58(2), 126-132.

[21] Beltran A., On a graph associated to invariant conjugacy classes of finite groups, *Israel J. Math.*, 2003(133), 147-155.

[22] Beltran A., Felipe M. J., On the diameter of a p-regular conjugacy class graph of finite groups, *Comm. Algebra*, 2002, 30(12), 5861-5873.

[23] Beltran A., Felipe M. J., Finite groups with two p-regular conjugacy class lengths, *Bull. Austral. Math. Soc.*, 2003, 67(1), 163-169.

[24] Beltran A., Felipe M. J., On the diameter of a pregular conjugacy class graph of finite groups II, *Comm. Algebra*, 2003, 31(9), 4393-4403.

[25] Beltran A., Felipe M. J., Certain relations between p-regular class sizes and the p-structure of p-solvable groups, *J. Aust. Math. Soc.*, 2004, 77(3), 387-400.

[26] Beltran A., Felipe M. J., Finite groups with a disconnected p-regular conjugacy class graph, *Comm. Algebra*, 2004, 32(9), 3503-3516.

[27] Beltran A., Felipe M. J., Prime powers as conjugacy class lengths of π-elements, *Bull. Austral. Math. Soc.*, 2004, 69(2), 317-325.

[28] Beltran A., Felipe M. J., Some class size conditions implying solvability of finite groups, *J. Group Theory*, 2006, 9(6), 787-797.

[29] Beltran A., Felipe M. J., Variations on a theorem by Alan Camina on conjugacy class sizes, *J. Algebra*, 2006, 296(1), 253-266.

[30] Beltran A., Felipe M. J., Conjugacy classes of p-regular elements in p-solvable groups, *Groups St. Andrews 2005. 1*, volume 339 of London Math. Soc. Lecture Note Ser., pages 224-229. Cambridge Univ. Press, Cambridge, 2007.

[31] Beltran A., Felipe M. J., Nilpotency of pcomplements and p-regular conjugacy class sizes, *J. Algebra*, 2007, 308(2), 641-653.

[32] Beltran A., Felipe M. J., Corrigendum to: "Variations on a Theorem by Alan Camina on conjugacy class sizes", *J. Algebra*, 2006, 296(1), 253-266.

[33] Beltran A., Felipe M. J., Structure of finite groups under certain arithmetical conditions on class sizes, *J. Algebra*, 2008, 319(3), 897-910.

[34] Beltran A., Felipe M. J., The structure of finite groups with three class sizes, *J. Group Theory*, 2009, 12(4), 539-553.

[35] Bianchi M., Gillio A., Casolo C., A note on conjugacy class sizes of finite groups, *Rend. Sem. Mat. Univ. Padova*, 2001, 106, 255-260.

[36] Bertram E. A., Herzog M., Mann A., On a graph related to conjugacy classes of groups, *Bull. London Math. Soc.*, 1990, 22(6), 569-575.

[37] Barnea Y., Isaacs I. M., Lie algebras with few centralizer dimensions, *J. Algebra*, 2003, 259(1), 284-299.

[38] Berkovich Y., Kazarin L., Indices of elements and normal structure of finite groups, *J. Algebra*, 2005, 283(2), 564-583.

[39] Brandl R., Shi W., The characterization of $PSL_2(q)$ by its element orders, *J. Algebra*, 1994, 163(1), 109-114.

[40] Brandl R., Shi W., Finite groups whose element orders are consecutive integers, *J. Algebra*, 1991, 143(2), 388-400.

[41] Brandl R., Shi W., A characterization of finite simple group with abelian Sylow 2-subgroups, *Ricerche di Matematica*, 1993, 42(1), 1-14.

[42] Brauer R., Representations of finite groups, *Lectures on Modern Mathematics I*, 1963, 133-175.

[43] Bubboloni D., Dolfi S., Iranmanesh M. A., Praeger C. E., On bipartite divisor graphs for group conjugacy class sizes, *J. Pure Appl. Algebra*, 2009, 213(9), 1722-1734.

[44] Burnside W., On groups of order $p^a q^b$, *Proc. Lond. Math. Soc.*, 1904, 2(2), 388-392.

[45] Burnside W., Theory of groups of finite order, *Dover Publications Inc.*, New York, 1955.

[46] 陈贵云: 《关于Frobenius 群和2-Frobenius 群的结构》, 载《西南师范大学学报(自然科学版)》1995年第5期, 第485-487页.

[47] Camina A. R., Arithmetical conditions on the conjugacy class numbers of a finite group, *J. London Math. Soc.*, 1972, 5(2), 127-132, .

[48] Camina A. R., Conjugacy classes of finite groups and some theorems of N. Itô, *J. London Math. Soc.*, 1973, 6(2), 421-426.

[49] Camina A. R., Finite groups of conjugate rank 2, *Nagoya Math. J.*, 1974(53), 47-57.

[50] Camina A. R., Schemes and the IP-graph, *J. Algebraic Combin.*, 2008, 28(2), 271-279.

[51] Carter R. W., Simple groups of Lie type, *John Wiley & Sons Inc.*, London, Wiley, 1972.

[52] Carter R. W., Finite Groups of Lie Type, Conjugacy Classes and Complex Characters, *Wiley Inc.*, New York, 1985.

[53] Cartwright M., A bound on the number of conjugacy classes of a finite soluble group, *J. London Math. Soc.*, 1987, 36(2), 229-244, .

[54] Casolo C., Prime divisors of conjugacy class lengths in finite groups, *Atti Accad. Naz. Lincei Cl. Sci. Fis. Mat. Natur. Rend. Lincei (9) Mat. Appl.*, 1991, 2(2), 111-113.

[55] Casolo C., Finite groups with small conjugacy classes, *Manuscripta Math.*, 1994, 82(2), 171-189.

[56] Camina A. R., Camina R. D., Implications of conjugacy class size, *J. Group Theory*, 1998, 1(3), 257-269.

[57] Camina A. R., Camina R. D., Recognizing direct products from their conjugate type vectors, *J. Algebra*, 2000, 234(2), 604-608.

[58] Camina A. R., Camina R. D., Recognising nilpotent groups, *J. Algebra*, 2006, 300(1), 16-24.

[59] Camina A. R., Camina R. D., Coprime conjugacy class sizes, *Asian-Eur. J. Math.*, 2009, 2(2), 183-190.

[60] Camina A. R., Shumyatsky P., Sica C., On elements of prime-power index in finite groups, *J. Algebra*, 2010, 323(2), 522-525.

[61] Casolo C., Dolfi S., Conjugacy class lengths of metanilpotent groups, *Rend. Sem. Mat. Univ. Padova*, 961(1996), 121-130.

[62] Casolo C., Dolfi S., The diameter of a conjugacy class graph of finite groups, *Bull. London Math. Soc.*, 1996, 28(2), 141-148.

[63] Casolo C., Dolfi S., Products of primes in conjugacy class sizes and irreducible character degrees, *Israel J. Math.*, 2009(174), 403-418.

[64] Chillag D., Herzog M., On the length of the conjugacy classes of finite groups, *J. Algebra*, 1990, 131(1), 110-125.

[65] Chillag D., Herzog M., Mann A., On the diameter of a graph related to conjugacy classes of groups, *Bull. London Math. Soc.*, 1993, 25(3), 255-262.

[66] Cossey J., Wang Y., Remarks on the length of conjugacy classes of finite groups, *Comm. Algebra*, 1999, 27(9), 4347-4353.

[67] Chigira N., Iiyori N., Yamaki H., Non-abelian Sylow subgroups of finite groups of even order, *Invent. Math.*, 2000(139), 525-539.

[68] 陈重穆、施武杰:《关于C_{pp}单群》, 载《西南师范大学学报(自然版)》1993年第3期, 第249-256页.

[69] Cassels J. W., On the equation $a^x - b^y = 1$, *Amer. J. Math*, 1953(75), 159-162.

[70] Curtis C. W., Kantor W. M., Seitz G. M., The 2-transitive permutation representation of the finite Chevalley groups, *Trans. Amer. Math. Soc.*, 1976, 218, 1-59.

[71] Carter R., Conjugacy classes in the Weyl group, *Lecture Notes in Math.*, 1970(131), 297-318.

[72] Chang B., The conjugate classes of Chevalley groups of type (G_2), *J. Algebra*, 1968, 9(2), 190-211.

[73] Crescenzo P., A diophantine equation which a rises in the theory of finite groups, *Adv. Math.*, 1975(17), 25-29.

[74] Cuddihy G., *Frobenius group with cyclic kernel*, M. Sc., McGill University, 1968.

[75] 陈生安: 《不可约特征标次数为等差数的有限可解群》, 载《数学学报》2013年第1期, 第31-40页.

[76] Cossey J., Hawkes T., Sets of p-powers as conjugacy class sizes, *Proc. Amer. Math. Soc.*, 2000, 128(1), 49-51.

[77] Cossey J., Hawkes T., Mann A., A criterion for a group to be nilpotent, *Bull. London Math. Soc.*, 1992, 24(3), 267-270,

[78] Conway J. H., Curtis R. T., Norton S. P., Parker R. A., Wilson R. A., Atlas of Finite Groups, *Oxford Univ. Press(Clarendon)*, Oxford and New York, 1985.

[79] Das A. K., On finite groups having perfect order subsets, *International Journal of Algebra*, 2009, 13(3), 629-637.

[80] Deaconescu M., Classification of finite groups with all elements of prime order, *Proc. Amer. Math. Soc.*, 1989 (106), 625-629.

[81] Dempwolff U., Wong S. K., On finite groups whose centalizer of an involution has normal extra special and abelian subgroups I, *J. Algebra*, 1977(45), 247-253.

[82] Dolfi S., Jabara E., The structure of finite groups of conjugate rank 2, *Bull. London Math. Soc.*, 2009, 41(5), 916-926.

[83] Dolfi S., Lucido M. S., Finite groups in which p_0-classes have q_0-length, *Israel J. Math.*, 2001(122), 93-115.

[84] Dolfi S., Moreto A., Navarro G., The groups with exactly one class of size a multiple of p, *J. Group Theory*, 2009, 12(2), 219-234.

[85] Dolfi S., Arithmetical conditions on the length of the conjugacy classes of a finite group, *J. Algebra*, 1995, 174(3), 753-771.

[86] Dolfi S., Prime factors of conjugacy class lengths and irreducible character degrees in finite soluble groups, *J. Algebra*, 1995, 174(3), 749-752.

[87] Dolfi S., On independent sets in the class graph of a finite group, *J. Algebra*, 2006, 303(1), 216-224.

[88] Dornhoff L., Group Reprsentation Theory, Part A, Ordinary Representation Theory, *Dekker Inc.*, New York, 1971.

[89] Dummit, Foote, Abstract algebra, 3rd ed., *Wiley Inc.*, 71-72.

[90] Enomoto H., The characters of the finite symplectic group $S_p(4, q)$, $q = 2^f$, *Osaka J. Math*, 1972(9), 75-94.

[91] Fang M., Zhang P., Finite groups with graphs containing no triangles, *J. Algebra*, 2003, 264(2), 613-619.

[92] Ferguson P. A., Connections between prime divisors of conjugacy classes and prime divisors of $|G|$, *J. Algebra*, 1991, 143(1), 25-28.

[93] Ferguson P. A., Prime factors of conjugacy classes of finite solvable groups, *Proc. Amer. Math. Soc.*, 1991, 113(2), 319-323.

[94] Ferguson P. A., Lengths of conjugacy classes of finite solvable groups, *J. Algebra*, 1992, 146(1), 77-84.

[95] Ferguson P. A., Lengths of conjugacy classes of finite solvable groups II, *J. Algebra*, 1993, 154(1), 223-227.

[96] Fein B., Kantor W. M., Schacher M., Relative Brauer groups II, *J. Reine Angew. Math.*, 1981(328), 39-57.

[97] Feit W., On large Zsigmondy primes, *Proc. Amer. Math. Soc.*, 1988(102), 29-36.

[98] Frobenius G., Verallgemeinerung des Sylowschen Satze, *Berliner Sitz.*, 1895, 981-993.

[99] Feit W., Seitz G. M., On finite rational groups and related topics, *Illinois Journal of Mathematics*, 1988, 33(1), 103-131.

[100] Finch C. E., Jones L., A curious connection between Fermat numbers and finite groups, *Amer. Math. Monthly*, 2002 (109), 517-524.

[101] Finch C. E., Jones L., Nonabelian groups with perfect order subsets, *JP J. Algebra Number Theory Appl.*, 2003, 3(1), 13-26.

[102] Finch C. E., Jones L., Corrigendum to: "Nonabelian groups with perfect order subsets", *JP J. Algebra Number Theory Appl.*, 2004, 4(2), 413-416.

[103] Fisman E., Arad Z., A proof of Szep's conjecture on nonsimplicity of certain finite groups, *J. Algebra*, 1987, 108(2), 340-354.

[104] Flavell P., A characterisation of $F_2(G)$, *J. Algebra*, 2002, 255(2), 271-287.

[105] Foote R. M., Reist B. M., The perfect order subset conjecture for simple groups, *J. Algebra*, 2013 (391), 1-21.

[106] Gluck D., On the $k(GV)$ problem, *J. Algebra*, 1984, 89(1), 46-55.

[107] Gluck D., Manz O., Prime factors of character degrees of solvable groups, *Bull. London Math. Soc.*, 1987, 19(5), 431-437.

[108] Gluck D., Magaard K., Udo Riese, and Peter Schmid. The solution of the $k(GV)$-problem, *J. Algebra*, 2004, 279(2), 694-719.

[109] Guo X., Zhao X., Shum K. P., On p-regular G-conjugacy classes and the p-structure of normal subgroups, *Comm. Algebra*, 2009, 37(6), 2052-2059.

[110] Guralnick R. M., Tiep P. H., Finite simple unisingular groups of Lie type, *J. Group Theory*, 2003, 6(3), 271-310.

[111] Gluck D., A conjecture about charactar degrees of solvable groups, *J. Algebra*, 1991(140), 26-35.

[112] Gorenstein D., Finite simple groups, *Plenum*, New York/London, 1982.

[113] Gorenstein D., Finite groups, *Harper and Row*, London, New York, 1986.

[114] Gupta H., Selected Topic in Number Theory, *Abacus Press*, 1980.

[115] Gol'fand, On groups all of whose subgroups are special, *Dokl. Akad. Nauk. SSSR*, 1948 (60), 1313-1315. (Russian)

[116] Güloğlu I. S., A characterization of the simple group He, *J. Algebra*, 1979(60), 261-281.

[117] Hall M., The theory of groups, *Macmillan*, New York, 1959.

[118] Herzog M., On finite simple groups of order divisible by three primes only, *J. Algebra*, 1968, 10(3), 383-388.

[119] Hestenes M. D., Singer groups, *Can. J. Math.*, 1970, 22, 492-513.

[120] Higman G., Finite groups in which every element has prime power order, *J. London Math. Soc.*, 1957, 32, 335-342.

[121] 华罗庚: 《数论导引》, 科学出版社1979年版.

[122] Huppert B., Research in representation theory at Mainz (1984-1990), *In Representation theory of finite groups and finite-dimensional algebras* (Bielefeld, 1991), volume 95 of Progr. Math., pages 17-36. Birkhauser, Basel, 1991.

[123] Huppert B., Character theory of finite groups, volume 25 of de *Gruyter Expositions in Mathematics*. Walter de Gruyter & Co., Berlin, 1998.

[124] Huppert B., Endliche Gruppen Ⅰ, Die Grundlehren der Mathematischen Wissenschaften, Band 134. *Springer-Verlag*, Berlin, 1967.

[125] Huppert B., Endliche Gruppen Ⅱ, *Springer-Verlag*, Berlin, New York, 1979.

[126] Huppert B., Blackburn N., Finite groups Ⅲ, *Springer-Verlag*, Berlin, New York, 1982.

[127] Huppert B., Some simple groups which are determined by the set of their character degrees Ⅰ, *Illinois J. Math.*, 2000, 44(4), 828-842.

[128] Huppert B., Some simple groups which are determined by the set of their character degrees Ⅱ, preprint, 2000, 6.

[129] Huppert B., Character Theory of Finite Groups, *Walter de Gruyter*, Berlin, New York, 1998.

[130] Huppert B., Manz O., Degree-problems I, square-free character degrees, *Arch. Math.*, 1985(45), 125-132.

[131] Isaacs I. M., Keller T. M., Meierfrankenfeld U., Moret'o A., Fixed point spaces, primitive character degrees and conjugacy class sizes, *Proc. Amer. Math. Soc.*, 134(11), 3123-3130 (electronic), 2006.

[132] Isaacs I. M., Praeger C. E., Permutation group subdegrees and the common divisor graph, *J. Algebra*, 1993, 159(1), 158-175.

[133] Iranmanesh M. A., Praeger C. E., Bipartite divisor graphs for integer subsets, *Graphs & Combina.*, 2010, 26(1), 95-105.

[134] Isaacs I. M., Character theory of finite groups. *AMS Chelsea Publishing*, Providence, RI, 2006. Corrected reprint of the 1976 original [Academic Press, New York; MR0460423].

[135] Isaacs I. M., Subgroups generated by small classes in finite groups, *Proc. Amer. Math. Soc.*, 2008, 136(7), 2299-2301.

[136] Ishikawa K., On finite p-groups which have only two conjugacy lengths. *Israel J. Math.*, 2002, 129, 119-123.

[137] Itô N., On the degrees of irreducible representations of a finite group, *Nagoya Math. J.*, 1951, 3, 5-6.

[138] Itô N., On finite groups with given conjugate types Ⅰ, *Nagoya Math. J.*, 1953, 6, 17-28.

[139] Itô N., On finite groups with given conjugate types Ⅱ, *Osaka J. Math.*, 1970, 7, 231-251.

[140] Itô N., On finite groups with given conjugate types Ⅲ, *Math. Z.*, 1970, 117, 267-271.

[141] Itô N., Simple groups of conjugate type rank 4, *J. Algebra*, 1972, 20, 226-249.

[142] Itô N., Simple groups of conjugate type rank 5., *J. Math. Kyoto Univ.*, 1973, 13, 171-190.

[143] Itô N., Simple groups of conjugate type rank 5, In Finite groups' 72 (Proc. Gainesville Conf., Univ. Florida, Gainesville, Fla., 1972), pages 84-97. *North-Holland Math. Studies*, 7. North-Holland, Amsterdam, 1973.

[144] Isaacs I. M., Character Theory of Finite Groups, *Academic Press*, New York, 1976.

[145] Isaacs I. M., Character degree graph and normal subgroups, *Trans. AMS* 2003(356), 1155-1183.

[146] Isaacs I. M., Coprime group actions fixing all nonliner irreducible characters, *Canada J. Math.*, 1989(41), 68-82.

[147] Isaacs I. M., Greg Knutson, Irreducible character degrees and normal subgroups, *J. Algebra*, 1998(199), 302-326.

[148] Iiyora N., Yamaki H., Prime graph components of the simple groups of Lie type over the field of even characteristic, *J. Algebra*, 1993, 155: 335-343.

[149] Jaikin-Zapirain A., On two conditions on characters and conjugacy classes in finite soluble groups, *J. Group Theory*, 2005, 8(3), 267-272.

[150] James G., A. Kerber, The Representation Theory of The Symmetric Group, Encyclopedia of Mathematics and its Applications, 16, *Addison-Wesley*, 1981.

[151] Kaplan G., On groups admitting a disconnected common divisor graph, *J. Algebra*, 1997, 193(2), 616-628.

[152] Kaplan G., Irreducible disconnected systems in groups, *Israel J. Math.*, 1999(111), 203-219.

[153] Kantor W. M., Seres A., Prime power graphs for groups of Lie type, *J. Algebra*, 2002, 247(2), 370-434.

[154] Kazarin L. S., On groups with isolated conjugacy classes, *Izv. Vyssh. Uchebn. Zaved. Mat.*, 1981(7), 40-45.

[155] Kazarin L. S., Burnside's p^{α}-lemma, *Mat. Zametki*, 1990, 48(2), 45-48.

[156] Keller T. M., Derived length and conjugacy class sizes, *Adv. Math.*, 2006, 199(1), 88-103.

[157] Keller T. M., Solvable groups with a small number of prime divisors in the element orders, *J. Algebra*, 1994(170), 625-648.

[158] Kleidman P., Liebeck M., The subgroup structure of the finite classical groups, *Cambridge University Press*, Cambridge, 1990.

[159] Kleidman P. B., The maximal subgroups of the Steinberg triality groups $^{3}D_4(q)$ and of their automorphism groups, *J. Algebra*, 1988, 115(1), 182-199.

[160] Knörr R., Lempken W., Thielcke B., The S_3-conjecture for solvable groups, *Israel J. Math.*, 1995, 91(1-3), 61-76.

[161] Knörr R., On the number of characters in a p-block of a p-solvable group, *Illinois J. Math.*, 1984, 28(2), 181-210.

[162] Kovacs L. G., Robinson G. R., On the number of conjugacy classes of a finite group, *J. Algebra*, 1993, 160(2), 441-460.

[163] Koike K., On the groups which are determined by their subgroup-lattices, *Tokyo J. Math.*, 1983(6), 413-421.

[164] Kondratev A. S., Prime graph components of finite simple groups, *Math. USSR Sbornik*, 1989, 67(1), 235-247.

[165] Kurzweil H., Stellmacher B., The theory of finite groups, *Springer-Verlagr*, Berlin, 2004.

[166] 柯召、孙琦:《数论讲义(第二版)》, 高等教育出版社2001年版.

[167] Lam T. Y., Representations of finite groups, a hundred years I. *Notices Amer. Math. Soc.*, 1998, 45(3), 361-372.

[168] Landau E., Uber die Klassenzahl der binaren quadratischen Formen von negativer Discriminante, *Math. Ann.*, 1903, 56(4), 671-676.

[169] L'opez A. V., L'opez J. V., Classification of finite groups according to the number of conjugacy classes, *Israel J. Math.*, 1985, 51(4), 305-338.

[170] L'opez A. V., L'opez J. V., Classification of finite groups according to the number of conjugacy classes, II., *Israel J. Math.*, 1986, 56(2), 188-221.

[171] Lewis M. L., Determining group structure from sets of irreducible character degrees, *J. Algebra*, 1998, 206(1), 235-260.

[172] Lewis M. L., An overview of graphs associated with character degrees and conjugacy class sizes in finite groups, *Rocky Mountain J. Math.*, 2008, 38(1), 175-211.

[173] Lewis M. L., Solvable groups having almost relatively prime distinct irreducible character degrees, *J. Algebra*, 1995(174), 197-216.

[174] Lewis M. L., Solvable groups whose degree graphs have two connected components, *J. Group Theory*, 2001(4), 255-275.

[175] Lewis M. L., Bounding Fitting heights of character degree graphs, *J. Algebra*, 2001(242), 810-818.

[176] Lewis M. L., A solvable group whose character degree graph has diameter 3, *Proc. AMS*, 2002(130), 625-630.

[177] Lewis M. L., Solvable groups with character degree graphs having 5 vertices and diameter 3, *Comm. Algebra*, 2002(30), 5485-5503.

[178] Lewis M. L., Disconnectedness and diameters of degree graphs associated with normal subgroups, *Comm. Algebra*, 2005(33), 3419-3437.

[179] Lewis M. L., Determing group structure from sets of character degrees, *J. Algebra*, 1998(206), 235-260.

[180] Lewis M. L., Derived lengths and character degrees, *Proc. Amer. Math. Soc.*, 1998(126), 1915-1921.

[181] Lewis M. L., McVey J. K., Moretó A., Sanus L., A graph associated with the π-character degrees of a group, *Arch. der Math.*, 2003(80), 570-577.

[182] Lewis M. L., White D. L., Connectedness of degree graphs of nonsolvable groups, *J. Algebra*, 2003(266) 51-76.

[183] Lewis M. L., White D. L., Dimeters of degree graphs of nonsolvable groups, *J. Algebra*, 2005(283) 80-92.

[184] Liang D., Qian G., Shi W., Finite groups whose all irreducible character degrees are Hall-numbers, *J. Algebra*, 2007, 307(2), 695-703.

[185] Liebeck M. W., Pyber L., Upper bounds for the number of conjugacy classes of a finite group, *J. Algebra*, 1997, 198(2), 538-562.

[186] Liebeck M. W., Saxl Jan, Seitz G. M., Subgroups of Maximal Rank in Finite Exceptional Groups of Lie Type , *Proc. London Math Soc*, 1992, 65(3), 297-325.

[187] Liu X., Wang Y., Wei H., Notes on the length of conjugacy classes of finite groups, *J. Pure Appl. Algebra*, 2005, 196(1), 111-117.

[188] Liyori N., Yamaki H., On a conjecture of Frobenius, *Amer Math Soc.*, 1991, 25(2), 413-416.

[189] Li S., Finite groups with exactly two class lengths of elements of prime power order, *Arch. Math. (Basel)*, 1996, 67(2), 100-105.

[190] Li S., On the class length of elements of prime power order in finite groups, *Guangxi Sci.*, 1999, 6(1), 12-13.

[191] Li X. H., A Characterization of finite simple groups, *J. Algebra*, 2001(245), 620-649.

[192] Lubeck F., Charaktertafeln fur die Gruppen $CSp_6(q)$ mit ungeradern q und $Sp_6(q)$ mit geradern q, *PH. D. Thesis*, University of heidelberg, 1993.

[193] Lucido M. S., Prime graph components of finite almost simple groups, *Rend. Sem. Mat. Univ. Padova.*, 1999(102), 1-22.

[194] 梁登峰: 《特征标次数和有限群的结构》, 苏州大学2007年博士学位论文.

[195] Malle G., Zalesskii A., Prime power degree representations of quasisimple groups, *Archiv Math.*, 2001, 77(6), 461-468.

[196] Malle G., Moreto A., Navarro G., Element orders and Sylow structure, *Mathematische Zeitschrift*, 2006, 252(1), 223-230.

[197] Mann A., A note on conjugacy class sizes, *Algebra Colloq.*, 1997, 4(2), 169-174.

[198] Mann A., Some questions about p-groups, *J. Austral. Math. Soc. Ser. A*, 1999, 67(3), 356-379.

[199] Mann A., Groups with few class sizes and the centralizer equality subgroup. *Israel J. Math.*, 2004(142), 367-380.

[200] Mann A., Elements of minimal breadth in finite p-groups and Lie algebras, *J. Aust. Math. Soc.*, 2006, 81(2), 209-214.

[201] Mann A., Conjugacy class sizes in finite groups, *J. Aust. Math. Soc.*, 2008, 85(2), 251-255.

[202] Manz O., Stazewski R., Willems W., On the number of components of a graph related to character degrees, *Proc. AMS*, 1988(103), 31-37.

[203] Manz O., and Wolf T. R., Representations of solvable groups, *Cambridge University Press*, Cambridge, 1993.

[204] Manz O., Willems W., Wolf T. R., The diameter of the character degree graph, *J. Reine Angew, Math.*, 1989(402), 181-198.

[205] Manz O., Endliche auflosbare Gruppen, deren samtliche charactergrade primza-hlopoten-zen sind, *J. Algebra*, 1985(94) 211-255.

[206] Manz O., degree problem II, π-separable character degrees, *Comm. Algebra*, 1985(13), 2421-2431.

[207] Manz O., Wolf T. R., Representations of solvable groups, *London Math. Soc. Lecture Note Ser.*, 185, Cambridge University Press, 1993.

[208] Marshall M. K., Numbers of conjugacy class sizes and derived lengths for A-groups, *Canad. Math. Bull.*, 1996, 39(3), 346-351.

[209] Maroti A., Bounding the number of conjugacy classes of a permutation group, *J. Group Theory*, 2005, 8(3), 273-289.

[210] Mattarei S., Retrieving information about a group from its character degrees or from its sizes, *Proc. Amer. Math. Soc.*, 134(8), 2189-2195 (electronic), 2006.

[211] Mazurov V. D., Recognition of finite simple groups $S_4(q)$ by their elements orders, *Algera and Logic*, 2002, 4(2), 93-110.

[212] Mazurov V. D., The set of orders of elements in a finite group, *Algebra and Logic*, 1994, 33(1), 49-55.

[213] Mazurov V. D., Characterizations of groups by arithmetic properties, *Algebra Colloquium*, 2004, 11(1), 129-140.

[214] Mazurov V. D., Recogition of finite groups by the set of orers of their elements, *Algera and Logic*, 1998, 37(6), 371-379.

[215] Mazurov V. D., Characterizations of Groups by Arithmetic Properties, *Algebra Colloquium*, 2004, 11(1), 129-140.

[216] Mazurov V. D., Characterization of finite groups by sets of the orders of their elements, *Algebra and Logic*, 1997, 36(1), 23-32.

[217] Mazurov V. D., Khukhro E. I., Unsolved Problems in Group Theory, *The Kourovka Notebook, 18th ed.*, Inst. Mat. Sibirsk. Otdel. Akad. Novosibirsk., 2014.

[218] Mazurov V. D., Xu M., Cao H., Recognition of finite simple groups $L_3(2^m)$ and $U_3(2^m)$ by their element orders, *Algebra and Logic*, 2000, 39(5), 324-334.

[219] Mazurov V. D., Recognition of finite groups by a set of orders of their elements, *Algebra and Logic*, 1998, 37(6), 371-379.

[220] McVey J. K., Bounding graph diameters of solvable groups, *J. Algebra*, 2004(280), 415-425.

[221] McVey J. K., Bounding graph diameters of nonsolvable groups, *J. Algebra*, 2004(282), 260-277.

[222] Michler G. O., A finite simple group of Lie type has p-blocks with different defects, $p \neq 2$, *J. Algebra*, 1986, 104(2), 220-230.

[223] Michler G. O., Brauer's conjectures and the classification of finite simple groups, in "Lecture Notes in Math", 1178, *Springer-Verlag*, Berlin, 1986.

[224] Miller G. A., Groups possessing a small number of sets of conjugate operators, *Trans. Amer. Math. Soc.*, 1919, 20(3), 260-270.

[225] Miller G. A., Groups involving a small number of sets of conjugate operators, Proc. Nat. Acad. Sci. U. S. A., 1944(30), 359-362.

[226] Miller G., Addition to a Theorem due to Frobenius, *Proc. N. A. S.*, 1904, 6-7.

[227] Moreto A., Qian G., Shi W., Finite groups whose conjugacy class graphs have few vertices, *Arch. Math. (Basel)*, 2005, 85(2), 101-107.

[228] Moretó A., An answer to a question of Isaacs on character degree graphs, *Advance in Mathematics*, 2006(201), 90-101.

[229] Moretó A., Sanus L., Character degree graphs, normal subgroups and blocks, *J. Group Theory*, 2005(8), 461-465.

[230] Nagao H., On a conjecture of Brauer for p-solvable groups, *J. Math. Osaka City Univ.*, 1962(13), 35-38.

[231] Neumann P. M., Coprime suborbits of transitive permutation groups, *J. London Math. Soc.*, 1993, 47(2), 285-293.

[232] Newman M., A bound for the number of conjugacy classes in a group, *J. London Math. Soc.*, 1968, 43, 108-110.

[233] Noritzsch T., Groups having three irreducible character degrees, *J. Algebra*, 1995(175), 767-798.

[234] Oyama T., On the groups with same table of characters as alternating groups, *Osaka J. Math.*, 1964(1), 91-101.

[235] Parrott D., A characterization of the Ree groups $^2F_4(q)$, *J. Algebra*, 1973(27), 341-357.

[236] Poland J., Finite groups with a given number of conjugate classes, *Canad. J. Math.*, 1968(20), 456-464.

[237] Poland J., Two problems on finite groups with k conjugate classes, *J. Austral. Math. Soc.*, 1968(8), 49-55.

[238] Puglisi O., Spiezia L. S., On groups with all subgroups graph-complete, *Algebra Colloq.*, 1998, 5(4), 377-382.

[239] Pyber L., Finite groups have many conjugacy classes, *J. London Math. Soc.*, 1992, 46(2), 239-249.

[240] Pálfy P. P., On the character degree graph of solvable groups II, disconnected graphs, *Studia Sci. Math. Hungar*, 2001(38), 339-355.

[241] Passman D. S., Permutation groups, *W. A. Benjamin*, New York, 1968.

[242] Prince A. R., On 2-groups admitting A_5, or A_6, with an element of order 5 acting fixed point freely, *J. Algebra*, 1977(49), 374-386.

[243] Qian G., Finite groups with consective nonlinear character degrees, *J. Algebra*, 2005(285), 372-382.

[244] Qian G. H., Wang Y. M., A note on conjugacy class sizes in finite groups, *Acta Math. Sinica (Chin. Ser.)*, 2009, 52(1), 125-130.

[245] Qian G. H., Wang Y. M., On class size of p-singular elements in finite groups, *Comm. Algebra*, 2009, 37(4), 1172-1181.

[246] Qian G., Finite groups with consecutive nonlinear character degrees, *J. Algebra*, 2005(285), 372-382.

[247] Rebmann J., F-Gruppen, *Arch. Math. (Basel)*, 1971(22), 225-230.

[248] Ree R., A family of simple groups associated with the simple Lie algebra of type (F_4), *Amer. J. Math.*, 1961(83), 401-420.

[249] Robinson D. J. S., A Course in the Theory of Groups, *Springer-Verlag*, 1982.

[250] Rosser J. B., Schoenfeld L., Approximate formulas for some functions of prime numbers, *Illinois J. Math.*, 1962(6), 64-94.

[251] Ribenboin P., The Book of Prime Number Records, Second Edition, *Springer-Verlag*, New York, 1989.

[252] Schmidt R., Zentralisatorverb ande endlicher Gruppen, *Rend. Sem. Mat. Univ. Padova*, 1970, 44, 97-131.

[253] Scott R., On $p^x - q^y = c$ and related three term exponential Diophantine equations with prime bases, *Journal of Number Theory*, 2007, 105(2), 212-234.

[254] Scrinivasan B., The characters of the finite symplectic group $S_p(4, q)$, *Trans. Amer. Math. Soc.*, 1968(131), 488-525.

[255] Shi W., Pure quantitive characterization of finite simple groups, *Front. Math. china*, 2007, 2(1), 123-125.

[256] Shi W., A characteristic property of $PSL_2(7)$, *J. Austral. Math. Soc. (Ser. A)*, 1984(36).

[257] Shi W., A characterization of the Higman-Sims simple group, *Houston J. Math.*,1990, 16(4).

[258] Shi W., Yang W., A new characterization of A_5 and the finite groups in which every nonidentity element has prime order, *J. Southwest-China Teachers College (Ser. B) (Chinese)*, 1984(1), 36-40.

[259] Shi W., A characterization of some projective special linear groups, J. Math. (PRC)1985 (5), 191-200.

[260] Shi W., A characteristic property of A_8, Acta Mathematica Sinica, New Series, 1987 (3), 92-96.

[261] Shi W., A new characterization of the sporadic simple groups, *Groups Theory, Proc. of the 1987 Singapore Conference*, Walter de Gruyter, Berlin, New York, 1989, 531-540.

[262] Shi W., A new characterization of some simple Lie types, *Contemporary Math.*, 1989(82), 171-180.

[263] Shi W., The pure quantitative cahracterization of finite simple groups(I), *Progress in Natural Science*, 1994,4 (3), 316-326.

[264] Shi W., Bi J., A characteristic property for each finite projective special linear group, *Lecture Notes in Math.*, 1990, 1456, 171-180.

[265] Shi W., Bi J., A characterization of Suzuki-Ree groups, *Science in China, Series A*, 1991, 34(1), 14-19.

[266] Shi W., Bi J., A new characterization of the alternating groups, *Southeast Asian Bull. Math.*, 1992, 16(1), 81-90.

[267] Shi W., A characterization of $U_3(2^n)$ by their element orders, *J. Southeast China Normal University (Natural Science)*, 2000, 25(4), 353-360.

[268] Shi W., Pure quantitative characterization of finite simple groups, *Fronters of Mathematics in China*, 2008, 2(1), 123-125.

[269] Shi W., A characterization of the finite simple groups $U_4(3)$, *Analele Universita tii din Timsisoara, Ser. Stiinte Mat.*, 1992,30(2), 319-323.

[270] Shen R., A note on finite groups having perfect order subsets, *International Journal of Algebra*, 2010, 13(4), 643-646.

[271] Simpson W. A., Frame J. S., The Character tables for $SL(3, q)$, $SU(3, q^2)$, $PSL(3, q)$, $PSU(3, q^2)$, *Canad. J. Math.*, 1973(25), 486-494.

[272] Spivak M., *Calculus*, W. A. Benjamin INC., New York, 1967.

[273] Sylow M. L., Th'eorèmes sur les groupes de substitutions, *Ann. Math.*, 1872, 5(4), 584-594.

[274] Suzuki M., Finite groups with nilpotent centralizers, *Trans. Amer. Math. Soc.*, 1961 (99), 425-470.

[275] 施武杰:《关于单K_3-群》, 载《西南师范大学学报(自然科学版)》1988第3期, 第1-4页.

[276] 施武杰:《单群J_1和$PSL_2(2^n)$》, 载《数学进展》1987年第16期, 第20-27页.

[277] 施武杰: 《Conway单群CO_2的一个刻划》, 载《数学杂志》1989年第2期, 第171-172页.

[278] 施武杰、Tang C. Y.: 《某些正交群的特征性质》, 载《自然科学进展》1997年第2期, 第142-148页.

[279] 施武杰：《单群A_5的一个特征性质》，载《西南师范大学学报(自然科学版)》1986年第3期，第11-14页.

[280] 施武杰：《一些投射特殊线性群的刻画》，载《西南师范大学学报(B集)》1985年第2期，第2-10页.

[281] 施武杰：《关于E. Artin 的一个问题》，载《数学学报》1992年第2期，第262页.

[282] 施武杰：《某些特殊射影线性群的特征性质》，载《数学杂志》1985年第5期，第191-200页.

[283] 施武杰：《$2^a3^b5c7^d$阶单群和Janko单群》，载《西南师范大学学报》1987年第4期，第1-8页.

[284] 施武杰、毕建行：《交错群的一个新刻划》，载《科学通报》1989年第9期，第715-716页.

[285] 施武杰、毕建行：《Suzuki-Ree群的特征性质》，载《中国科学：A辑》1990年第7期，第705-709页.

[286] 施武杰、李慧陵：《单群M_{12} 和$PSU(6,2)$的一个特征性质》，载《数学学报》1989年第6期，第758-764页.

[287] 施武杰、杨文泽：《有限质幂元群》，载《云南教育学院学报》1986年第1期，第2-10页.

[288] Tchounikhin S., Simplicit'e du groupe fini et les ordres de ses classes de elements conjugu'es, *Compt. Rend. Acad. Sci. (Paris)*, 1930, 191, 397-399.

[289] The GAP Group, GAP -Groups, *Algorithms, and Programming*, Version 4. 4. 12, 2008.

[290] Thomas A. D., Wood G. V., Group Table, *Shiva Publishing Limited*, Great Britain (1980).

[291] Thompson J. G., *Private communication*, 1987.

[292] Vasil'ev A. V., On a relation between the structure of a finite group and the properties of its prime graph, *Siberian Math. J.*, 2005, 46(3), 396-404.

[293] Vasil'ev A. V., Grorshkov I. B., On recognition of finite simple groups with connected prime graph, *Siberian Math. J.*, 2009, 50(2), 233-238.

[294] Vasil'ev A. V., Vdovin E. P., An adjacency criterion in the prime graph of a finite simple group, *Algebra and Logic*, 2005, 44(6), 381-406.

[295] Vasilev A. V., Grechkoseeva M. A., Mazurov V. D., Characterization of the finite simple groups by spectrum and order, *Algebra and Logic*, 2009(48).

[296] Weir A. J., Sylow *p*-subgroups of the general linear group over finite fields of characteristic *p*, *Proc. Amer. Math. Soc.*, 1955, 6, 454-464.

[297] Weisner L., On the number of elements of a group, which have a power in a given conjugate set, *Bull. Amer. Math. Soc.*, 1925(31), 492-496.

[298] White D. L., Degree graphs of simple groups of exceptional Lie type, *Comm. Algebra*, 2004, 32(9), 3641-3649.

[299] White D. L., Degree graphs of simple linear and unitary groups, *Comm. Algebra*, 2006, 34(8), 2907-2921.

[300] White D. L., Degree graphs of simple orthogonal and symplectic groups, *J. Algebra*, 2008 (319), 2, 833-845.

[301] Williams J. S., Prime graph components of finite groups, *J. Algebra*, 1981, 69(2), 487-513.

[302] Xu M. C., Shi W., Pure quantitative characterization of finite simple groups $^2D_n(q)$ and $D_l(q)(l$ odd), *Algebra Colloquium*, 2003(10), 427-443.

[303] Xu V., Valencies and IP-graphs of association schemes, *J. Algebra*, 2009, 321(9), 2521-2539.

[304] 许明春: 《与 σ-sylow塔同阶型的群》, 载《海南大学学报(自然科学版)》1996年第2期, 第103-105页.

[305] 徐明耀:《有限群导引(上, 下册)》, 科学出版社2001年版.

[306] Zassenhaus H., Uberendliche Fastkorpe, *Abhandlungenausdem Mathematischen Seminarder Univesitat Hambur*, 1936 (11), 187-220.

[307] Zhang J., Finite groups with many conjugate elements, *J. Algebra*, 1994, 170(2), 608-624.

[308] Zhang J., On the lengths of conjugacy classes, *Comm. Algebra*, 1998, 26(8), 2395-2400.

[309] Zhang J., A note on character degrees of finite solvable groups, *Comm. Algebra*, 2000(28), 4249-4258.

[310] Zhang J., On a problem by Huppert, *Acta Scientiarum Naturalium Universitatis Pekinensis*, 1998(34), 143-150.

[311] Zsigmondy K., Zur theories der Potenzreste, *Monatsh. Math. Phys.*, 1892, 3, 265-284.

[312] 张继平:《关于Syskin问题》, 载《中国科学: A集》1988年第2期, 第124-127页.